配电网运行及检修

主编　吴强

湖南科学技术出版社

配电网运行及检修

编委会

主　任：陈铁雷

委　员：赵晓波　杨军强　田　青　石玉荣　郭小燕
祝晓辉　毕会静

编审组

主　编：吴　强

副主编：闫佳文　祝晓辉

参　编：李勇军　谭　震　李清仁　魏力强　林　涛
李　阳　张　龙　陈长金　蒋春悦　刘　哲
邹　园　郭小燕　吕万辉　金富泉　国会杰
赵锦涛　白胜民

主　审：吕万辉

前言

岗位胜任力是指胜任岗位工作所需要具备的能力和素质。配电网运行与检修岗位是直接服务于用户的岗位，承担着电力企业的经营效益和社会效益的双重责任，其基础职责就是保障配电网的正常可靠运行，为用户提供质量良好的供电服务。为了提高配电网运行与检修人员的专业和综合业务素质，按照“知识够用，技能必备”的原则，开展以提高配电网运行与检修专业技能为主的模块化培训，目的是使从事配电网运行与检修技能岗位的员工，通过岗位胜任力培训，掌握该岗位相应的专业生产技能。为了配合配电网运行与检修专业的岗位胜任力培训工作，立足于服务现场实际和岗位技能提高，编者编写该本教材。

本书共分为九章，包括配电网基本知识、架空配电线路、配电线路的安装与验收、配电设备等方面。本书的编写中，吴强同志任主编，负责全书的统稿和各章节内容的初审；闫佳文、祝晓辉任副编辑，负责各章节内容的初审；吕万辉同志任主审，负责全书的审定。其中第一章配网基本知识，由陈长金负责编写；第二章架空配电线路，由吴强、林涛负责编写；第三章配电线路的安装与验收，由吴强、李阳负责编写；第四章配电线路的运行检修，由张龙、吕万辉、金富泉、国会杰负责编写；第五章配电设备，由李勇军、蒋春悦、刘哲、邹园负责编写；第六章配电线路及设备的测量，由吴强、李清仁负责编写；第七章状态检修，由李勇军、郭小燕、赵锦涛负责编写；第八章配电线路带电检修，由吴强、魏力强、白胜民负责编写；第九章配电专业相关知识，由吴强、谭震负责编写。

本书的针对性和实用性强，可以作为供电公司一线配电网运行与检修专业初级作业人员和高级作业人员的岗位技能培训教材。

本书的编写得到了国网河北各供电公司的大力支持，在此，表示衷心的感谢！另，编写过程中参考了大量的文献书籍，在此对原作者表示深深的谢意！

本书如能对读者和培训工作有所帮助，我们将感到十分欣慰。由于编者的水平有限，难免存在纰漏，敬请各位专家、读者指正。

目录 /contents

第一章　配电网基本知识

配电网络是电力系统的重要组成部分，是发电和用电之间的纽带；架空配电线路是配电网的主要组成部分，是输电网和电力用户的桥梁，它结构简单、安装快捷、运检方便、费用低廉，它可根据用户的需求，直接提供和分配电能。

第一节　配电网络简介

配电网的主要功能是从输电网接受电能，并逐级分配或就地消费，即将高压电能降至既方便运行又适合用户需要的各种电压，组成多层次的配电网，向用户供电。

一、配电网概述

目前我国规定将 220 kV 及以上电压等级线路称为输电网，而将 110 kV 及以下电压等级线路称为城市配电网。

（一）城市配电网按电压等级分类

减少额定电压等级将有利于电力工业的发展。从电力生产角度说，减少额定电压等级就是减少设备系列，减少生产流水线的种类和系列，从而提高劳动生产率；从电力系统的角度说，额定电压等级的减少将减少系统的变压环节，环节的减少意味着整个系统可靠性的提高，同时减少了配电环节的电能损耗。但是额定电压等级也不是越少越好。研究结果表明，在一个电力系统中，影响额定电压等级个数的关键是相邻两电压等级之间的最佳电压比值的确定。影响这个比值的因素很多，不仅包括线路建设成本、设备制造成本、土地征用费，以及各级电压对安全的基本要求和电磁污染对周围环境的影响等，而且与城市负荷密度紧密相关。一般认为 10 kV 以上的电压等级，相邻两级间电压比值为三倍左右时最佳，电压等级越高这个倍数应小些，电压等级较低时，这个倍数应大些。

1. 高压配电网

高压配电网具有容量大、负荷重、负荷节点少、重要性较高等特点。高压配电网的电压等级目前分为 110 kV、35 kV 两个标准。

2. 中压配电网

中压配电网具有供电面积广、容量大、配电点多等特点。中压配电网目前采用10 kV为标准额定电压，个别地区还设有 6 kV 电压，主要用于专用负荷。

3. 低压配电网

低压配电网线路容量不大，但分布面广，除少量集中用电的用户外，大量是供给城乡居民生活及分散的街道照明用电等。

（1）低压配电网采用比较经济的三相五线制、三相四线制、单相（照明、家用电器等）和三相（动力）混合系统。

（2）我国规定采用单相 220V、三相 380V 的低压额定电压。

（3）低压配电网负荷多而分散，一般情况下，用电量较小，负荷重要性较低，停电后影响相对较小，不一定要配置备用电源。

（4）对于负荷密度较高，一旦停电将造成严重影响的地区，除要求不停电作业外，还要在接线上考虑检修造成的停电，需配置备用电源。

4. 电缆配电网

电缆配电网适用于无架空线路走廊地带和城市供电，更适用于电力负荷较高地区和用电集中地区的供电。

（二）中压（10 kV）配电网络结构形式

10 kV 配电网络常用典型接线有：单电源辐射网、“手拉手”环网、“网格式”环网、电缆单环网、电缆双环网等。在配电网络规划与建设改造中，应根据配电网络优化准则，以城市中低压配电网建设与改造技术原则为依据，结合本地区配电网络的实际情况，通过对供电区域的用电性质、负荷密度的分析与研究，确定安全可靠、经济实用的配电网络接线方式。

1. 单电源辐射网

单电源辐射网是一种接线简单清晰、运行方便、建设投资节省的配电网络，当线路或设备故障、检修时，用户停电范围大，系统供电可靠性较差。

单电源辐射网主干线路一般要求分 3～4 段，每段线路配变装接容量应控制在2.5～3 MVA，供电半径宜为 3～5 km。如图 1-1-1 所示。

由于辐射网络不存在线路故障后的负荷转移，可以不考虑线路的备用容量，每条线路可满载运行，即正常最大供电负荷不超过该线路安全载流量。在条件允许情况下，主干线路分段开关可采用柱上重合器，尽可能快速切除线路故障。这种接线方式只适用于城郊或农村非重要用户的架空线路。

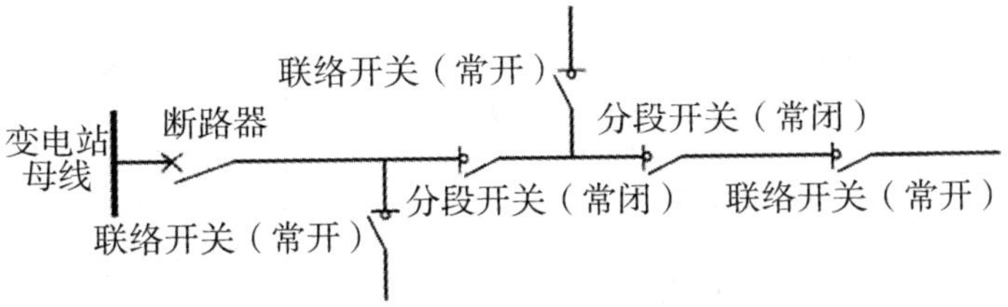

图 1-1-1　单电源辐射网

2.“手拉手”环网

“手拉手”环网是目前城市配电网络中广泛采用的一种接线方式，通过主干线路之间的直接联络，实行环网接线，开环运行。如图 1-1-2 所示。

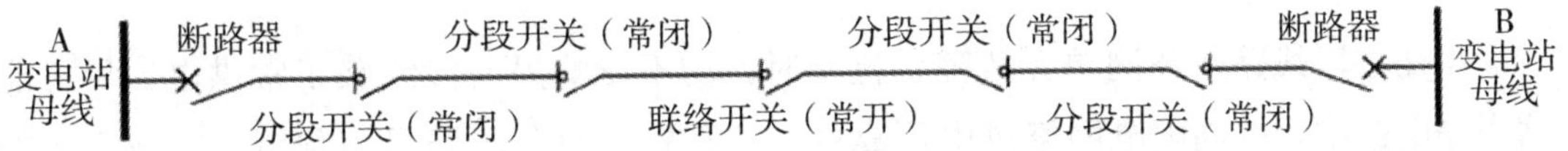

图 1-1-2　“手拉手”环网

这种接线具有运行方便、接线简单、投资省、建设快等特点。对于架空线路，只要在主干线路上安装若干台柱上开关即能实现。当主干线路任一段线路或环网设备故障、检修时，可通过分段开关切换，确保非故障段（非检修段）正常供电，大大提高了系统供电可靠性。但该接线方式要求每条线路具有 50%的备供能力，即正常最大供电负荷只能达到该线路安全载流量的 1/2，以满足配电网络 N－1 准则要求，即：

（1）高压变电所中失去任何一回进线或一组降压变压器时，必须保证向下一级配电网供电。

（2）高压配电网中一条架空线，或一条电缆，或变电所中一组降压变压器发生故障停运时，应满足下列要求：

1）在正常情况下，除故障段外，非故障段或设备不停电，并不得发生电压过低和设备不允许的过负荷。

2）在计划停运情况下，又发生故障停运时，允许部分停电，但应在规定时间内恢复供电。

一般每条线路配变装接容量不超过 10 MVA。

“手拉手”网络虽然接线经济性差，但它对提高配电网供电可靠性、简化配电网络接线十分有效。比较适用于负荷密度不高，用电增长速度较快的城市配电网络。

3.“网格式”环网

“网格式”环网是在“手拉手”环网的基础上增加每一分段线路与其他线路的联系，实现互为备用。如图 1-1-3 所示。

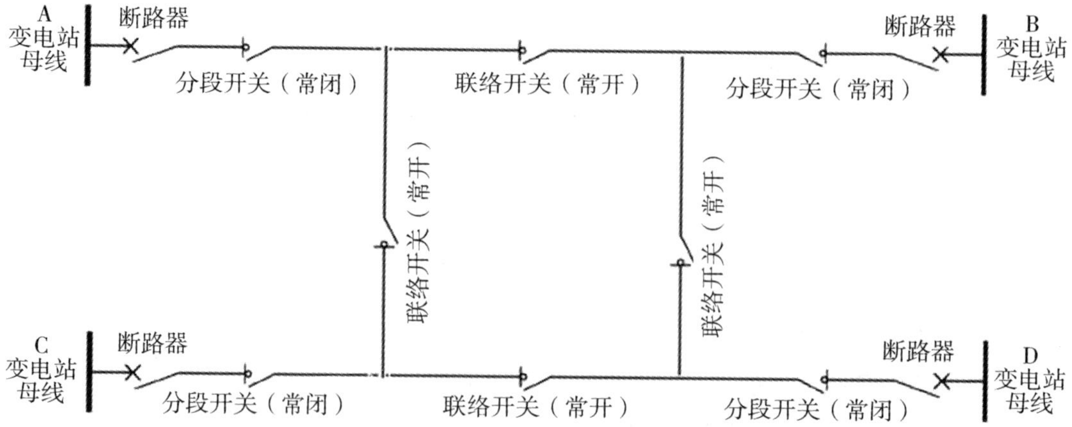

图 1-1-3 “网格式”环网

当任一段线路或环网单元故障、检修时，均不影响另一段线路正常供电，尽可能缩小停电范围，提高配电网络供电可靠性。这种接线每条线路只需预留 1/3 或 1/4 的备用容量，线路负载率高达 67%或 75%，大大提高了配电线路利用率；但由于需要架设联络线路，增加线路投资，联络线路应采用就近引接。

“网格式”环网是配电网络发展到一定程度之后的一种比较完善的接线方式，运行方式高度灵活、供电可靠性高，但网络接线复杂、网络扩展性差。这种接线方式适用于配网自动化水平较高、负荷增长缓慢或趋于饱和的城市配电网络。

二、配电网基本要求

配电网作为电力系统的一个基本组成部分，应该满足对电力系统运行的三条基本要求。

（一）保证不间断供电。

（二）保证良好的电能质量。

（三）保证建设投资和运行费用的经济性。

三、配电网发展趋势

（一）简化电压等级

尽量减少降压层次，有利于电网管理和经济运行。随着城市负荷密集增长，10 kV 电压等级电网损耗大、供电半径小，且易受站址、走廊等不利因素的影响，已不能适应经济社会的快速发展。在我国南方一些城市已推广应用 20 kV 电压等级，以替代 10 kV、35 kV 两个电压等级。

（二）减少线路走廊和占地

随着城市的建设，配电网占地矛盾的日益突出，采用钢管杆、窄基塔、多电压等级和多回路线路并架，可有效减少线路走廊，将配电装置向半地下和地下及小型成套发展。电缆隧道和公用事业管道共用将进一步推广。

（三）配电线路绝缘化

采用绝缘架空线可有效解决树线矛盾、减少瞬时故障、短路故障和触电，同时架设空间可大大缩小，减少线路损耗。但绝缘线也有许多缺点，如在遭受雷击时容易发生断线事故，同时在线路进行检修时，挂接地线受到限制。

（四）配网自动化程度日益提高

随着现代计算机、通讯及网络技术的发展，越来越多的运行设备具备了在线实时监测、远程操作、自动故障判断等功能，配网自动化的程度在不断加快。采用配网自动化可减少停电时间，提高供电可靠率，改善用户服务质量，提高设备利用率。

（五）新设备、新技术的开发应用

由于技术的进步为电力设备的更新换代提供了必备的条件，一些新型设备的设计、生产除了考虑减少空间外还应考虑减少维护工作量、方便操作、提高可靠性等方面，于是一些设备考虑向免维护方面发展。新型配电设备的开发，除适应配电网的技术要求外，还必须从经济上适当合理。

（六）简化接线

配电网接线进一步向简单化和高可靠性方面发展。

（七）带电作业

随着电力用户对电能的需求和对供电可靠性的要求越来越高，架空配电线路杆塔、类型、线路架构的设计和选择向带电作业（线间距离、导线排列方式、空气间隙等）的发展也越来越快。带电作业项目从原来简单一类带电作业，发展到为综合不停电作业项目，大大减少了停电范围，提高供电可靠性。

第二章　架空配电线路

架空配电线路主要有基础、电杆、导线、绝缘子、金具、拉线、接地装置等组成，同时还包括架空配电线路上安装的变压器、柱上断路器、隔离开关等设备，他们一同构成了架空配电线路。

第一节　架空线路基本知识

本节主要从架空线路日常工作中一些常用的专业术语入手，介绍架空线路的基本知识。架空线路是一基一基的杆塔通过导线连接在一起，由此便有了档距、弧垂和杆塔高度等一些专业的术语，下面我们进行介绍。

一、架空线路的概念

（一）档距与弧垂

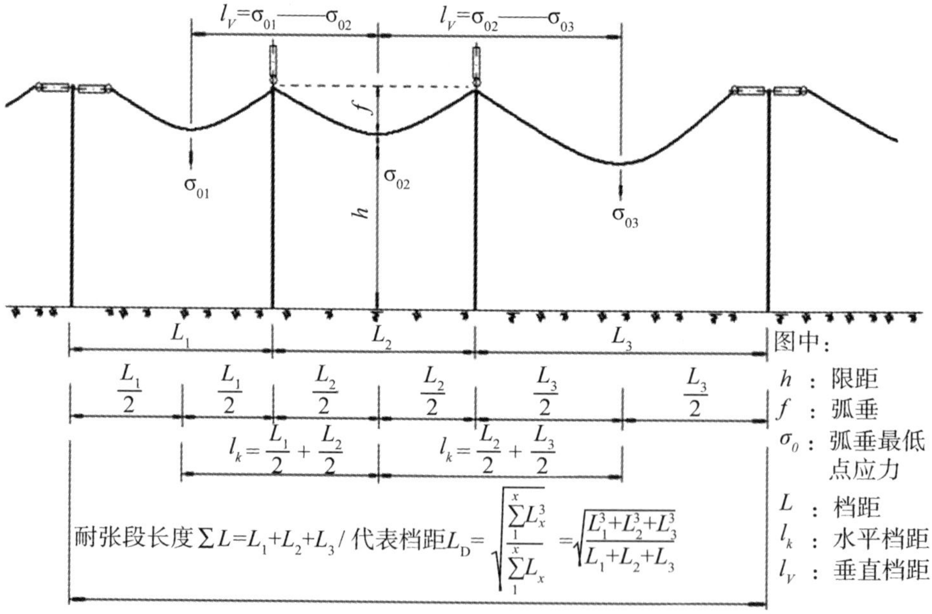

图 2－1－1　档距、弧垂示意图

1. 档距

相邻两基杆塔之间的水平直线距离，称为档距，一般用 L 表示，如图 2－1－1 中 L_1、L_2、L_3 所示。

2. 弧垂

对于水平架设的线路来说，导线相邻两个悬挂点（导线固定点）之间的水平连线与导线最低点的垂直距离，称为弧垂或弛度，用 f 表示，如图 2－1－1 所示。

3. 限距

导线对地面或对被跨越设施的最小距离。一般指导线最低点到地面的最小允许距离，常用 h 表示，如图 2－1－1 所示。

4. 水平档距

相邻两档距之和的一半，称为水平档距，常用 l_k 表示，即 $l_k=\frac{L_1+L_2}{2}$，如图 2－1－1 所示。

5. 垂直档距

相邻两档距间导线最低点之间的水平距离，称为垂直档距，常用 l_V 表示，如图 2－1－1 所示。

6. 代表档距

一个耐张段里，除孤立档外，往往有多个档距。由于导线跨越的地形、地物不同，各档距的大小不相等，导线的悬挂点标高也不一样，各档距的导线受力情况也不同。而导线的应力和弧垂跟档距的关系非常密切，档距变化，导线的应力和弧垂也变化，如果每个档距一个一个计算，会给导线力学计算带来困难。但一个耐张段里同一相导线，在施工时是一道收紧起来的，因此，导线的水平拉力在整个耐张段里是相等的，即各档距弧垂最低点的导线应力是相等的。我们把大小不等的一个多档距的耐张段，用一个等效的假想档距来代替它，这个能够表达整个耐张力学规律的假想档距，称之为代表档距，用 L_D 表示，如图 2－1－1 所示。

（二）杆高与基础

1. 杆塔高度

杆塔最高点至地面的垂直距离，称为杆塔高度，用 h 表示。见图 2－1－2。

2. 杆塔呼称高度

杆塔最下层横担至地面的垂直距离称为杆塔呼称高度，简称呼称高，用 h_1 表示。见图 2－1－2。

3. 悬挂点高度

导线悬挂点至地面的垂直距离，称为导线悬挂点高度，用 h_2 表示。见图 2－1－2。

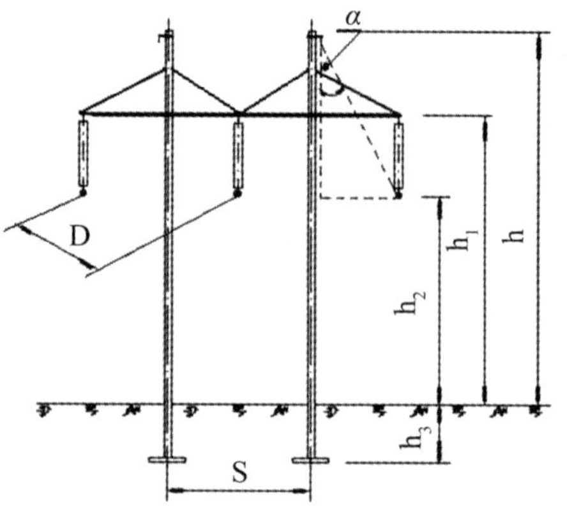

图 2－1－2　杆塔概念示意图

4. 杆塔埋深

电杆（塔基）埋入土壤中的深度称为杆塔埋深，用 h_3 表示。见图 2－1－2。

5. 根开

双杆架构中两电杆根部或塔脚之间的水平距离，称为根开。用 S 表示。见图 2－1－2。

（三）与导线有关的概念

1. 线间距离

两相导线之间的水平距离，称为线间距离，用 D 表示。见图 2－1－2。

2. 架空地线保护角

架空地线和边导线的外侧连线与架空地线铅垂线之间的夹角，称为架空地线保护角。用 α 表示。见图 2－1－2。

3. 引线

连接承力杆塔（耐张、转角和终端杆塔）两侧导线的引线，称为引流线或弓子线，也称跳线。

4. 导线初伸长

当导线初次受到外加拉力时而引起的永久性变形（沿着导线轴线伸长），称为导线初伸长。

5. 导（地）线振动

在线路档距中，当架空线受到垂直于线路方向的风力作用时，在电线的背风面将形成按一定频率上下交替出现的气流旋涡，它的依次出现和脱离使电线受到同一频率的上下交变的冲击力，随着涡流升力分量的作用，使架空电线在其垂直面内产生周期性震荡，称为架空线振动。

（四）杆塔荷载

作用在杆塔上的荷载按其性质可分为永久荷载、可变荷载、特殊荷载（也可列入可变荷载中）。

1. 永久荷载——电线、绝缘子及其附件的重力荷载，杆塔构件及杆塔上固定设备的重力荷载，土压力和预应力等。

2. 可变荷载——风荷载，电线张力荷载，电线覆冰荷载，施工、检修的临时荷载，其他附加荷载，活荷载等。

3. 特殊荷载——电线断线所引起的荷载，地震引起的地震荷载，特殊区域由于不均匀结冰所引起的不平衡张力等荷载。这些荷载可统视为活荷载。

上述各项荷载都可以根据计算需要，将他们分解成作用在杆塔上的三大荷载，即：水平荷载，垂直荷载，纵向荷载。

二、配电线路防雷

（一）雷电引起过电压机理及危害

1. 雷电过电压

雷击引起的过电压，叫作大气过电压。分为直击和感应雷过电压。

（1）直击雷过电压机理

雷云中多为负电荷的不断积聚，使雷云附近电场强度增大（25 kV/cm～30 kV/cm），空气绝缘被破坏后开始游离，形成先导通道，并逐级向地面推进。当先导通道距离地面一定距离时，雷云通过先导通道对地面放电，即主放电阶段，产生巨大闪电和雷鸣，雷电流及雷电压很高，时间很短。如果线路或设备遭受雷击，将有很大电流通过，这时就产生了直击雷过电压。

（2）感应雷过电压机理

先导通道推进相对缓慢，产生的电场近似为静电场，处于电场中的配电线路将感应有与雷云相异的束缚电荷。在雷云对附近大地主放电时，束缚电荷向配电线路两侧迅速移动，产生感应电流，从而产生感应雷过电压。

2. 雷电危害

（1）由于过电压而形成绝缘子闪络，设备绝缘击穿，配电线路跳闸。

（2）雷电的热效应使短路工频续流造成导线烧断，设备烧毁，甚至造成火灾。

配电线路受到雷击时，雷电冲击波就向导线两端流动，这种流动的冲击波也称作进行波，为保护与线路连接的电气设备的安全，在 10 kV 及以下的配电系统主要采用加装金属氧化物避雷器作为防雷措施。

（二）常用避雷器的型式

1. 氧化物避雷器

金属氧化物避雷器又称压敏避雷器。它是一种无火花间隙只有压敏电阻片的阀型避雷器。压敏电阻片具有理想的阀特性，它是由氧化锌或氧化铋等金属氧化物烧结而成的多晶半导体陶瓷元件。在工频电压下，它呈现极大的阻性，能迅速阻断工频续流，在过电压的作用下，其电阻又变得很小，能很好地泄放雷电流。

（1）型号表示

氧化锌避雷器型号的表示和含义如图 2－1－3 所示。

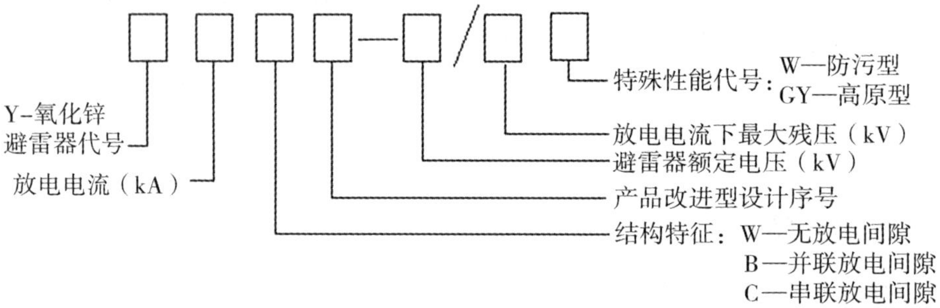

图 2－1－3　氧化锌避雷器型号的表示和含义

（2）外套材料

合成绝缘金属氧化物避雷器是由高非线性特性、大通流容量的氧化锌电阻和有机聚合物外套组合而成。聚合物外套所采用的材料主要是硅橡胶、聚烯烃、环氧、高密度聚乙烯，其中最为常用的材料是硅橡胶。

（3）合成绝缘金属氧化物避雷器优点

耐污性能强：聚合绝缘物表面具有憎水性，不会形成水珠或散开形成水膜，因此它的耐污性远远优于瓷绝缘。

绝缘性能优良：抗臭氧、紫外线能力强，机械强度高，可以适应由于材料不同和温差的变化产生的机械应力，性能稳定。

运行可靠：运行可靠，不易破损，免维护。同时具有金属氧化物避雷器电气性能的优点，可以简化配电线路结构和减小配电线路装置尺寸。

消除受潮隐患：合成材料成型性好，外套密封性好，可以消除金属氧化物避雷器的受潮隐患。

安全性高：可以降低避雷器爆炸成碎片的可能性，保证人员安全。

2. 保护间隙

保护间隙又称角型避雷器，它简单经济，维修方便，但保护性能差，灭弧能力小，易造成接地或短路故障，因此对装设保护间隙的线路一般要求装设自动重合闸装置，以提高供电可靠性。保护间隙只用于室外且负荷不重要的线路上。

3. 管型避雷器

管型避雷器由产气管、内部间隙和外部间隙三部分组成。当线路遭受雷击时，大气过电压使管型避雷器的外部间隙和内部间隙击穿，雷电流流入大地，接着工频续流在管子内部间隙处发生强烈的电弧，使管子内壁的材料燃烧，产生大量灭弧气体，由于管子容积很小，气体压力很大，于是气体从管口喷出，强烈吹弧，在电流经过零值时，电弧熄灭。这时外部间隙的空气恢复了绝缘，使管型避雷器与系统隔离，恢复系统的正常运行。由于管型避雷器放电时依靠电力系统的短路电流在管内产生气体来消弧，为保证其可靠工作，在选择管型避雷器时，其开断续流的上限应不小于管型避雷器安装处短路电流最大有效值（考虑非周期分量）；开断续流的下限应不大于管型避雷器安装处短路电流的可能最小值（考虑非周期分量）。

（三）配电线路防雷措施

1. 加装避雷器

安装合成绝缘体氧化锌避雷器。对架空线路上个别绝缘薄弱点，如转角杆、分支杆、跨越杆等处加装避雷器。

2. 提高线路绝缘水平

（1）增大绝缘子比距，采用防污型绝缘子或大爬距绝缘子。

（2）加大线间距离。

（3）变台全防护。

（4）降低接地电阻。

（5）提高导体连接绝缘强度。

（6）安装放电间隙。

3. 增装防雷措施

线路进出线段采用耦合地线或避雷线保护，重雷地带安装避雷针。

4. 绝缘线部分剥除绝缘

如果线路采用绝缘导线，可在局部剥除绝缘皮，使之局部成为裸导线，从而使外过电压时，雷电能在剥离部分滑动，避免在导线固定点某处烧蚀。

5. 装设自动重合闸

装设自动重合闸。据统计，我国 110 kV 及以上配电线路的自动重合闸重合成功率可达 75%～95%，35 kV 及以下线路约为 50%～80%。因此，装设自动重合闸可以大大提高供电可靠性。

（四）配电变压器防雷措施

1. 高低压侧分别安装锌避雷器

高低压侧分别安装合成绝缘体氧化锌避雷器。一般高压侧避雷器安装在跌落式熔断器和变压器之间，阀式避雷器尽量靠近变压器安装，距离越近越好。低压侧在配电变压器低压出线上安装一组避雷器，其主要作用是为防止在多雷区雷电沿低压线路侵入电力变压器的绝缘。

2. 采用三位一体接地

配电变压器安装避雷器的接地引线应与变压器低压绕组中性点及变压器金属外壳连接在一起共同接地，这种连接的目的是保证变压器在遭受雷击时变压器主绝缘所承受的电压仅是避雷器的残压，而接地装置的电压不会作用在变压器主绝缘上，减少高低压绕组间、高压绕组对变压器外壳之间发生绝缘击穿的危险。

（五）柱上开关设备的防雷措施

配电线路的柱上开关由于相间距离小，绝缘水平不高，应采取措施防止受到雷击时造成的短路、闪络故障，一般采取将开关设备的一侧（联络开关两侧）装设避雷器，其接地引线与被保护的金属设备的金属外壳相连接。

三、防污闪

架空线路的绝缘子，当表面黏附污秽物质后，在潮湿的天气里，吸收水分而具有导电性，致使绝缘子的绝缘水平大大降低，绝缘子表面的泄流电流增加，以致在工作电压下也可能发生绝缘子闪络，即污闪。

（一）污秽的种类

1. 按污秽物形态分类

（1）液态污秽

液态污秽有水雾、酸雨等。

（2）气体污秽

气体污秽有工厂排放的 CO_2、SO_2、CO 等气体，上述污秽物质弥漫在空气中，覆盖力强。

（3）颗粒污秽

颗粒污秽一般是氧化铝、氧化钙、氧化硅等各种形式的灰尘、烟灰。

2. 按污秽物的来源分类

（1）工业污秽

工业污秽指在工业生产工程中所产生的污秽。如水泥厂、化工厂、火电厂、农药厂等企业在生产工程中排出的废气或烟尘等。

(2) 自然污秽

自然污秽指在无人为条件下自然所产生的污秽。如盐碱严重地区大风刮起的尘土、海风带来的盐雾以及鸟类粪便等。

(二) 污闪特点与危害

1. 污闪特点

(1) 有明显的季节性。一般是从初秋到第二年初春。在东北、西北约 200 天；华中地区约 150 天；华北地区约 180 天；华东地区约 120 天。

(2) 在正常运行电压下污秽长期沉积后易于发生。

(3) 多发生在雾、毛毛雨、雨夹雪等天气，且气温在－5 ℃～5 ℃时。

(4) 污闪需要吸潮时间，一般污闪在潮湿天气发生 3 h 之后发生。

2. 污闪危害

(1) 一旦发生污闪，其事故范围大、持续时间长，一般易造成多条线路跳闸，影响较大。

(2) 污闪能引起导线、避雷线、杆塔上的金属部件发生锈蚀。

(3) 污闪事故发生时对附近的电视、通信等设备形成干扰，影响信号接收效果。

(三) 防污闪组织措施

为防止污闪事故，必须做好下列措施。

1. 确定污秽性质

因为只有查清污秽性质才能确定所采取的防污措施，所以首先要测定绝缘子的污秽等值附盐量。等值附盐密度简称盐密，是衡量绝缘子表面污秽导电能力的一个主要参数指标，并用与污秽物水溶液导电系数大小相等的氧化钠量表示，绝缘子单位表面附着污秽的严重程度为

$$d_0=\frac{M}{S} \quad (\text{mg/cm}^2) \tag{2-1-1}$$

式中 M——被测绝缘子表面污秽的等值附盐量（mg）；

S——被测绝缘子表面积（cm^2）

d_0——等值附盐密度（mg/cm^2）

2. 等值附盐量测定方法

(1) 采集污秽液

对悬式绝缘子串，取其中盐密最大的一片，用 300 cm^3 的蒸馏水和毛刷清洗绝缘子表面的污秽 2～3 次，然后将各次洗下的污秽液混合起来供测量用。

(2) 测量污秽液的电阻或导电系数

将污秽液装在一定尺寸的两端有电极的试管内，用摇表、万用表、水阻表或电流、

电压表等方法测量其电阻。

(3) 含盐量计算

在测量时，如污秽液的温度不是 20 ℃，则应将电阻或导电系数换算为 20 ℃的数值，即

$$R_{20}=R_t\frac{20+t}{40} \qquad (2-1-2)$$

式中 R_t——污秽温度为 t ℃时的电阻值（Ω）。

R_{20}——温度为 20 ℃时的换算电阻值（Ω）。

按 20 ℃电阻或导电系数与含盐量的关系曲线，查出与测量值相应的含盐量。由于电阻或导电系数与含盐量关系曲线是表示 100 cm^3 污秽液的含盐量 M_a，而清洗时使用的水量是 V，因此，绝缘子污秽的含盐量为

$$M=\frac{V}{100}M_a \qquad (2-1-3)$$

式中 V——清洗时的用水量（cm^3）。

M_a——100cm^3 污秽液的含盐量（mg）。

将式 2-1-3 代入 2-1-1 就可求出相应的等值附盐密度（盐密）d_0。

3. 确定线路污秽的季节

根据历年发生污闪事故的时间和当时的气候条件，找出污闪事故与季节、天气等因素的关系，从而确定线路容易污秽的季节，以便在污闪之前完成防污工作。

（四）防污闪技术措施

1. 调爬

根据污区分布图和确定的污秽等级，选择泄漏比距，增大绝缘子的爬距。对针式绝缘子可以提高一级电压等级；将配电线路的断引处或终端杆的单茶台改称双茶台，也可将一个茶台和一片悬式绝缘子配合使用。

2. 提高线路绝缘水平

采用绝缘导线，对设备裸露导电部位加装绝缘罩。

3. 加强监视

加强雾季夜巡，及早发现闪络前兆。

4. 做好绝缘子的定期清扫

绝缘子清扫周期一般每年一次，但还应根据绝缘子脏污情况及污样分析结果确定清扫次数。清扫的方法一般有停电清扫、不停电水冲洗、不停电清扫三种。

(1) 停电清扫

停电清扫，将线路停电后人工登杆塔用抹布擦拭。如遇到用干抹布擦不掉的污垢

时，也可用水湿抹布擦，也可蘸有汽油布擦，或用肥皂水擦，但最后都要用净水冲洗一下绝缘子，用干净的布再擦一遍，避免有碱性物附着在绝缘子上。

（2）不停电清扫

不停电清扫，一般用装有毛刷或绑以棉纱的绝缘杆，在运行的线路上擦拭绝缘子。擦拭时人员与带电部分保持安全距离，并有专人监护。

（3）不停电水冲洗

不停电水冲洗，带电水冲洗绝缘子的清扫和其他方法相比，具有设备简单、效果好、工作效率高等优点。

5. 涂料

秋后涂刷硅油或 RTV 涂料，春季清扫清除硅油。

第二节 杆 塔

一、杆塔

（一）杆塔分类

1. 按材质分类

目前配电线路上所使用的杆塔按材质可分为两大类，一是钢筋混凝土电杆，二是纯金属杆塔。

（1）钢筋混凝土电杆

1）按加工方法分为预应力和非预应力两种。

预应力电杆：就是在电杆制造时对电杆加上一部分反力荷载（对钢筋施加一部分拉力），这样电杆在使用时就可以抵消一部分荷载（压力），预应力构件大多采用高强钢筋加工，因而可以大大节省钢材用量，还可以防止构件过早开裂。

非预应力电杆：就是采用传统的设计方法设计制造的电杆，不施加预应力，设计比较保守，加工多采用热轧钢筋生产，因为钢筋强度低，所以用钢量很大。

2）非预应力电线杆和预应力电线杆的区别。

①预应力电线杆和非预应力水泥电线杆区别在于钢筋的粗细，预应力电线杆为 5.0 加强钢筋，非预应力是指 $\phi12$、$\phi14$、$\phi16$、$\phi18$、$\phi20$ 螺纹钢筋。

②性能区别：预应力混凝土电杆，抗裂性更好，所以钢筋不容易受到腐蚀，耐久性有所提高，预应力电杆一般截面尺寸也较小，既美观又能节约用料，还有预应力电杆一般用于重要的电力输电线路中，其杆件的抗弯抗扭刚度较大，抗风和抗冰雪荷载

能力强，长度较长，适合高压等特种用途需要，安全性也能有所提高。

③应用场所：预应力电杆多用于直线杆塔，非预应力电杆多用于荷载较大和较重要的杆塔，如转角杆，终端杆，跨越杆塔。

3）按外形结构分为等径（外径一般为Φ300、Φ400）和锥形（锥度一般为1：75，梢径一般为Φ190、Φ230）两种，按连接方式分为整根式和分段焊接（段长一般为4.5 m、6 m、9 m、12 m）式两种。目前在我国城乡架空线路普遍广泛采用。它具有使用寿命长、维护工作量少、原材料丰富、外形美观等优点；其缺点是比较笨重，给运输、施工带来不便。

定型钢筋混凝土电杆标准表示法见表2－2－1。

表2－2－1　定型钢筋混凝土电杆标准表示法

名称	上段电杆	中段电杆	下段电杆	整根电杆
代号	S	Z	X	Q

钢筋混凝土电杆混凝土标号：预应力不得低于C_{40}，非预应力不得低于C_{30}。

梢径电杆分整根式和现场分段连接式，其连接又分焊接和法兰盘连接。

等径电杆一般都采用现场分段连接式，其连接方式一般为钢圈焊接。

4）钢筋混凝土电杆的有关规定：

①裂纹：预应力混凝土电杆不得有纵横向裂纹。普通钢筋混凝土电杆不得有纵向裂纹，横向裂纹宽度不应超过0.1 mm。

②钢圈连接：宜采用电弧焊接。应清除焊口及附近的铁锈及污物。钢圈厚度大于6 mm时应采用V形破口多层焊。焊缝应有一定的加强面，见图2－2－1所示；其高度和遮盖宽度应满足表2－2－2的要求。

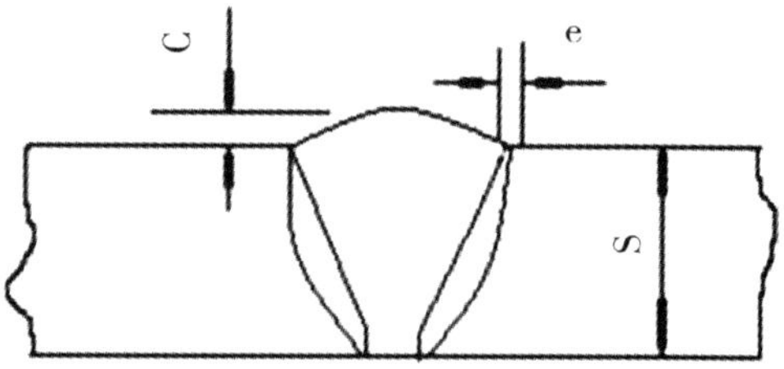

图2－2－1　焊缝加强面示意图

表2－2－2　钢圈连接要求

项目	钢圈厚度S（mm）	
	＜10	10～20
高度C（mm）	1.5～2.5	2.5～3
宽度e（mm）	1～2	2～3

③焊接要求：一个焊口宜连续完成，焊缝应呈平滑的细鳞形。采用气焊时的钢圈宽度不应小于 140 mm。加热时间要短并采取必要的降温措施，以减少电杆混凝土因发热而产生的纵横向裂纹。假如产生 0.05 mm 以上宽度的裂纹应进行补修。不论分段焊接或整根式的电杆，在施工现场组立前，其弯曲度均不得超过对应长度的 2‰。

④杆头封堵：电杆的上头应封堵，以免雨水进入，下端不得封堵，排水孔应打通。

⑤叉梁、横隔梁组装：以抱箍连接的叉梁、横隔梁（一般定型电杆有预埋穿钉孔），其上端抱箍或横隔梁组装尺寸的允许误差为±5 mm，而整体叉梁不得有明显的鼓肚、弯曲。

（2）金属杆塔

按外形结构分为锥形圆柱、多边、椭圆钢杆（锥度一般为直线 1∶75～1∶70、600 转角 1∶65～1∶60、900 转角 1∶55～1∶50）和角钢四柱或圆钢四柱铁塔（根开一般为 0.6 m～4.5 m）。金属杆塔一般用于难以设置拉线的线路转角、终端、分支等受力较大或走廊狭窄之处。它具有使用寿命长、承受荷载大、外形美观等优点；其缺点造价比较高。

2. 按回路数分类

回路是指一基杆塔上架设几回供导线路，架设的回路数决定杆塔的高度和受力特点，同杆塔架设取决于线路的走廊及负荷分布。

（1）单回路杆塔：用于走廊开阔，负荷分散的乡村区域。

（2）双回路杆塔（同电压或两种电压）：用于走廊狭窄，负荷较集中的城市区域。

（3）多回路杆塔（110 kV、35 kV、10 kV、0.4 kV）：用于走廊狭窄，人烟稠密、负荷集中的大中城市区域。

双回或多回较单回杆塔的优点是：占地面积、空中和地面走廊小，赔偿金额低，总体造价省。缺点是：选用杆塔高，本体造价高，一次性施工费用高，检修不方便。

3. 按导线排列方式分类

导线排列方式是指导线在杆塔头的布置形式，它是根据线路的电气、结构要求和电压等级而布置，与同杆塔架设的回路数及线间距离有关。

单回路杆塔：最常见的有上字形、干字形、斜三形和水平排列。

双回路和多回路杆塔：最常用的有垂直排列、水平排列、鼓形排列、倒伞形排列、双正三角形排列、正三角形和水平混合排列等。

（二）杆塔用途

架空配电线路上的电杆按用途分，可分为：直线杆、直线兼小角杆、耐张杆、转角杆、终端杆、分支杆、跨越杆。

1. 直线杆塔（Z）：用以支持导线。并承受导线、绝缘子、金具、作业人员和工器具等垂直荷重；承受覆冰荷重；承受侧面风压荷重。用在线路中间。

2. 直线兼小角杆塔（ZJ）：除同直线杆塔外，可兼5°内转角杆。

3. 耐张杆塔（N）：除同直线兼小角杆塔外，它还要承受导线的水平张力和施工紧线时产生的过牵引力和不平衡张力。同时将线路分成若干段，以加强线路的机械强度，缩小事故范围。

4. 转角杆塔（J）：除同耐张杆塔外，它还要承受内角角平分线方向风力水平荷载以及导线全部拉力的合力。用在线路转角之处。角度分类一般为0°～5°；5°～30°；30°～60°；60°～90°。

5. 终端（兼角）杆塔（D或Dj）：除承受导线的垂直、水平荷载外，还要承受顺线路方向全部导线的拉力；其他所承受的力同转角杆塔和耐张杆塔。用在线路终端处。

6. 分支杆塔（F）：除同直线（耐张）杆塔外，还要承受分支导线的垂直、水平荷载和侧分支线方向导线的全部拉力。用在线路的分支处。

7. 跨越杆塔（K）：采用什么型杆塔受什么力。该杆塔往往高于一般直线杆塔型。

二、杆塔选择

（一）杆塔选择的原则

尽量采用典型杆塔和简化线路杆塔的种类，这样既便于设计又便于施工和运行。选型应从安全可靠，维护方便，结合施工、制造、地形、地质和基础形式等条件进行技术经济比较。

1. 杆塔选择的条件

选择杆塔型式应首先考虑线路的气象条件、地形地貌条件、水文地质条件、交通运输条件、导线规格、加工、施工条件、运行维护条件。在平原或丘陵等便于运输和施工的地区，宜因地制宜地采用拉线杆塔和钢筋混凝土电杆，但考虑到机械耕种，在农田的35 kV～110 kV线路杆塔，一般不宜采用拉线。

2. 不同区域选择

在城市区域一要解决树线矛盾，二要不打或尽量少打拉线。在运输和施工困难地区，宜采用角钢定形铁塔或拉线角钢塔。在平地或丘陵地带，应首先采用钢筋混凝土电杆。在走廊狭窄地带，宜采用导线三角排列的杆塔。在城市或市郊宜采用钢管杆塔。

3. 杆塔型式使用范围

根据选择的条件规划出合理的档距和常用的杆塔型式及拟定所要用的杆塔型，并掌握其使用范围和它的优缺点。

（1）一般情况下线路的实际使用条件要小于或等于拟定选用杆塔型的使用条件，直线杆塔兼线路实际转角的度数不宜大于5°。直线型单杆，不应采用三根拉线。

(2) 应尽量采用定型杆塔，以减少设计工作量。应尽量简化杆塔型的尺寸和种类，以利加工制造，施工方便，有利维护检修。

(3) 预应力电杆一般用在直线电杆上，转角、耐张、终端、分支、大跨越杆塔不宜采用。

(4) 依据所选用的杆塔型的使用范围和优缺点及线路的具体条件要求，提出代表性杆塔，进行全面的技术经济比较。

4. 杆塔高度选择的原则

(1) 一般选用长度为 12 m 或 15 m 的混凝土电杆，以保持合理跨越高度，并便于带电作业及登杆检修，市政道路沿线新架线路不宜采用预应力混凝土电杆。

(2) 选用混凝土电杆标准抗开裂弯矩应体现地区差异化，同类区域电杆的标准抗开裂弯矩宜一致，适应承受目标网架导线荷载的要求，混凝土电杆表面的永久性标志宜含生产厂家、埋深标志、开裂检验荷载、杆长、梢径及生产年份等。繁华市区受条件所限，转角杆、耐张杆可选用钢管杆，山区交通不便处可采用窄基铁塔。

(3) 低压架空线路宜采用长度为 10 m 的混凝土电杆，跨越距离不够等特殊情况可采用 12 m 混凝土电杆。

（二）根据杆塔使用条件选择

所谓杆塔的使用条件就是杆塔允许的线间距离、各种档距、能够承受的各种荷重。

1. 杆塔高度选择：其依据是交叉跨越情况和档距的使用条件，一般是按标准长度或定型呼称高进行选择。在决定了呼称高之后，再根据电杆的埋深，选择电杆的长度。耐张杆塔的呼称高一般低于直线杆塔。定型钢杆和铁塔依据标准呼称高选择。

2. 杆塔强度选择：线路条件不得大于杆塔的使用条件或与其大致相同。

3. 杆塔允许线间距离选择：依据导线排列方式和规程要求的线间距离及档距而确定；大跨越杆塔应验算其摇摆角并绘出间隙圆后确定。

4. 转角杆塔选择：依据转角杆塔所受导线角度力和跳线对杆塔构件所允许的空气间隙距离，杆塔额定转角应大于等于线路实际转角。

三、杆塔基础

杆塔埋入地下的部分统称为基础。基础的作用是保证杆塔稳定，不因杆塔的垂直荷载、水平荷载、纵向荷载和外力作用而发生上拔、下沉或倾覆的情况。

（一）非拉线电杆基础

通常由地下部分的电杆和底盘、卡盘组成。

1. 埋入地下部分的电杆，承受着电杆的倾覆力，同时将垂直荷重力传递给底盘。

2. 底盘，承受着下压力。

3. 卡盘，当电杆的倾覆力较大时，用来增加电杆的抗倾覆能力。卡盘又分为上卡盘和下卡盘，上卡盘一般设置在电杆埋深的三分之一处，下卡盘则放置于底盘上。卡盘通过U形螺栓与电杆相连接，如图2-2-2所示。

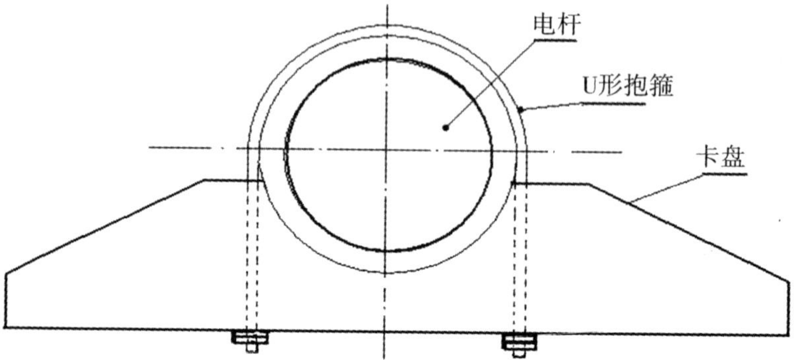

图2-2-2　卡盘与电杆连接示意图

（二）拉线电杆基础

通常由地下部分的电杆和底盘、拉线盘（简称拉盘）组成，因为地下部分的电杆仅承受下压力，所以不需要设置卡盘。拉线盘承受上拔力。

（三）底盘、拉盘和卡盘

底盘、拉盘和卡盘（俗称三盘）采用水泥、砂、石配合成不小于C_{20}强度标号的混凝土，为满足和加强其抗拉、抗压强度，再配上骨架（配筋）由制造厂家事先预制而成，在施工现场进行拼装。钢筋混凝土电杆基础如图2-2-3所示。

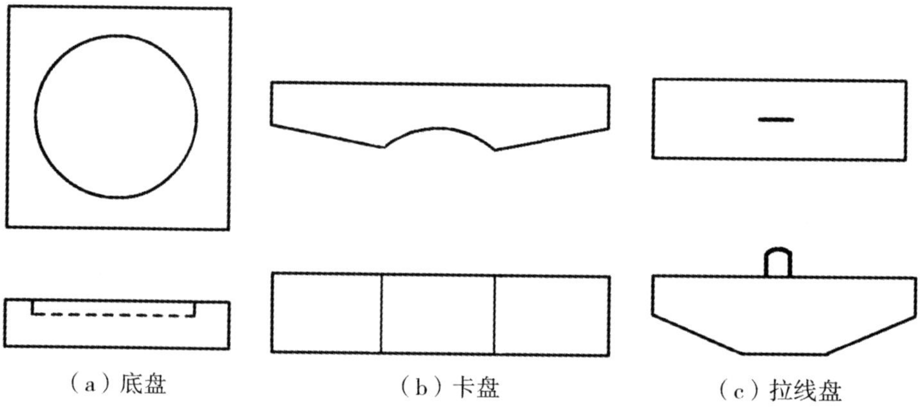

图2-2-3　钢筋混凝土电杆基础

第三节　金　具

金具按其用途和性能，一般可分为支持金具、紧固金具、连接金具、接续金具、保护金具和拉线金具。

一、支持金具

支持金具主要是悬垂线夹，按性能可分为固定型和释放型。在配电架空线路中由于导线一般均直接用扎线绑扎在绝缘子上，因此悬垂线夹很少在配电架空线路中使用。它一般只用于一些特殊地段垂直荷载很大的线路上，如大跨越档距等，或在通信线承力索上使用。

悬垂线夹的型号为 XGU－1、2、3、4，其型号中：X——表示悬垂线夹；G——表示固定型；U——表示 U 型螺栓式；数字 1、2、3、4——表示线夹组合编号。另外数字之后可以用字母 A——表示带碗头挂板；B——表示带 U 型挂板。悬垂线夹与导线的配合，见表 2－3－1，外形结构如图 2－3－1 所示。

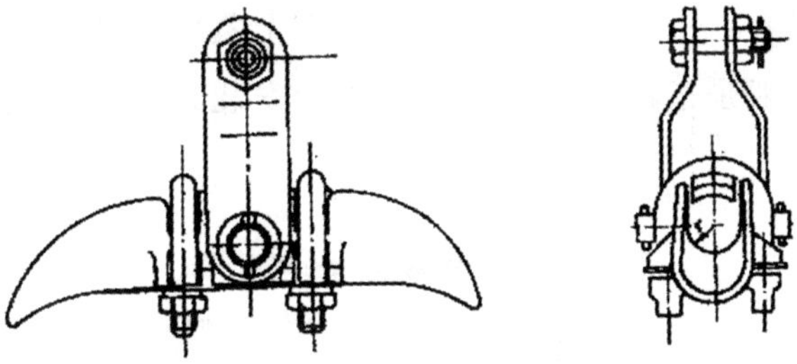

（a）槽形线夹

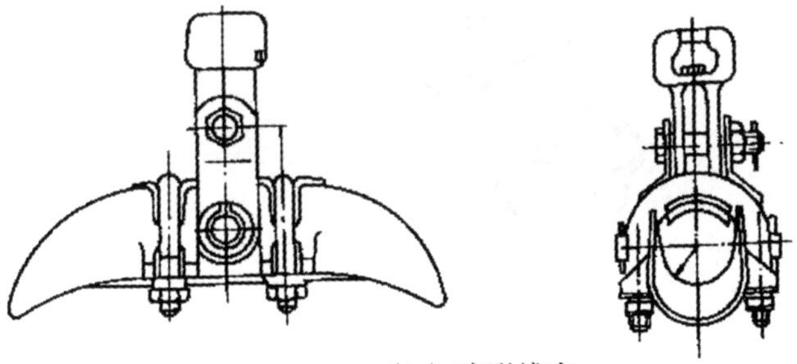

（b）球形线夹

图 2－3－1　悬垂线夹外形图

表 2-3-1　悬垂线夹与导线配合表

线夹型号		XGU—1	XGU—2	XGU—3	XGU—4
适用导线	LGJ	16—25	35—70	95—150	185—240
	LJ	16—25	35—70	95—150	185—240
	TJ	16—25	35—70	95—150	185—240

用于避雷线的悬垂线夹的型号为 XGB—1 或 XGB—2，其型号中：X—表示悬垂线夹；G—表示固定型；B—表示避雷线；数字表示线夹组合编号。悬垂线夹与避雷线的配合，见表 2-3-2。

表 2-3-2　悬垂线夹与避雷线配合表

型号	XGB—1	XGB—2
使用钢绞线型号	GJ25—35	GJ50—70

二、紧固金具

紧固金具的作用是在耐张、终端、分支等杆塔上紧固导线或避雷线，使其固定在绝缘子串或横担上。一般是指耐张线夹，按结构与安装条件可分为螺栓型、楔形、预绞丝型等。

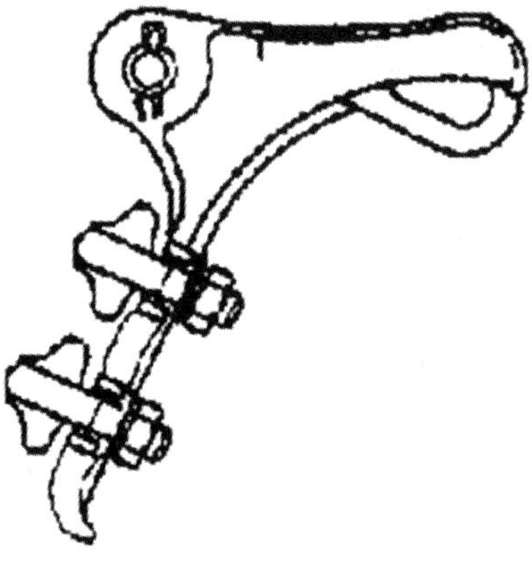

图 2-3-2　螺栓型耐张线夹

（一）螺栓型耐张线夹

螺栓型耐张线夹分正装和倒装两种。倒装式耐张线夹又称耐螺倒，由于它具有尺寸小，质量轻、配件少、握力大，施工方便等优点，而在架空配电线路上广泛使用。而正装式耐张线夹因其比较重、安装不方便，已逐渐被淘汰。由于受握力的限制，耐螺倒线夹一般只能用于 240 mm^2 及以下截面的导线上。

耐螺倒的型号为 NLD—1、2、3、4，其型号中：N—表示耐张线夹；L—表示螺栓型；D—表示倒装式；数字表示线夹的组合编号。耐螺倒与导线的配合，见表 2-3-3，其外形结构如图 2-3-2 所示。

表 2-3-3 螺栓型耐张线夹与导线配合表

线夹型号		NLD—1	NLD—2	NLD—3	NLD—4
使用导线型号	LGJ	16—35	50—70	95—150	185—240
	LJ	16—50	70—95	120—185	240
	TJ	16—50	70—95	120—185	240

（二）楔形耐张线夹

楔形耐张线夹（又称节能耐张线夹），其能减少电能损耗，安装方便，适用于绝缘线剥除绝缘层厚安装（可防止雷击断线），并外加绝缘罩。其外形结构如图 2-3-3 所示。

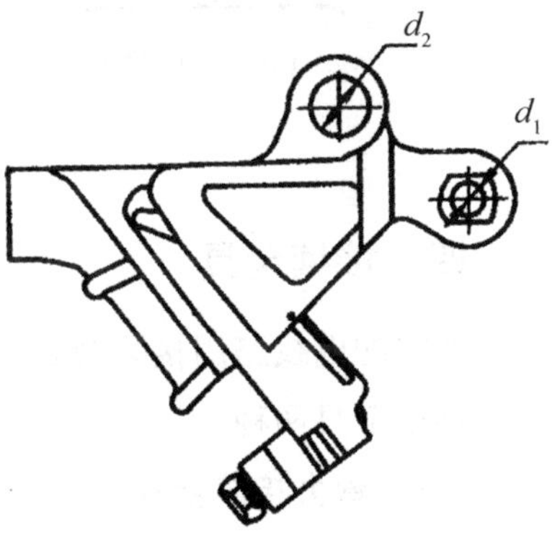

图 2-3-3 楔形耐张线夹

（三）预绞式耐张线夹

预绞式耐张线夹，如图 2-3-4 所示。其结构为预绞丝双腿绞合形成的空腔。因空腔内径比导线外径小 15%～17%，预绞丝缠绕在导线上，借助于材料的弹性及收紧力，越拽越紧，不产生滑移。绞环套在心形环上，与悬式绝缘子连接。预绞式为了增大摩擦力一般粘有石英砂。

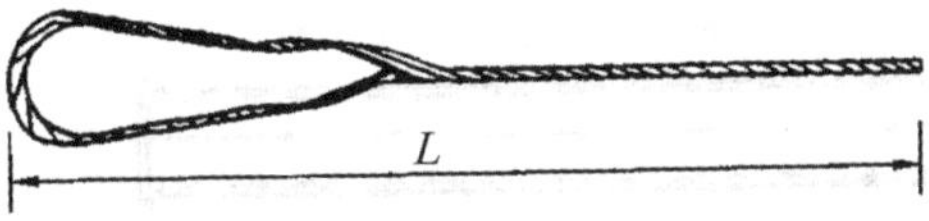

图 2-3-4 预绞式耐张线夹

三、连接金具

连接金具主要用于耐张线夹、悬式绝缘子、横担等之间的连接。与球形悬式绝缘子配套的连接金具为直角挂板、球头挂环、碗头挂板等组合；与槽形悬式绝缘子配套的连接金具为 U 形挂环、平行挂板等组合。金具的破坏载荷均不应小于该金具型号的标称载荷值。7 型不小于 70 kN；10 型不小于 100 kN；12 型不小于 120 kN 等。所有黑色金属制造的连接金具及紧固件均应热镀锌。

用于架空配电线路的连接金具，其型号、规格见图 2－3－5 所示。

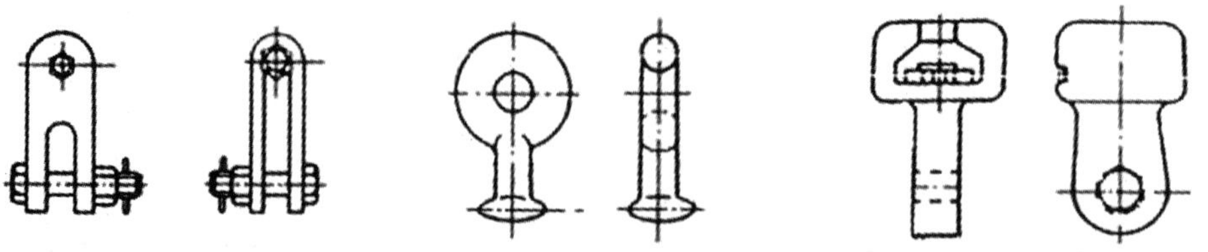

（a）直角挂板　　（b）球头挂环　　（c）单联碗头挂板

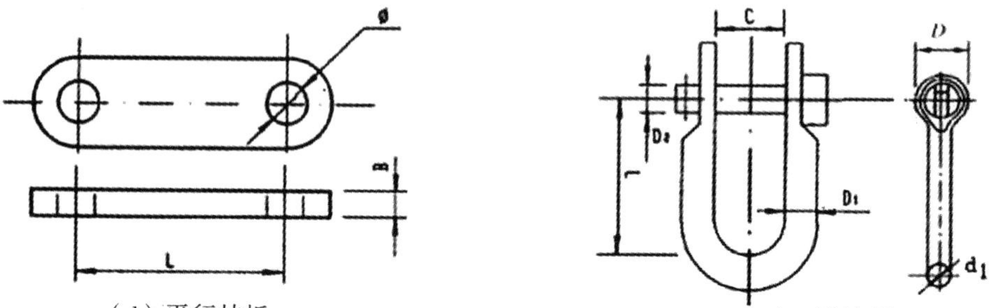

（d）平行挂板　　（e）U形挂环

图 2－3－5　连接金具外形图

四、接续金具

架空配电线路用接续金具的作用是接续导线、避雷线。它分为承力接续金具和非承力接续金具两种。

（一）承力接续金具

承力接续金具主要有导线、避雷线接续管和接续预绞丝等，如图 2－3－6 所示。

（a）铜、铝绞线钳压管

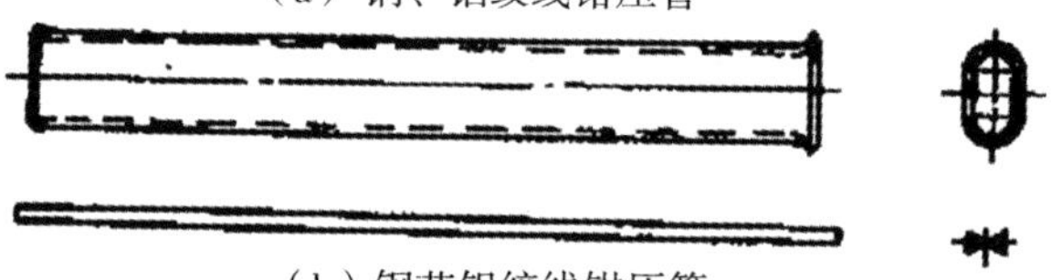

（b）钢芯铝绞线钳压管

（c）钳压管

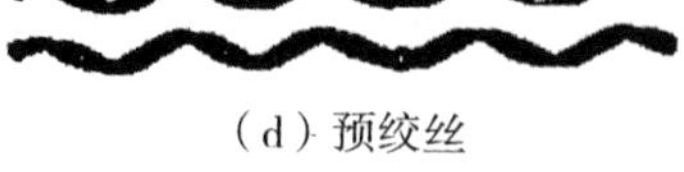

（d）预绞丝

图 2－3－6　导线承力连接管及连接预绞丝

用于导线、避雷线承力连接的接续金具，要求其握着力不小于导线、避雷线计算拉断力的 95%。

适用于铝绞线的钳压管的型号为 JT－ * L 型，型号中：J—表示接续管；T—表示椭圆；*—表示数字，以导线截面表示；L—表示铝绞线。

适用于钢芯铝绞线的钳压管的型号为 JT－ * 型，适用于铜绞线的钳压管的型号为 JT－ * T 型，适用于钢绞线的钳压管的型号为 JY－ * G 型。型号中：Y—表示圆形；T—表示铜线；G—表示钢绞线；钢芯铝绞线省略。

（二）非承力接续金具

非承力接续金具主要有钢线夹子、并沟线夹、异形并沟线夹、C 形、H 形线夹、钳形线夹、螺栓形线夹、楔形线夹以及穿刺线夹等。如图 2－3－7 所示。

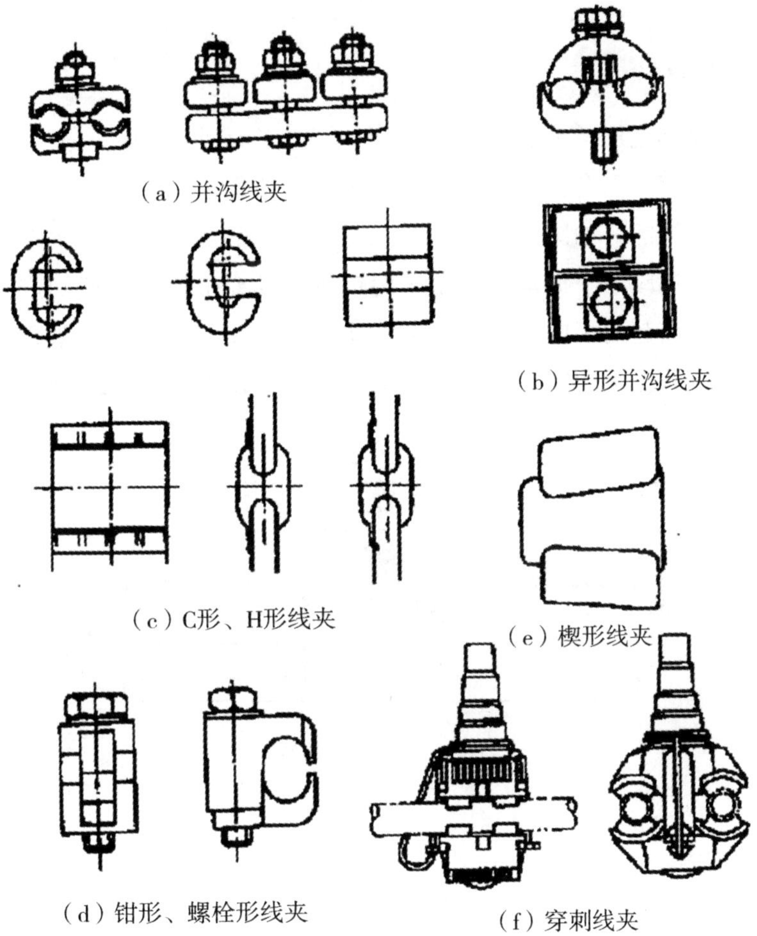

（a）并沟线夹

（b）异形并沟线夹

（c）C形、H形线夹

（e）楔形线夹

（d）钳形、螺栓形线夹

（f）穿刺线夹

图 2－3－7　导线非承力连接线夹

非承力连接有接续金具，规程要求其握着力不应小于导线计算拉断力的 10%。

适用于导线非承力连接的并沟线夹型号为JB，其与导线的配合见表2-3-4。

适用于避雷线的并沟线夹型号为JBB。它与避雷线的配合见图2-3-5。

表2-3-4　并沟线夹与导线截面配合表

型号		JB—0	JB—1	JB—2	JB—3	JB—4
适用导线型号	LJ	16—25	35—50	70—95	120—150	185—240
	LGJ	16—25	35—50	70—95	120—150	185—240

表2-3-5　并沟线夹与避雷线配合表

型号	JBB—1	JBB—2
钢绞线截面/mm^2	25—35	50—70

五、保护金具

架空配电线路其电压等级低，导线使用应力也比较小，因此，架空配电线路的保护金具主要为铝包带，只有在档距较大的线路上需使用防振锤。

架空线路用防振锤，如图2-3-8所示。防振锤的原理是：当架空线不断上下弯曲，重锤的阻尼作用减小了振动的波幅，而钢绞线的变形以及线股间产生的摩擦则消耗了振动能量，从而起到了防振作用。为使防振锤获得最佳的防振效果，在选择和安装防振锤时，应以防振锤的钢绞线能产生最大弯曲为原则，以便使其消耗更多的能量。

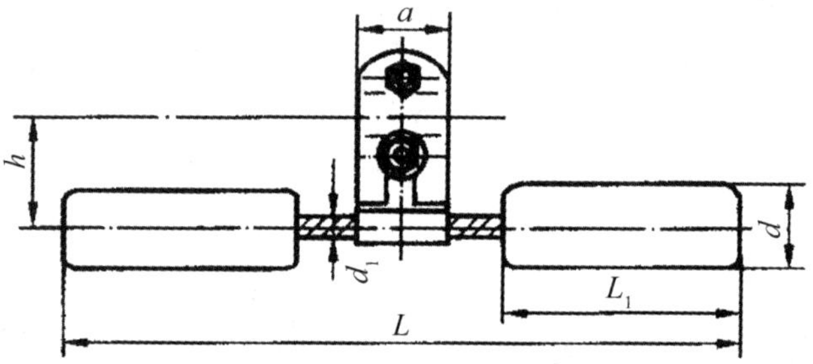

图2-3-8　防振锤

六、拉线金具

拉线金具主要是用于拉线杆塔的拉线连接，主要包括楔形耐张线夹与UT形耐张线夹，如图2-3-9所示。

拉线用楔形线夹与拉线截面的配合，见表2-3-6。拉线用NUT耐张线夹与拉线截面的配合，见表2-3-7。

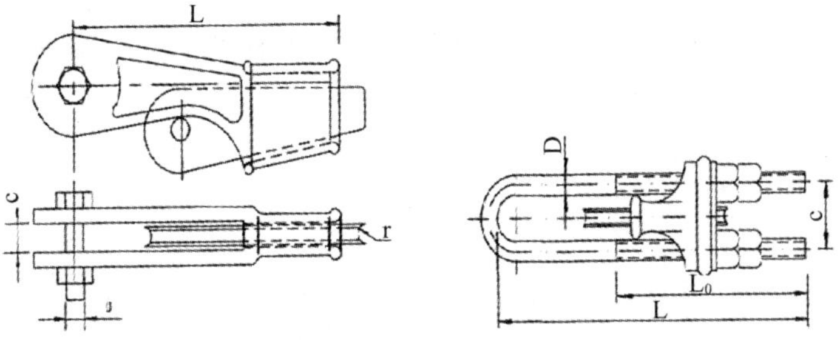

（a）楔形耐张线夹　　　　（b）UT形耐张线夹

图 2－3－9　拉线金具

表 2－3－6　拉线用楔形线夹与拉线截面配合

型号	NX—1	NX—2
钢绞线截面/mm^2	25—35	50—70

表 2－3－7　拉线用 NUT 耐张线夹与拉线截面配合

型号	NUT—1	NUT—2
钢绞线截面/mm^2	25—35	50—70

七、拉线的种类

拉线分为普通拉线、人字拉线、十字拉线、水平拉线、共同拉线、V 形拉线、弓形拉线、自身拉线。

（一）普通拉线

应用在终端杆、分支杆、转角杆耐张杆等地方，主要作用是用来平衡固定性不平衡的荷载。如图 2－3－10 所示。

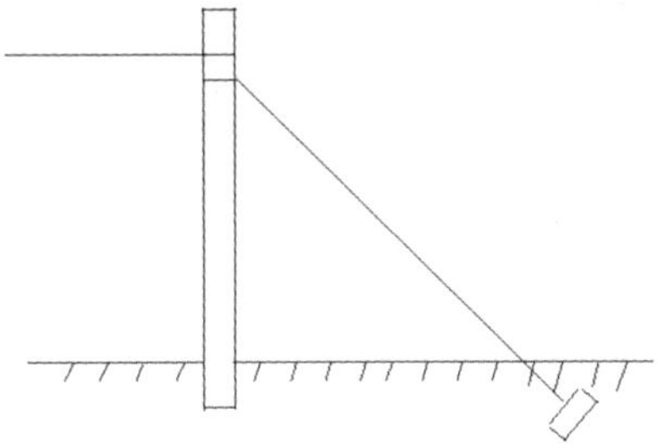

图 2－3－10　普通拉线

（二）人字拉线

由两根普通拉线组成，分别装在线路垂直方向电杆两侧，经常用于中间直线电杆，用来加强电杆防风防倾倒。如图 2－3－11 所示。

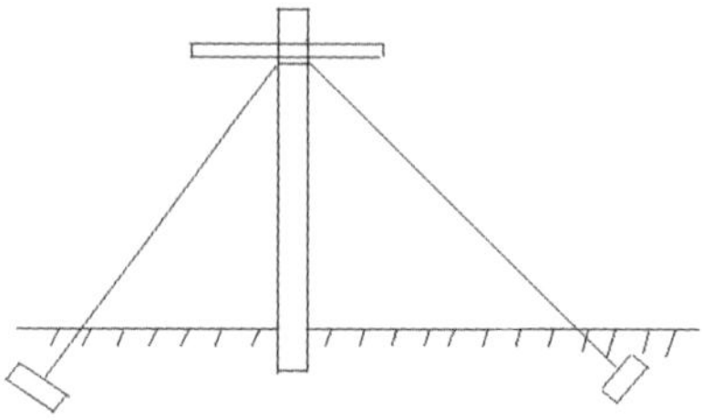

图 2－3－11　人字拉线

（三）十字拉线

一般在耐张杆处装设，为加强耐张杆的稳定性，安装顺线路和横线路的人字拉线。如图 2－3－12 所示。

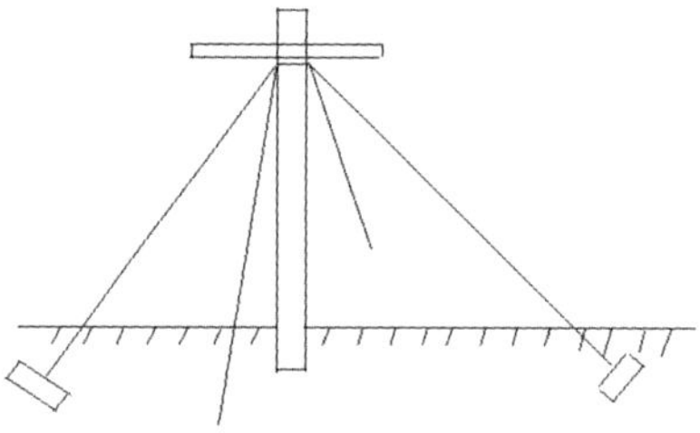

图 2－3－12　十字拉

（四）水平拉线

在不能直接做普通拉线的地方，如跨越道路的地方则可做水平拉线。如图 2－3－13 所示。

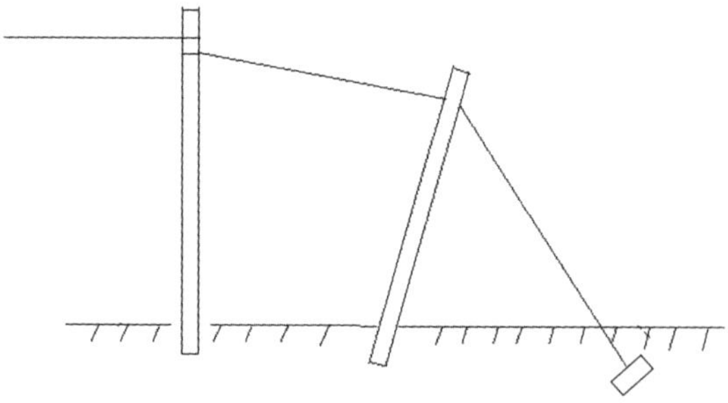

图 2－3－13　水平拉线

（五）共同拉线

用在直线线路上，如断连杆的一侧导线细，另一侧粗，则两侧荷载不同产生了不平衡张力，但又无地方装设拉线，在此情况下将拉线安装在第二根杆上。如图 2-3-14 所示。

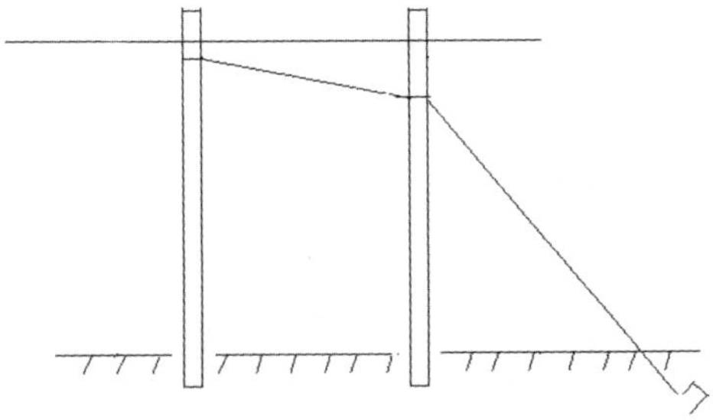

图 2-3-14　共同拉线

（六）V 形拉线

用在电杆较高、横担层数较多、架设多条导线的地方，各条拉线松紧程度应保持一致。如图 2-3-15 所示。

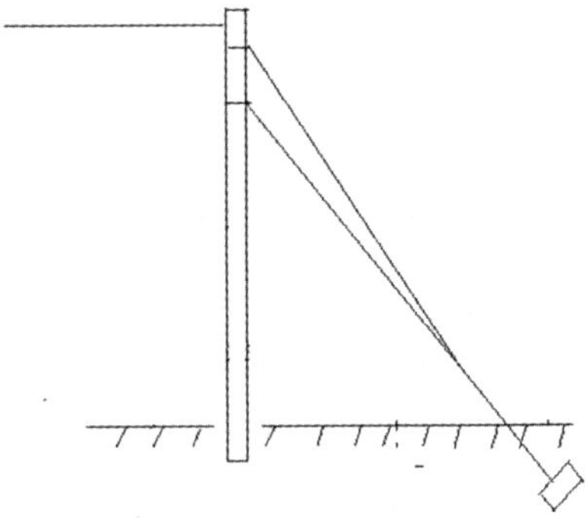

图 2-3-15　V 形拉线

（七）弓形拉线

因受地形或周围环境的限制装设弓形拉线。如图 2-3-16 所示。

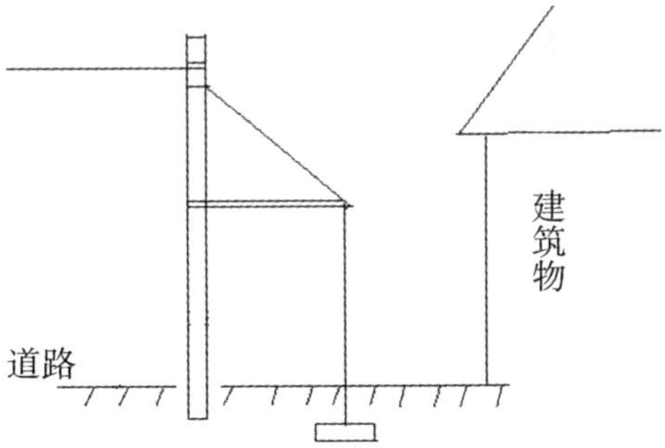

图 2-3-16　弓形拉线

（八）自身拉线

受地形或周围环境的限制时装设自身拉线。如图 2－3－17 所示。

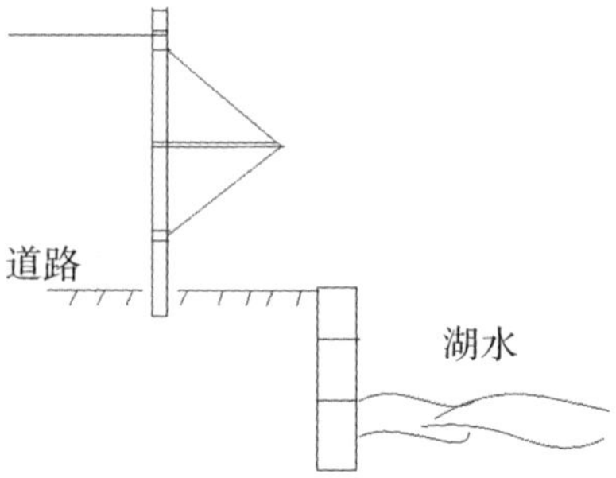

图 2－3－17　自身拉线

第四节　导　线

一、导线的种类

（一）常见导线型号表示

1. 裸导线：T—铜线；L—铝线；G—钢线；Q—轻型；F—防腐；H—合金；J—绞线或加强型。

例如：LHJ—铝合金绞线；LGJJ—加强型钢芯铝绞线；TL—铜绞线。

2. 绝缘线：JK—架空；YJ—交联聚乙烯；GY—高密度聚乙烯；TR—软铜导体；HL—铝合金导体；L—铝导体；V—聚氯乙烯；/Q—轻型；（A）—钢绞线承力束；/B—本色绝缘。

例如：JKLYJ—10/—120——为架空铝芯交联聚乙烯绝缘、额定电压 10 kV、标称截面 120 mm^2 的绝缘架空导线。

（二）配电线路对导线要求

配电线路对导线的生产、使用要进行综合考虑，主要有以下几方面。

1. 应具有较高的导电率，但考虑国家资源情况，高压一般不采用铜线。

2. 应具有较高的机械强度和耐振性能。

3. 应具有一定的耐化学腐蚀能力。

4. 还要保证造价经济。

5. 质量轻，少用有色金属。

二、铝导线

铝导线的导电性能和机械强度不及铜导线，铝的导电率为铜的 60%左右。铝的质量轻，同电阻值下约为铜的质量的 50%。铝的抗化学腐蚀能力也较弱，裸铝导线不适合架设在化工污秽严重的地区。但其质量轻、储量高、价格低，因此，铝也是一种比较理想和广泛使用的导线材料。硬铝绞线主要技术参数见表 2-4-1。

铝绞线载流量（A）（工作温度 70 ℃）见表 2-4-2。

表 2-4-1　硬铝绞线主要技术参数

导线型号	计算截面 /mm²	股数/直径 /mm	导线外径 /mm	直流电阻（20 ℃时不大于，Ω/km）	计算拉断力 /N	计算质量 /（kg/km）	长期允许电流 /A
LJ—16	15.89	7/1.70	5.10	1.802	2840	43.5	105
LJ—25	24.71	7/2.15	6.45	1.127	4355	69.6	135
LJ—35	34.36	7/2.50	7.50	0.833	5760	94.1	170
LJ—50	49.48	7/3.00	9.00	0.579	7930	135.5	215
LJ—70	71.25	7/3.60	10.80	0.402	10950	195.1	265
LJ—95	95.14	7/4.16	12.48	0.301	14450	260.5	325
LJ—120	121.21	19/2.85	14.25	0.237	19420	333.5	375
LJ—150	148.07	19/3.15	15.75	0.194	23310	407.4	445
LJ—185	182.80	19/3.50	17.50	0.157	28440	503.0	515
LJ—240	238.76	19/4.00	20.00	0.121	36260	656.9	610

表 2-4-2　铝绞线载流量（A）（工作温度 70）

导线型号	LJ					
导体截面 /mm²	环境温度/℃					
	20	25	30	35	40	45
35	185	170	160	150	135	120
50	230	215	200	185	170	150
70	290	275	255	235	215	190
95	350	330	305	285	255	230
120	410	385	360	330	300	265
150	465	435	405	375	340	300
185	535	500	465	430	390	345
240	630	595	550	510	460	405
300	730	685	635	585	525	460

三、钢芯铝绞线

钢芯铝绞线充分利用了铝的导电率高和钢的机械强度大的优点，其中间的线股是钢线，主要承受导线上受的荷载，外围线股是铝线，导线中的电流由于集肤效应几乎全部由铝线部分承载。由于这两种导线材料的相互结合，较好地满足了导线的各项性能要求，因此钢芯铝绞线广泛地应用在输配电线路中。常用钢芯铝绞线的主要技术参数见表 2－4－3，钢芯铝绞线载流量（A）（工作温度 70 ℃）见表 2－4－4。

表 2－4－3　常用钢芯铝绞线的主要技术参数

导线型号	铝股数/股径/mm		计算截面/mm²		导线外径/mm	直流电阻（20 ℃时不大于，Ω/km）	计算拉断力/N	计算质量/（kg/km）	长期允许电流/A
	铝	钢	铝	钢					
LGJ－16/3	6/1.85	1/1.85	16.13	2.69	5.55	1.779	6.13	65.2	100
LGJ－25/4	6/2.32	1/2.32	25.36	4.23	6.96	1.131	9.29	102.6	130
LGJ－35/6	6/2.72	1/2.72	34.86	5.81	8.16	0.823	12.63	141.0	170
LGJ－50/8	6/3.20	1/3.20	48.25	8.04	9.60	0.595	16.87	195.1	215
LGJ－70/10	6/3.80	1/3.80	68.05	11.34	11.40	0.422	23.39	275.2	265
LGJ－95/15	26/2.15	7/1.67	94.39	15.33	13.61	0.306	35.00	380.8	325
LGJ－120/20	26/2.38	7/1.85	115.67	18.82	15.07	0.250	41.00	466.8	375
LGJ－150/25	26/2.70	7/2.10	148.86	24.25	17.10	0.194	54.11	601.0	445
LGJ－185/25	24/3.15	7/2.10	187.04	24.25	18.90	0.154	59.42	706.1	515
LGJ－240/30	24/3.60	7/2.14	244.29	31.67	21.60	0.118	75.62	922.2	610

表 2－4－4　钢芯铝绞线载流量（A）（工作温度 70 ℃）

导体截面/钢芯截面/mm²	LGJ　LGJF					
	环境温度/ ℃					
	20	25	30	35	40	45
35/6	180	170	160	150	135	120
50/8	220	210	195	180	165	150
50/30	225	210	200	185	170	155
70/10	270	255	240	220	205	180
70/40	265	250	240	225	205	185
95/15	355	335	310	285	260	230

续表

导体截面/钢芯截面/mm^2	LGJ　LGJF					
	环境温度/℃					
	20	25	30	35	40	45
95/20	325	305	285	265	245	220
95/55	315	300	285	265	245	225
120/7	405	380	355	330	300	265
120/20	405	380	355	325	295	260
120/25	375	350	330	305	280	255
120/70	355	340	320	300	280	255
150/8	460	435	405	370	335	300
150/20	470	440	410	375	340	300
150/25	475	450	415	385	345	305
150/35	475	450	415	385	345	305
185/10	535	505	407	430	390	345
185/25	595	560	520	475	430	380
185/30	540	510	475	435	395	345
185/45	550	520	480	445	400	355
240/30	655	615	570	525	475	415
240/40	645	605	565	520	470	410
240/55	655	615	570	525	475	420
300/15	730	685	635	585	530	465
300/20	740	695	645	595	540	475
300/25	745	700	650	600	540	475
300/40	745	700	650	600	540	475
300/70	765	715	665	610	550	485

四、绝缘导线

随着城市建筑、绿化的发展，占据了大部分架空电力线路走廊，建筑物与架空线路导线之间的安全距离不能满足安全要求，树线之间的矛盾也日益突出，严重影响着城市电网的供电可靠性。因此，架空配电线路采用绝缘导线代替裸导线，已成为城市配网建设的必然要求。

（一）绝缘导线具有以下优点

1. 可解决架空配电线路的走廊问题。

2. 可降低因外力影响而引发的故障，提高供电可靠性。

（二）绝缘导线分类及技术参数

绝缘导线按电压等级可分为中压绝缘导线、低压绝缘导线；按其结构型式可分为中、低压单芯绝缘导线、低压集束型绝缘导线、中压集束型绝缘导线。

绝缘导线所采用的绝缘材料一般为聚氯乙烯、聚乙烯、高密度聚乙烯、交联聚乙烯等黑色高分子聚合物。其材料的特点见表 2－4－5。

单芯绝缘导线的架设方式与裸线的架设方式基本相同。导线结构为在线芯上直接挤包绝缘层；中压单芯绝缘导线的结构是线芯上先挤包一层半导体内屏蔽层，半导体层外挤包绝缘层。单芯绝缘导线的结构如图 2－4－1 所示。

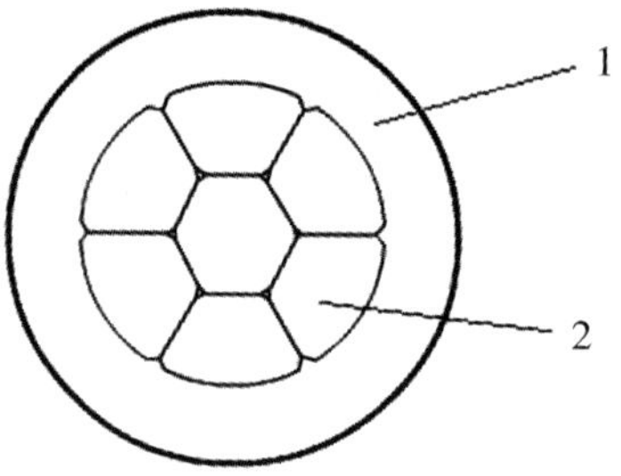

（a）低压单芯绝缘导线

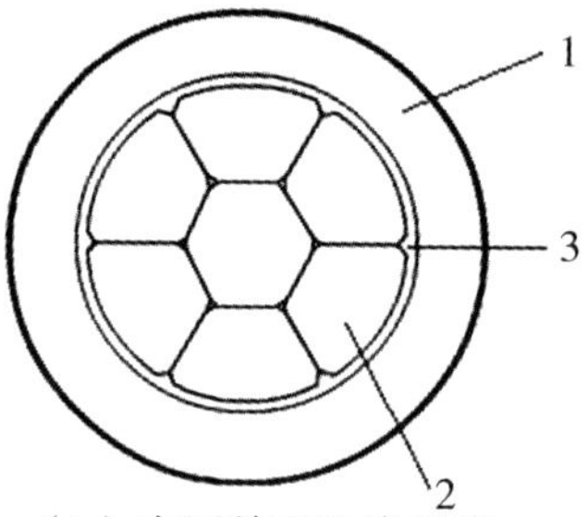

（b）中压单芯绝缘导线

图 2－4－1　单芯绝缘导线

1—绝缘层；2—导体；3—屏蔽层

绝缘导线的线芯一般采用经紧压的圆形硬铜、硬铝导线。线芯紧压的目的是降低绝缘导线制造过程中所产生的应力和防止水渗入绝缘导线而引起应力断线。中、低压绝缘导线的技术参数和允许载流量见表 2－4－5、表 2－4－6、表 2－4－7、表 2－4－8。

表 2－4－5　各绝缘材料的特点对比

绝缘材料名称	优点	缺点
PVC （聚氯乙烯）	1. 具有较好的电气、机械性能。 2. 耐酸、碱，有机化学成分稳定。 3. 耐潮湿、阻燃、易加工成本低。	1. 比其他绝缘材料的介质损失及相对介电系数比较大，绝缘电阻低。 2. 耐热性比较差，长期允许工作温度不应大于 70 ℃。
PE （聚乙烯）	1. 具有优异的电气性能。 2. 化学稳定性良好。 3. 抗非氧化性酸、碱的性能强。 4. 耐潮湿、耐寒性比较好。	1. PE 材料软化温度比较低。 2. 长期允许工作温度不应超过 70 ℃。 3. 耐环境应力开裂、耐油性和耐气候性比较差，且不阻燃。

续表

绝缘材料名称	优点	缺点
XLPE （交联聚乙烯）	1. 电气性能与聚乙烯接近。 2. 耐热性好，长期允许工作温度为 90 ℃。 3. 抗过载能力强。 4. 可避免环境应力开裂。	
HDPE （高密度聚乙烯）	主要电气、机械性能与 XLPE 材料接近。	1. 不阻燃。 2. 长期允许工作温度不应超过 70 ℃。

表 2－4－6　常用 10 kV 绝缘导线主要技术参数

导体标称截面/mm²	导体参考直径/mm	导体屏蔽层最小厚度/mm	绝缘层标称厚度/mm		20 ℃导体电阻（≤，Ω/km）				导线拉断力（≥，N）		
			薄绝缘	普通	硬铜芯	软铜芯	铝芯	铝合金芯	硬铜芯	铝芯	铝合金芯
35	7.0	0.5	2.5	3.4	0.540	0.524	0.868	1.007	11731	5177	8800
50	8.3	0.5	2.5	3.4	0.399	0.387	0.641	0.744	16502	7011	12569
70	10.0	0.5	2.5	3.4	0.276	0.268	0.443	0.514	23461	10354	17596
95	11.6	0.6	2.5	3.4	0.199	0.193	0.320	0.371	31759	13727	23880
120	13.0	0.6	2.5	3.4	0.158	0.153	0.253	0.294	39911	17339	30164
150	14.6	0.6	2.5	3.4	0.128		0.206	0.239	49506	21003	37706
185	16.2	0.6	2.5	3.4	0.102		0.164	0.190	61546	26732	46503
240	18.4	0.6	2.5	3.4	0.078		0.125	0.145	79823	34679	60329

表 2－4－7　低压架空绝缘导线主要技术参数

导体标称截面/mm²	线芯结构（股数/股径，mm）	绝缘层标称厚度/mm	绝缘线外径上限/mm	20 ℃导体电阻（≤，Ω/km）		计算拉断力/N		允许载流量（环境温度 30 ℃，A）			
								铜芯		铝芯	
				硬铜芯	铝芯	铜芯	铝芯	PVC	XLPE	PVC	XLPE
16	7/1.70	1.2	8.0	1.198	1.910	5486	2517	104	134	81	104
25	7/2.14	1.2	8.9	0.749	1.200	8465	3762	142	182	111	141
35	7/2.52	1.2	10.0	0.540	0.868	11731	5177	175	224	136	174
50	19/1.78	1.4	11.7	0.399	0.641	16502	7011	216	277	168	215
70	19/2.14	1.4	12.5	0.276	0.443	23461	10354	275	352	214	274
95	19/2.52	1.6	15.8	0.199	0.320	31756	13727	344	440	267	341

续表

导体标称截面/mm²	线芯结构（股数/股径，mm）	绝缘层标称厚度/mm	绝缘线外径上限/mm	20 ℃导体电阻（≤，Ω/km）		计算拉断力/N		允许载流量（环境温度 30 ℃，A）			
				硬铜芯	铝芯	铜芯	铝芯	铜芯		铝芯	
								PVC	XLPE	PVC	XLPE
120	37/2.03	1.6	17.5	0.158	0.253	39911	17339	400	513	311	398
150	37/2.25	1.8	19.4	0.128	0.206	49505	21033	459	586	345	454
185	37/2.52	2.0	21.7	0.102	0.164	61846	26732	536	684	416	531
240	61/2.25	2.2	24.7	0.078	0.125	79823	34679	641	820	497	635

表 2-4-8　10 kV 普通绝缘层导线允许载流量表

导体标称截面/mm²	铜芯/A		铝芯/A		铝合金芯/A	
	PE	XLPE	PE	XLPE	PE	XLPE
16	94	120	74	94	69	88
25	125	155	97	120	91	115
35	150	190	115	150	110	140
50	180	230	140	180	135	170
70	225	285	180	225	165	210
95	275	350	215	275	205	260
120	315	405	250	320	235	300
150	365	465	285	365	270	345
185	420	535	330	420	310	395
240	490	635	390	500	365	470

10 kV 绝缘导线的绝缘层分普通绝缘层（厚 3.4 mm）、薄绝缘层（厚 2.5 mm）两种。对于非承力的绝缘导线，如变压器台架上的高压引线及利用承力索敷设的绝缘导线等，可以采用软铜线做线芯，这类导线的线芯可以不进行紧压。作为变压器台架引线的中压绝缘导线，宜采用薄绝缘层的绝缘导线，以便于弯折和安装固定。

（三）绝缘线对地距离及交叉跨越

绝缘线在最大弧垂时，对地面及跨越物的最小垂直距离见表 2-4-9。

表 2-4-9　绝缘线在最大弧垂时，对地面及跨越物的最小垂直距离（单位：m）

线路经过地区	线路电压		线路经过地区	线路电压	
	中压	低压		中压	低压
繁华市区	6.5	6.0	至电车行车线	3.0	3.0
一般城区	5.5	5.0	至河流最高水位（通航）	6.0	6.0
交通困难地区	4.5	4.0	至河流最高水位（不通航）	3.0	3.0
至铁路轨顶	7.5	7.5	与索道距离	2.0	1.5
城市道路	7.0	6.0	人行过街桥	4.0	3.0

绝缘配电线路应尽量不跨越建筑物，如需跨越，导线与建筑物的垂直距离在最大计算弧垂情况下，不应小于下列数据：

a）中压：2.5m。

b）低压：2.0m。

线路边线与永久建筑物之间的距离在最大风偏的情况下，不应小于下列数值：

a）中压：0.75m（人不能接近时可为0.4m）。

b）低压：0.2m。

绝缘线与弱电线路的交叉应符合规定：强电在上，弱电在下；与一级弱电线路交叉时交叉角不小于45°，与二级弱电线路交叉时交叉角不小于30°，绝缘线与弱电线路的最小距离见表2-4-10，绝缘线与绝缘线之间交叉跨越的最小距离见表2-4-11。

表 2-4-10　绝缘线与弱电线路的最小距离（单位：m）

线路电压	中压	低压
中压	1.0	1.0
低压	1.0	0.5

表 2-4-11　绝缘线与绝缘线之间交叉跨越最小距离（单位：m）

类别	中压	低压
垂直距离	2.0	1.0
水平距离	2.0	1.0

五、电缆

电力电缆与架空线路相比具有受外界气候影响小、维护少、经久耐用，具有较高的绝缘稳定性和非燃性，有较好的化学稳定性能，具有一定的承载和抗变形、抗易燃、抗应力龟裂能力。但电力电缆结构与生产工艺比较复杂，成本高。

（一）在配电网中选用电缆线路主要从以下几个方面进行考虑

1. 在供电可靠性高地区。

2. 街道狭窄，架空线路走径无法解决的地区。

3. 在特殊要求的地区，如城市规划要求、繁华地区、市容环境、住宅小区。

4. 电网结构需要采用电缆的地区。

（二）电力电缆线路的构造

三芯交联聚乙烯电缆结构如下图 2－4－2，电力电缆主要由导体、绝缘层、护套和外护层四部分组成，他们的作用分别是：

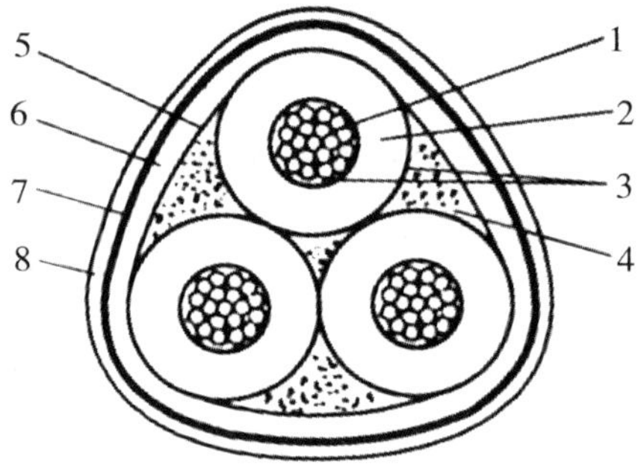

1—导体；**2**—绝缘层；**3**—半导体屏蔽层；**4**—填料；**5**—钢带屏蔽；**6**—挤塑护套；**7**—铠装层；**8**—沥青麻黄

图 2－4－2

1. 导体：通常采用铜或铝作为电缆的导体。

2. 绝缘层：包在导体外面起绝缘作用。

3. 护套：起保护绝缘层的作用。

4. 外护层：一般承受机械外力或拉力的作用，以免电缆受损坏，主要有钢带。

（三）电缆的型号及表示

1. 电缆的型号参数

导体：T—铜线（一般省略）；L—铝线。

绝缘：Z—纸绝缘；X—天然橡皮；（X）D—丁基橡皮；（X）E—乙丙橡皮；V—聚氯乙烯；YJ—交联聚乙烯；Y—聚乙烯。

内护套：Q—铅包；L—铝包；H—橡套；HF—非燃性橡套；V—聚氯乙烯护套；Y—聚乙烯护套。

特征：D—不滴流；P—分相金属护套；P—屏蔽；F—分相铅包。

铠装层类型（第一个数字）：2—双钢带；3—细圆钢丝；4—粗圆钢丝。

外被层类型（第二个数字）：1—纤维绕包；2—聚氯乙烯护套；3—聚乙烯护套。

2. 电缆的命名方法

电缆命名用型号、规格和标准编号表示，型号由绝缘、导体、护层的代号构成；规格由额定电压、芯标称截面构成，用字母和数字组合表示。

（1）电缆命名所用产品型号的组成和排列顺序如图 2-4-3 所示：

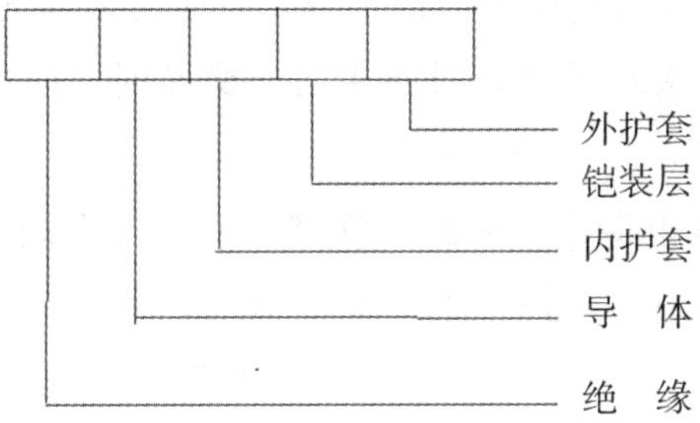

图 2-4-3　电缆命名所用产品型号的组成和排列顺序

（2）电缆命名各部分代号含义见表 2-4-12。

表 2-4-12　电缆命名各部分代号含义

导体代号	铜导体	（T）省略		**铠装代号**	双钢带铠装	2
	铝导体	L			细圆钢丝铠装	3
绝缘代号	聚氯乙烯绝缘	V			粗圆钢丝铠装	4
	交联聚乙烯绝缘	YJ			双磁性金属带铠装	6
					非磁性金属带铠装	7
	乙丙橡胶绝缘	E		**外护套代号**	聚氯乙烯外护套	2
	硬乙丙橡胶绝缘	HE			聚乙烯外护套	3
护套代号	聚氯乙烯护套	V			弹性体外护套	4
	聚乙烯护套	Y				
	弹性护套	F				
	档潮层聚乙烯护套	A				

例如：铜芯交联聚乙烯绝缘聚乙烯护套电力电缆，额定电压为 26/35 kV，单芯，标准界面面积 400 mm²，表示为 YJY—26/35 kV 1×400。

（四）电力电缆的铺设

电力电缆的铺设方式有直埋铺设、电缆沟铺设、排管铺设、隧道铺设、桥架铺设。但一条电缆线路最终铺设方式取决于投资、地下管网总体规划、施工条件等因素。

1. 直埋电缆

将电缆线路直接埋设在地面下的铺设方式称作电缆直埋铺设。直埋电缆适用于电缆线路不太密集、交通不太繁忙的城市地下走廊。如城市绿化带、人行道等。直埋电缆的埋设深度一般为0.7～1.5m。直埋电缆的缺点是电缆比较容易遭受机械性外力破坏，容易受到周围土壤的化学或电化腐蚀。电缆主干线和重要负荷供电电缆不宜直埋敷设。

严禁将电缆平行敷设于管道的上方或下方。并应符合以下规定：

（1）电缆与热管道（沟）及热力设备平行、交叉时，应采取隔热措施，使电缆周围土壤的温升不超过10 ℃。

（2）直埋电缆穿越城市街道、公路、铁路，或穿过有载重车辆通过的大门、进入建筑物的墙角处、进入隧道、人井，或从地下引出到地面时，应将电缆敷设在满足强度要求的管道内，为防止渗水和小动物进入，应将管口封堵好。

（3）电缆交叉时，高电压等级的电缆宜敷设在低电压等级电缆的下面。

（4）当电缆穿管或者其他管道有保温层等防护设施时，净距应从管壁或防护设施的外壁算起。

直埋电缆的施工分为预埋过路导管、挖掘电缆沟、铺设电缆，铺设后的电缆要覆盖15cm后的细沙或细土，用于保护电缆，然后再盖上防护盖，回填土。直埋电缆要符合表2-4-13。

表2-4-13　直埋电缆的敷设标准

<table>
<tr><th colspan="2">控制项目</th><th>质量标准</th></tr>
<tr><td rowspan="3">埋设深度/m</td><td>10 kV及以下</td><td>0.7</td></tr>
<tr><td>35 kV及以上</td><td>1.0</td></tr>
<tr><td>穿越农田时</td><td>再加0.2</td></tr>
<tr><td colspan="2">电缆与建筑物基础距离/m</td><td>0.6</td></tr>
<tr><td colspan="2">电缆与人行道树距离/m</td><td>0.75</td></tr>
<tr><td rowspan="3">电缆平行净距/m</td><td>10 kV及以下</td><td>0.1</td></tr>
<tr><td>35 kV及以上</td><td>0.25</td></tr>
<tr><td>不同部门的电缆</td><td>0.5</td></tr>
</table>

续表

控制项目		质量标准
电缆交叉净距/m	无隔板	0.5
	有隔板	0.25
电缆与热力管净距/m	平行	2
	交叉	0.5
电缆与其他管道净距/m		0.5
电缆与铁道平行间距/m	一般	3
	电气化	10
电缆与保护盖板间防护细土（细沙）厚度/m		0.15
电缆导管内径/m		（1.2～1.5）D（D为电缆直径）

2. 排管敷设

将电缆敷设在预先建设好的地下排管中的安装方式称为电缆排管敷设。电缆排管敷设使用于交通繁忙、地下走廊比较拥挤、敷设电缆条数较多的地段。排管和工井的位置一般建设在市区道路的非机动车道或人行道，也有建在机动车道的情况。受外力破坏相较于直埋敷设小。但排管敷设土建施工工期长，投资较大。排管敷设施工时在工井入口应用波纹聚乙烯（PE）保护管，排管口要用喇叭口保护，防止损坏电缆。

施工完工后，工井内电缆要用夹具固定在支架上，并用塑料护套衬做衬垫，从排管口到支架间的电缆必须适当地回弯，以有效地吸收由于温度变化引起的电缆收缩。排管口要封堵，工井内电缆应包绕防火带。

采用排管敷设时，电缆工井之间的距离不宜超过 100 m。

3. 隧道敷设

将电缆敷设于已建成的电缆隧道中的安装方式称为电缆隧道敷设。电缆隧道敷设消除了外力破坏的可能性，对电缆安全运行非常有利。但电缆隧道建设比较大，建设周期长。

在电缆隧道中，多芯电缆安装在金属支架上，一般可以不做机械固定，但单芯电缆必须固定。防止当发生短路故障时，由于电动力作用，单芯电缆之间相互排斥，导致可能的较长一段电缆从支架上位移，从而引起电缆的损伤。同时电缆隧道要满足防火的要求，重要的线路要选用具有阻燃外护套的电缆，电缆隧道要有火灾报警装置和自动灭火系统。

4. 电缆沟敷设

将电缆敷设在预先建成的电缆沟道中的安装方式称为电缆沟敷设。一般用于发电厂、变电站、工厂厂区内。电缆沟道安装可以分为双侧支架和单侧支架两种方式，支架之间和支架与沟壁之间，要留有一定宽度的通道，见表 2－4－14。同时电缆沟的敷设要满足防火要求。

表 2－4－14　电缆沟道内最小允许距离

名　称		最小允许距离/mm
两侧有电缆支架时的通道宽度		500
单侧有电缆支架时的通道宽度		450
电力电缆之间的水平净距		不小于电缆外径
电缆支架的层间净距	电缆为 10 kV 及以下	200
	电缆为 20 kV 及以上	250
	电缆在防火槽盒内	1.6×槽盒高度

（五）电缆的截面选择

电缆线路干线截面应按远期规划一次选定，构成环网的干线截面应匹配，建设改造区域的电缆截面及材质选择应标准化，见表 2－4－15。

表 2－4－15　10 kV 电缆截面表

线路类式	主干线/mm^2	分支线/mm^2
电缆线路截面	400、300、240	150、95

（六）电缆的防火、防水

1. 变电站电缆夹层、电缆竖井、电缆隧道、电缆沟等空气中敷设的电缆，应选用阻燃电缆。在上述场所中已经运行的非阻燃电缆，应包绕防火包带或涂防火涂料等措施。

2. 电缆隧道中应设置防火墙或防火隔断；电缆竖井中应分层设置防火隔板；电缆沟每隔一定的距离应采取防火隔离措施；电缆通道与变电站和重要用户的接合处应设置防火隔断。

3. 电缆夹层、电缆隧道内各种孔洞应进行有效的防火封堵，并按有关规定，设置沙桶、灭火器等消防设施。

4. 对防火防爆有特殊要求的电缆接头宜采用填沙、加装防火防爆盒等措施。

5. 电缆隧道内应安装照明系统，优先采用自然通风，根据需要可采取机械排风，通风口应有防止小动物进入隧道的金属网格及防水、防火、防盗等措施。

6. 电缆隧道结构防水等级不应低于二级，隧道内对各种孔洞应进行防水封堵并配置排水系统。排管与工井、排管与电缆之间应进行有效的防水封堵。

六、导线的选用

由于受线路走径周围环境的影响，结合设计线路设计的有关规定和实际情况，配电线路的导线选择也不尽相同。

（一）导线选择一般要求

1. 架空线路的导线可采用钢芯铝绞线或铝绞线，地线可采用镀锌钢绞线。

2. 市区、林区、人群密集区域宜采用中压架空绝缘线路，采用铝芯交联聚乙烯绝缘导线时，线路档距不宜超过 50 m。山区或大档距线路一般采用钢芯铝绞线。

3. 低压架空线路宜采用交联聚乙烯绝缘线，山区或大档距可采用钢芯铝绞线；低压架空线路采用三相四线制供电方式时，中性线截面应与相线截面相同；低压架空线路采用绝缘线时，架设方式宜采用分相式，受条件所限时，可采用集束式。

4. 市区 10 kV 及以下架空线路，在下列情况下可采用绝缘铝绞线。

（1）线路走廊狭窄，与建筑的距离不满足安全要求的地段。

（2）高层建筑群临近地段。

（3）繁华街道或人口密集区。

（4）游览区和绿化区。

（5）空气严重污染的地段。

（6）建筑施工现场。

（7）其他情况：如配电变压器高压引下线，配电变压器低压引上线及低压配电系统，均应采用架空绝缘配电线路。

5. 导线和电缆的种类及选用见表 2-4-16、表 2-4-17、表 2-4-18。

表 2-4-16　裸体导线

电线类型	品种	型号	电线结构概况	用途及选用原则
硬铝线	硬圆铝单线	LY	用硬拉铝制成的单线	一般不用，只用于低压架空线路
	铝绞线	LJ	用圆铝单线多股制成的绞线	高压在居民区截面不小于 35 mm^2，非居民区截面不小于 25 mm^2，低压不小于 16 mm^2
钢芯铝绞线	钢芯铝绞线 轻型钢芯铝绞线 加强型钢芯铝绞线	LGJ LGJQ LGJJ	内层为单股或多股镀锌钢绞线，主要承担张力。外层为单层或多层硬铝绞线，为导电部分	LGJ、LGJQ 用于一般地区。LGJJ 用于重冰区或大跨越

续表

电线类型	品种	型号	电线结构概况	用途及选用原则
防腐型钢芯铝绞线	轻防腐 中防腐 重防腐	LGJF	结构形式、电气性能与普同钢芯铝绞线相同。轻防腐仅在钢芯上涂防腐剂，中防腐仅在钢芯及内层铝线上涂防腐剂，重防腐在钢芯和内、外层铝线上均涂防腐剂	用于沿海及有腐蚀性气体的地区
铝合金线	铝合金单线 铝合金绞线 钢芯铝合金绞线	LH LHJ LHGJ	以铝、镁、硅合金拉制的圆单线或用多股作成绞线，抗拉强度接近铜线，导电率及重量接近铝线	抗拉强度高，可减少弧垂
铝稀土合金绞线	热处理铝镁硅稀土合金绞线	LHBJ	铝经稀土优化多股制成绞线	导电率较高，强度高，耐腐蚀，是城市区比较理想的导线

表 2-4-17　绝缘导线

电线类型	品种	型号	电线结构概况	用途及选用原则
聚氯乙烯（PVC）	铜、铝、铝合金 单股、多股绞线	JV JLV	外绝缘层为 PVC，内导体为铜、铝、铝合金单股或多股绞线	用于低压线路或低压集束型绝缘导线外护套。绝缘电阻低，耐热性较差
聚乙烯（PE）	铜、铝、铝合金 单股、多股绞线	YJ JYJ	外绝缘层为 PVC，内导体为铜、铝、铝合金单股或多股绞线	用于低压线路或低压集束型绝缘导线外护套。化学稳定性和电气性能好，耐油性和耐气候性差
高密度聚乙烯（HDPE）	铜、铝、铝合金 多股绞线		外绝缘层为 HDPE，内导体为铜、铝、铝合金多股绞线	用于高压线路。抗过载强，化学稳定性和电气性能好，不阻燃，长期工作温度不应超过 70℃
交联聚乙烯（XLPE）	铜、铝、铝合金多股绞线	YJHLJ JLYJ	外绝缘层为 XLPE，内导体为铜、铝、铝合金多股绞线	用于高压线路。抗过载强，耐热性好，能避免环境应力开裂，长期工作温度为 90℃

表 2-4-18　一般电力电缆

电缆类型	品种	型号	电缆结构概况	用途及选用原则
交联聚乙烯绝缘 聚氯乙烯护套	铝铜 单芯、三芯、四芯	YJLV YJV	交联聚乙烯绝缘、铝芯、聚氯乙烯内护套。交联聚乙烯绝缘、铜芯、聚氯乙烯内护套	敷设在室内、隧道及管道中，不能受到机械外力作用
交联聚乙烯绝缘 聚氯乙烯护套 钢带铠装	铝铜 单芯、三芯、四芯	YJLV2 YJV2	交联聚乙烯绝缘、铝芯、聚氯乙烯内护套、双钢带铠装。交联聚乙烯绝缘、铜芯、聚氯乙烯内护套、双钢带铠装	敷设在室内、隧道及管道中，能受到机械外力作用，但不能承受较大的拉力
交联聚乙烯绝缘 聚氯乙烯护套 细钢丝铠装	铝铜 单芯、三芯、四芯	YJLV3 YJV3	交联聚乙烯绝缘、铝芯、聚氯乙烯内护套、细钢丝铠装。交联聚乙烯绝缘、铜芯、聚氯乙烯内护套、细钢丝铠装	敷设在室内、隧道及管道中，能受相当的拉力
交联聚乙烯绝缘 聚氯乙烯护套	铝铜 三芯	JLVF JVF	交联聚乙烯绝缘、铝芯、聚氯乙烯内护套、分相铅包。交联聚乙烯绝缘、铜芯、聚氯乙烯内护套、分相铅包	敷设在室内、沟道、矿井及埋于土中，能承受一定的机械外力
交联聚乙烯绝缘 聚氯乙烯护套 钢带铠装	铝铜 三芯	JLVF22 JVF22	交联聚乙烯绝缘、铝芯、聚氯乙烯内护套、分相铅包、双钢带铠装、聚氯乙烯护套。交联聚乙烯绝缘、铜芯、聚氯乙烯内护套、分相铅包、双钢带铠装、聚氯乙烯护套	敷设在室内、沟道、矿井及埋于土中，能承受较大的机械外力

（二）导线截面的选择

1. 导线及电缆截面选择的条件

（1）满足发热条件，在最高环境温度和最大负荷的情况下，保证导线不被烧坏，即导线中通过的持续电流始终不超过允许电流 Iy。

（2）满足电压损失条件，以保证线路电压损失不超过允许值 ΔUy。

（3）满足机械强度条件，在任何恶劣环境条件下，应保证线路在电气安装和正常运行过程中导线不损坏。

（4）满足保护条件，以保证自动开关和熔断器能对导线起到保护作用。

（5）电缆导体的发热有一个时间过程才能达到稳定值，其截面应满足长期运行、短时短路允许通过的电流。

2. 导线及电缆截面的选择

（1）根据允许最小截面法选择导线截面：有关规程规定，在实际工作中，所选导线截面不得小于表 2－4－19 值。

表 2－4－19　导线及电缆最小截面

导线种类	高压配电线路		高压配电线路			低压配电线路		低压配电线路	
	居民区	非居民区	主干线	分支线	接户线	主干线	分支线	0.4 kV 线路	接户线
铝绞线及铝合金绞线	35	25						16	
钢芯铝线	25	16						16	
铜线	16	16						直径 3.2 mm	
铝或铝合金芯绝缘线			150	50	35	95	35		16
铜芯绝缘线			120	25	25	70	16		10
一般铝芯电力电缆			185	70	35	120	50	35	25

（2）根据允许载流量法选择导线截面：导线的电阻消耗能量并使导线发热；导线中的电流越大其温度就越高；而导线的接头处及电器连接处由于接触电阻大，温度更高，促使接头处及电器连接处表面氧化严重，这样又加大了接触电阻，形成恶性循环，致使导线强度降低甚至把导线烧红、烧断，造成事故或灾害。绝缘导线（电力电缆）温度过高会使绝缘层损坏而造成事故或灾害。因此，必须限制通过导线的电流，使导线温度不超过允许温度，即导线的允许电流一定要大于或等于线路最大负荷电流（$Iy \geqslant Ifm$），这种限制电流或导线能通过的最大电流就称之为允许载流量或允许电流 Iy，也叫安全电流。各地的环境温度不同，各种导线的允许电流也不尽相同，所以，列出一个标准空气温度时的导线允许电流，求其他温度下允许电流时，应再乘以一个校正系数。

（3）根据允许电压损失法选择导体截面：电压损失系指线路有电流通过时，电流在线路的电阻、电抗中产生电压降，使末端电压低于首端电压，线路首端电压与末端电压（有效值）的差即为电压损失 ΔU。按允许电压损失选择导线截面应满足以下条件：

$$\Delta U\% \leqslant \Delta Uy\%$$

式中 $\Delta U\%$——线路电压损失百分数。

$\Delta Uy\%$——允许电压损失的百分数。

线路电压损失百分数按下式计算：

$$\Delta U\% = \Sigma PL \times \Delta U_0\% \times \mathrm{Kd}$$

式中 ΣPL——线路的总负荷矩（P——负荷功率 kW，L——线路长度 km）。

$\Delta U_0\%$——单位电压损失的百分数，见表 2－4－20。

Kd——电压损失校正系数，见表 2－4－21。

表 2－4－20 低压架空线路单位电压损失百分数 ΔU0%

导线型号	每千米阻抗 /（Ω/km）		在下列 COSϕ 值时，线路单位电压损失百分数 ΔU0%（1/kW·km）				
	电阻 R0	电抗 X0	cosϕ=0.80	cosϕ=0.85	cosϕ=0.90	cosϕ=0.95	cosϕ=1.00
LJ—16	1.98	0.358	1.56	1.53	1.49	1.45	1.37
LJ—25	1.28	0.345	1.07	1.03	1.00	0.96	0.86
LJ—35	0.92	0.336	0.81	0.78	0.75	0.71	0.64
LJ—50	0.64	0.325	0.61	0.58	0.55	0.52	0.44
LJ—70	0.46	0.315	0.48	0.45	0.42	0.39	0.32
LJ—95	0.34	0.303	0.39	0.37	0.34	0.30	0.24
LJ—120	0.27	0.297	0.34	0.31	0.29	0.25	0.19

注：表中数字也适应于钢芯铝绞线。

表 2－4－21 电压损失校正系数 Kd

线路接线方式	三相三线制	三相四线制	两相三线制	单相二线制
额定电压/V	380/220	380/220	380/220	220
校正系数	1.00	1.00	2.25	6.00

（4）允许电压损失的百分数

1）供电局供到用户受电端（产权分界点）的电压变动幅度应不超过受电设备（器具）额定电压的范围为：1～10 kV 用户 ±7%；低压动力户 ±7%；低压照明户

−10%～+7%。

2）配电线路的电压损失：高压不应超过5%；低压不应超过4%。

（5）按经济电流密度法选择导体截面：当导线中通过电流时，在导线中造成功率和电能损失。在电流一定时，导线截面越大，电能损失越小，但投资增加；导线截面越小，电能损失越大，但投资减少。在某一截面下，投资、电能损失都不过大，综合起来最经济（年费用最小），用这个截面去除电流，得到的电流密度就叫作经济电流密度J。按经济电流密度选择导线截面时，先计算出线路最大负荷电流Ifm（A）；再根据导线的类型及年最大负荷利用小时数，查出经济电流密度J（A/mm^2）；最后按Sj＝I_{fm}/J式计算出导线的经济截面Sj（mm^2）。计算出的Sj可能为非整数，选用标准型号规格的相近（靠上一级）截面导线即可。

线路最大负荷电流I_{fm}计算式：

$$I_{fm}=\frac{P_{max}\times 10^3}{\sqrt{3}U_e\cos\Phi}$$

式中：P_{max}——线路最大负荷功率（三相）kW。

U_e——线路额定电压V。

$\cos\phi$——负荷的功率因数。

我国现行经济电流密度见表2－4－22。

表2－4－22　经济电流密度J（单位：A/mm^2）

导线材料	在下列年最大负荷利用小时数的经济电流密度J							
	500～1500 h	2000 h	2500 h	3000 h	3500 h	4000 h	5000 h	6000 h
10 kV及以下LJ导线	2.00	1.46	1.30	1.18	1.08	1.00	0.87	0.76
10 kV及以下LGJ导线	—	1.69	1.52	1.38	1.26	1.16	1.00	0.82
铜线	—		3.00		2.25		1.75	

（6）导体截面的各种选择方法综合分析。四种截面选择方法，各从一个方面起控制作用，应该说四种方法提出的条件都要满足。所以，在设计时如采用四种方法同时选择导线截面，应选用其中最大的截面才合适。而电缆线路的导体截面一般情况下要比裸线的截面大一规格。

1）负荷小，线路短，用允许最小截面法选择的导线截面比其他方法选择的都大；

2）负荷较大，线路较短，允许载流量法选择的导线截面最大；

3）负荷较大，线路较长，允许电压损失法选择的导线截面较大；

4）负荷较大，线路较短，而最大负荷利用小时数也高，经济电流密度法选择的导线截面最大。四种截面选择方法综合分析见表2－4－23。

表2－4－23　低压线路截面选择方法的特点及适用范围

选择截面方法	选择截面原则条件	特点	参考适用范围
允许最小截面法	导线截面大于最小截面	保证机械安全	三相负荷＜50 kW，负荷矩＜5 kW·km
允许载流量法	导线允许电流≥负荷电流	保证发热安全	三相负荷＞50 kW，线路长度不超过100 m，最大负荷利用小时数低，接户线
允许电压损失法	电压损失≤允许值	保证电压质量	负荷矩＞5 kW·km，距离＞100 m
经济电流密度法	$S=I_{fm}/J$	经济	负荷较大，最大负荷利用小时数高，距离不超过200～250 m

3.《配电网技术改造设备选型和配置原则》对导线截面选取要求：

（1）高压架空线路截面：城市10 kV架空线路主干线导线截面宜为150 mm^2～240 mm^2，分支线截面不宜小于70 mm^2。乡村10 kV架空线路主干线导线截面不宜小于95 mm^2。

（2）低压架空线路截面：市区、经济发达城镇地区的低压架空线路主干线导线截面不宜小于120 mm^2，其他地区应大于70 mm^2，分支线截面不宜小于35 mm^2。

七、导线的弧垂和应力

（一）导线的弧垂

导线两端悬挂点（导线固定点）之间的连线对本档距导线的最低点之间的垂直距离（铅垂线的长度），称之为该档距的（等高）弧垂。导线的弧垂越大它的应力就越小，从而使安全系数变大，使导线的振动减弱，对杆塔的荷载减小，机械强度方面的安全性得以改善。但这将使杆塔高度增加，使线路的经济技术指标增高，也会使导线因风摆动和因覆冰时产生的不均匀脱冰引起导线的跳跃接近，而造成断线停电事故，加大线间距离，也会增加线路的造价。因此，适当地设计导线的弧垂和应力，正确地掌握各种不同气象条件下的弧垂和应力的应用，是设计线路时的重要因素。

（二）导线的应力、拉断力、瞬时破坏应力

取一根电线做拉力试验，这个力将作用导电线的整个截面积（垂直电线轴线切断，露出的断面就叫作截面积）上。如果作用力大小一定，截面积越大，每个单位面积上所分摊到的作用力就小，反之，截面积越小，每个单位面积上所分摊到的作用力就大。

导线的应力系指导线的单位截面上所分摊到的作用力的数值；导线的拉断力（N）系指拉断导线的这个力；导线的瞬时破坏应力（N/mm^2）系指导线的单位截面上所分摊到的拉断力。

（三）导线的应力、弧垂、线长、档距的关系

1. 应力 σ 大弧垂 f 小，弧垂小应力大，线长的微量变化对应力和弧垂将产生很大的影响。

2. 应力、弧垂决定导线的机械强度，是施工质量的依据，是线路安全运行的首要条件。

3. 导线的弧垂与应力成反比，导线的弧垂与档距的平方成正比。

4. 一般弧垂 f 的计算式为：

$f=\dfrac{L^2g}{8\sigma_0}$，式中：

L——计算弧垂所用的档距（m）。

σ_0——导线应力（N/mm^2）。

g——计算弧垂所用的比载（$N/m\cdot mm^2$，取计算条件时相应气象条件下的比载）。

八、导体的连接、跨越

（一）导线的连接

1. 不同金属、不同规格、不同绞向的导线，严禁在档距内连接。

2. 在一个档距内，每根导线不应超过一个接头。

3. 接头距导线的固定点，不应小于 0.5 m。

4. 铜绞线与铝绞线的跳线连接，宜采用铜铝过渡线夹、铜铝过渡线。

5. 铜绞线、铝绞线的跳线连接，宜采用线夹、钳压连接方法。

（二）导线及电缆的接头

1. 导线的接头

（1）钢芯铝线、铝绞线在档距内的接头，一般采用钳压或液压连接。

（2）铜线在档距内的接头，一般采用绕接或压接。

（3）铜铝线的接头一般采用铜铝过渡线夹或铜铝过渡线，也可采用铜线搪锡插接。

（4）接头电阻，不应大于等长导线的电阻；档距内的接头机械强度，不应小于导线抗拉强度的 90％。

2. 电缆的接头

（1）电缆的中间接头

在电缆线路中间连接两段电缆，同时又能确保电缆的绝缘与密封的部件称为电缆中间接头。电缆的中间接头的种类可分为：铸铁整体式、铸铁对接式、钢板封焊对接式、铅（铜）或铝合金套管式、塑料或环氧树脂浇注式等。目前使用较多的是铅（铜）或铝合金制成的中间接头盒，盒内浇灌绝缘胶，起到了防水密封和补充绝缘作用。

（2）电缆终端头

在电缆线路中间连接两段电缆，同时又能确保电缆的绝缘与密封的部件称为电缆终端接头。其要求和电缆中间接头相同。它的分类主要有：户内和户外。其材料的构成分类较多，目前一般常用的有环氧树脂注头、尼龙头、塑料带干包头、铝合金及玻璃钢等。按制作工艺又分热塑和冷塑两种，冷塑是用得多的一种。

（3）电缆接头要求

电缆的中间接头与终端接头都是电缆安全运行中的薄弱环节，因此在选型和施工要求方面要特别注意。10 kV 及以下中间接头的结构基本上与终端头一样，它主要包括导体的连接、绝缘的加强、防水的密封、机械的保护四部分。

1）导体连接必须良好。电缆的芯线与连接管之间有良好的连接，使连接处的电阻小而稳定。

2）绝缘应可靠。要有满足电缆在各种状态下长期安全运行的绝缘结构，并有一定的裕度。

3）密封应严密。密封的目的首先是为了保证中间接头自身的绝缘强度，使周围的潮气、水分或其他有害物质不得侵入接头，以免引起绝缘击穿或爆炸事故。

4）机械保护性应加强。中间接头的金属外壳是保护绝缘的关键部分，同时又起接头处的机械保护作用，因此要求必须有足够的机械强度，以适应各种运行条件的需要。

（三）导线的塑性（初伸长）伸长处理

各种绞线架设后由于受到拉力使各股单线互相滑动挤压，使线股绞合的更紧，便产生永久性（无弹性）伸长，这种紧压伸长一般在架线观测过程中便能放出，故对应力和弧垂无影响。而同时也产生的“塑性伸长和蠕变”（简称“初伸长”），即不能恢复至原有状态的永久性伸长，则与拉力的大小和时间等有关，它是在线路运行中逐渐放出，增加档内线长，引起弧垂增大，所以在架线施工中必须考虑补偿。规程规定：10 kV 及以下线路采用减小弧垂法补偿，其减小率为：LGJ 型 12%；LJ 型或铝、铝合金芯绝缘线 20%；TJ 型或铜芯绝缘线 7%～8%。

（四）导线布置

1. 导线排列方式

依据配网线路的运行结构高压架空分相裸线或绝缘线可分为三角、水平、垂直及混合形式排列，并可单回也可多回同杆架设；分相低压宜采用水平或垂直排列；高低压同杆架设应是同一区段电源。

2. 零线及路灯线

零线应靠近电杆或建筑物，同一回路的零线不宜高于相线，同一区段零线的位置应统一；路灯线必须采用绝缘线，并不应高于其他相线或零线。零线截面：单相制应与相线截面相同。三相四线制的裸线的零线截面不宜小于相线截面的50%。三相四线制的铝或铝合金芯绝缘线相线截面为50 mm^2 及以下时零线截面与相线截面相同；70 mm^2 时零线截面不小于50 mm^2；95 mm^2 及以上时零线截面不小于相线截面的50%。三相四线制铜芯绝缘线相线截面为35 mm^2 及以下时零线截面与相线截面相同；50 mm^2 时零线截面不小于35 mm^2；70 mm^2 及以上时零线截面不小于相线截面的50%。

3. 导体对各物体交跨、平行、接近时的垂直、水平、净空距离要求

垂直距离：指导线出现最大弧垂时的距离。

水平距离：指导线出现最大风偏时的距离。

净空距离：指导线在无风时的水平距离。

导体对各种物体交叉跨越、平行、接近时的最小垂直、水平、净空距离见表2-4-24。

表2-4-24　导线对各物体交跨、平行、接近时的最小垂直、水平、净空距离（单位：m）

物体名称	高压裸线	低压裸线	高压绝缘线	低压绝缘线
对地垂直距离（人口密集区）	6.5	6.0	6.5	6.0
对地垂直距离（人口稀少区）	5.5	5.0	5.5	5.0
对地垂直距离（交通困难区）（绝缘接户线受电端对地垂直距离）	4.5	4.0	4.0	2.5
对地垂直距离（步行可到的山坡）（低压接户线至路面中心垂直距离）	4.5	3.0		通车街道6.0，胡同3.0，通车困难街道及人行道3.5
对地垂直距离（步行不能到的山坡、峭壁）	1.5	1.0		
对建筑物垂直距离	3.0	2.5	2.5	2.0
对建筑物水平距离（边导线）	1.5	1.0	0.75人不宜接近为0.4	0.2

续表1

物体名称	高压裸线	低压裸线	高压绝缘线	低压绝缘线
对建筑物水平距离（边导线，建筑物不在规划范围内） 低压接户线与建筑物有关部分距离	0.75	0.5		下方窗户垂距0.3，上方阳台或窗户垂距0.8，阳台或窗户水平距0.75，墙壁够件净空距0.05
对树木、防护林垂直距离	3.0	3.0		
对果树、城市绿化灌木垂直距离	1.5	1.5		
对街道行道树垂直距离	1.5	1.0	0.8	0.2
对街道行道树水平距离（边导线）	2.0	1.0	1.0	0.5
对铁路（标准轨距轨顶）垂直距离（导线不得接头）	7.5	7.5	7.5	7.5
对铁路（杆塔外缘至轨道中心，交叉时）水平距离	5.0	5.0	5.0	5.0
对铁路（杆塔外缘至轨道中心，平行时）水平距离	杆高加3.0	杆高加3.0	杆高加3.0	杆高加3.0
对高速、一二级和城市、一二级公路（至路面）垂直距离（导线不得接头）	7.0	6.0	7.0	6.0
对高速、一二级和城市、一二级公路（杆塔外缘至路基边缘）水平距离	0.5	0.5	0.5	0.5
对不通航河流（至最高洪水位）垂直距离	3.0	3.0	3.0	3.0
对不通航河流（冬季至冰面）垂直距离	5.0	5.0	5.0	5.0
对不通航河流（边导线至斜坡上缘）水平距离	杆高	杆高		
对架空明线弱电线（至被跨线）垂直距离（一二级导线不得接头，电力在上方）	2.0	1.0	2.0	1.0
对架空明线弱电线（边导线间）水平距离（开阔地区）	杆高	杆高	杆高	杆高
对架空明线弱电线（边导线间）水平距离（路径受限制地区）	2.0	1.0	2.0	1.0

续表 2

物体名称	高压裸线	低压裸线	高压绝缘线	低压绝缘线
低压绝缘线与弱电线交叉距离				在弱电上方0.6，在弱电下方0.3，否则采取隔离措施
绝缘线与绝缘线之间交叉跨越最小距离			高压对高压1.0，高压对低压1.0	低压对高压1.0，低压对低压0.5
对电力线路（至被跨线）垂直距离（交叉不应有接头）	高压对高、低压2.0	低压对低压1.0	高压对高、低压2.0	低压对低压1.0
对电力线路（边导线间）水平距离（开阔地区）	杆高	杆高	杆高	杆高
对电力线路（边导线间）水平距离（路径受限制地区）	2.5	2.5	2.5	2.5
对特殊管道（至管道任何部分）垂直距离（交叉不应有接头）	3.0	1.5	3.0	1.5
对特殊管道（边导线至管道任何部分）水平距离（开阔地区）	杆高	杆高	杆高	杆高
对特殊管道（边导线至管道任何部分）水平距离（路径受限制地区）	2.0	1.5	2.0	1.5

（五）导线的固定要求

1. 直线转角杆

对柱式绝缘子，导线应固定在转角外侧的槽内；对瓷横担绝缘子导线应固定在第一裙内。

2. 直线跨越杆

导线应双固定，导线本体不应在固定处出现角度。

3. 缠绕铝包带

裸铝导线在绝缘子或线夹上固定应缠绕铝包带，缠绕长度应超出接触部分 20 mm。铝包带的缠绕方向应与外层线股的绞制方向一致。

第五节 绝缘子

绝缘子是用来支持导线，使导线间、导线与地和杆塔间保持绝缘外，还起到固定导线，承受导线的垂直和水平荷载的作用，因此它必须能够耐受气候变化和化工腐蚀及防止水分渗入等，还要有足够的机械强度。架空配电线路常用的绝缘子有针式绝缘子、悬式绝缘子、柱式绝缘子、碟式绝缘子（又称茶台）、陶瓷横担绝缘子、拉线绝缘子、放电箝位绝缘子等。

一、针式绝缘子

针式绝缘子（俗称直瓶），主要用于直线杆和角度较小的转角杆支持和固定导线，导线采用扎线绑扎，使其固定在针式绝缘子顶部的槽中。分为高压、低压两种。其外形结构如图 2－5－1，主要技术参数及外形尺寸见表 2－5－1、表 2－5－2、表 2－5－3。

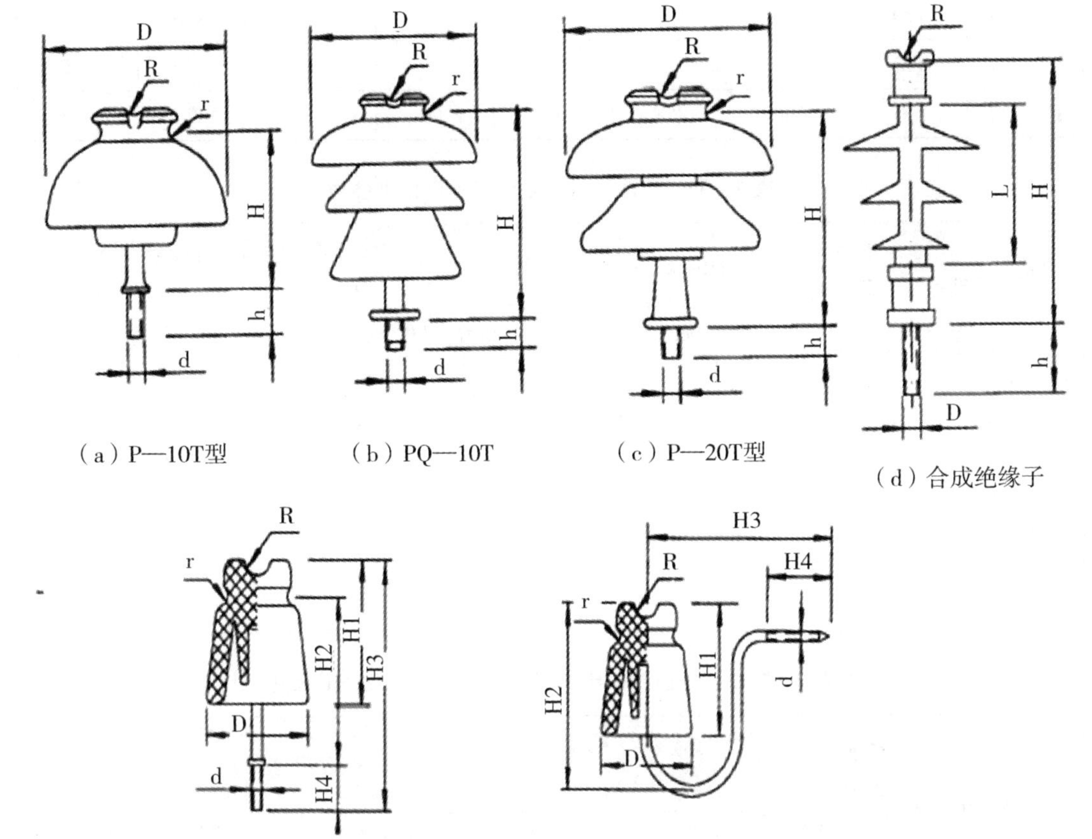

图 2－5－1　针式绝缘子外形图

表 2-5-1　高压针式绝缘子外形尺寸

产品型号	图 1-12	主要尺寸/mm						重量/kg
		瓷件高度（H）	最大外径（D）	顶线槽（R）	侧线槽（r）	螺栓安装部分长（h_1）	螺纹直径（d）	
P—6T	(a)	90	125		9	35	M16	1.4
P—6M	(a)					140		1.5
P—10T	(a)	105	145	11	9	35	M16	2
P—10M	(a)					140		2.2
P—15T	(b)	120	190	13	11	40	M20	3.2
P—15M	(b)					140		3.5
P—20T	(c)	165	228	14	13	45	M20	6.2

表 2-5-2　高压针式绝缘子主要技术参数

产品型号	图号	爬电距离（L）	工频电压（1min≥，kV）				雷电全波冲击电压（不小于，kV）		弯曲耐受负荷/kN	弯曲破坏负荷/kN
			干闪络	湿闪络	湿耐受	击穿	50%闪络	耐受		
P—6T	(a)	150	50	28	25	65	70	60	1.4	14
P—10T	(a)	185	60	32	28	78	85	75	1.4	14
P—15T	(b)	280	75	45	40	98	118	90	2.5	14
P—20T	(c)	370	86	57	50	111	140	110	3	13.5

表 2-5-3　低压针式绝缘子主要技术参数及外形尺寸

型号	图 1-12	机械破坏负荷（≥，kN）	工频耐压（1 min ≥，kV）		主要尺寸/mm								
			干闪	湿闪	H	H_1	h	h_1	h_2	D	d_1	d_2	R
PD—1T	(e)	8	35	15	145	80	80	50	35	80	50	16	10
PD—1M	(e)	8	35	15	220	80	80	50	110	80	50	16	10
PD—2T	(e)	5	30	12	125	69	66	45	35	70	44	12	8
PD—2M	(e)	5	30	12	195	69	6	45	105	70	44	12	8

续表

型号	图 1-12	机械破坏负荷（≥，kN）	工频耐压（1 min ≥，kV）		主要尺寸/mm								
			干闪	湿闪	H	H_1	h	h_1	h_2	D	d_1	d_2	R
PD—2W	(f)	5	30	12	155	66	66	45	55	70	44	12	8

表中各种针式绝缘子型号中的符号分别代表：P—针式绝缘子、T—铁担绝缘子、M—木担绝缘子、C—加长型、W—弯角绝缘子。

二、悬式绝缘子

悬式绝缘子（俗称吊瓶）主要用于架空配电线路耐张杆、分支杆或转角杆处，一般低压线路采用一片悬式绝缘子，10 kV 线路采用两片组成绝缘子串悬挂导线。按防污性能可分为普通型和防污型两种；按外形结构可分为球形和槽形两类；按制造材质可分为陶瓷悬式绝缘子、合成绝缘子和钢化玻璃悬式绝缘子。其外形结构如图 2-5-2 所示。其主要技术参数见表 2-5-4、表 2-5-5。

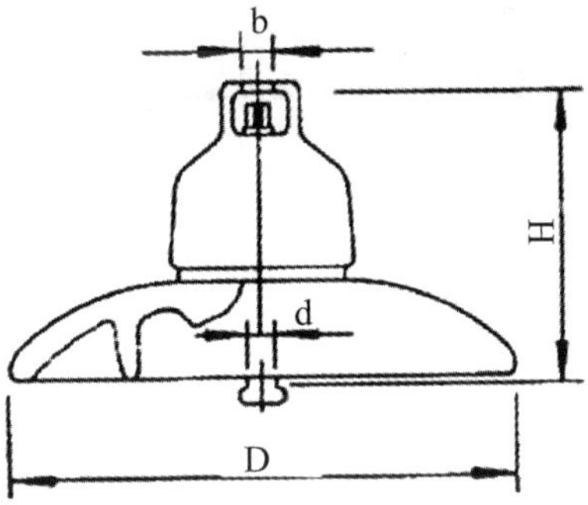

（a）球窝形

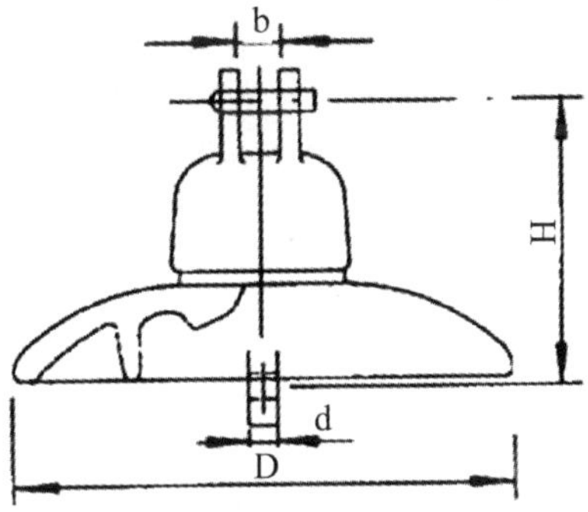

（b）S 槽形

图 2-5-2 悬式绝缘子外形图

表 2-5-4 常用悬式绝缘子主要技术参数

型号	图 1-13	工频电压（kV r. m. s）≥				雷电全波冲击电压（kV peak）≥		抗张机械负荷/kN		
		干闪络	湿闪络	1 min 湿耐受	击穿	50% 闪络	耐受	例行试验	1 h 机电试验	机电破坏不小于
X—3C	(b)	60	30	27	90	100	85	24	30	40
X—4.5	(a)	80	45	40	110	120	100	36	45	60
X—4.5C	(b)	80	45	40	110	120	100	36	45	60

续表

型号	图 1-13	工频电压（kV r. m. s）≥				雷电全波冲击电压（kV peak）≥		抗张机械负荷/kN		
		干闪络	湿闪络	1 min 湿耐受	击穿	50% 闪络	耐受	例行试验	1 h 机电试验	机电破坏不小于
XP—70	(a)	80	45	40	110	125	100	35	52.5	70
XP—70C	(b)	80	45	40	110	125	100	35	52.5	70
XP_1—70	(a)	80	45	40	120	125	100	35	52.5	70
XP—80	(a)	80	45	40	110	125	100	40	60	80
XP—80C	(b)	80	45	40	110	125	100	40	60	80

XP—以机电破坏负荷表示的普通型悬式瓷绝缘子；X—以一小时机电负荷表示的普通型悬式瓷绝缘子，其右下角数字为设计顺序号，数字 70、80 为额定机电破坏负荷（KN）；3、4.5 为一小时机电试验的机械负荷（t），C—槽形连接（球形连接不表示）。

表 2-5-5　常用悬式绝缘子外形尺寸

型号	图 1-13	主要尺寸/mm				重量/kg
		结构高度（H）	盘径（D）	公称爬电距离（L）	连接型式标记	
X—3C	(b)	140	200	220	14C	3.5
X—4.5	(a)	146	254	285	16	5
X—4.5C	(b)	146	254	258	16C	5.2
XP—70	(a)	146	255	295	16	5
XP—70C	(b)	146	255	295	16C	5.2
XP_1—70	(a)	127	255	320	16	4.8
XP—80	(a)	146	255	295	16	5
XP—80C	(b)	146	255	295	16C	5.2

三、碟式绝缘子

碟式绝缘子（俗称茶台瓷瓶），一般用于低压配电线路上，作为直线或耐张绝缘子，也同悬式绝缘子配套，用于 10 kV 架空配电线路的小截面导线耐张杆、终端杆或分支杆处。其外形结构如图 2-5-3 所示。其主要技术参数见表 2-5-6、表 2-5-7、表 2-5-8。

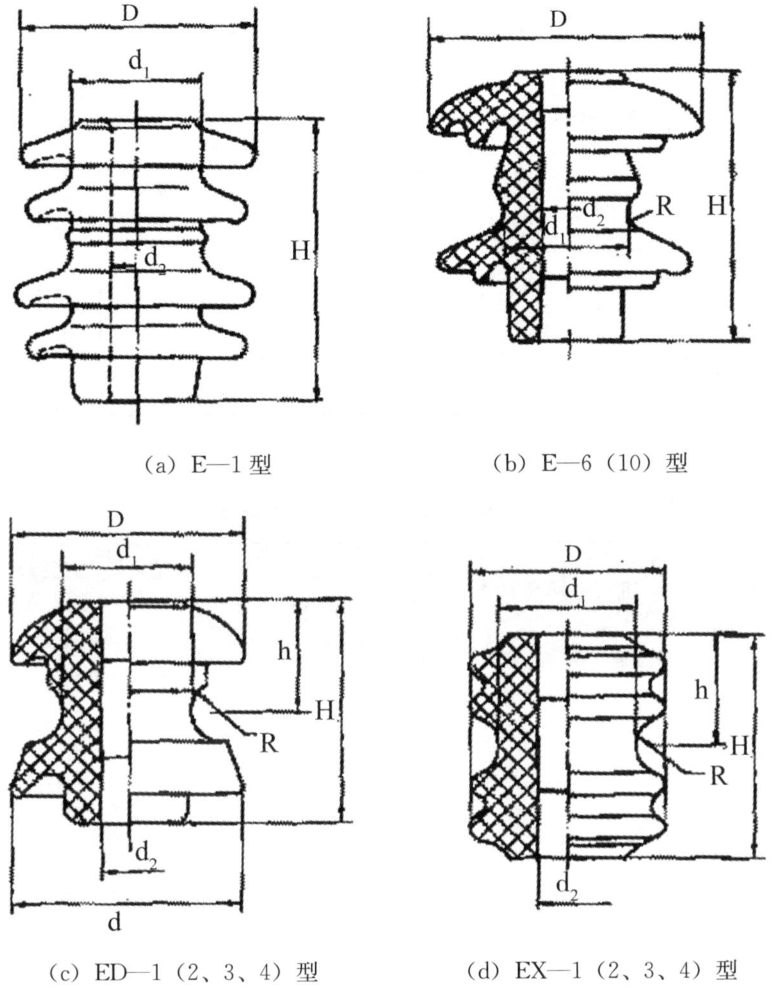

(a) E—1 型　　(b) E—6（10）型

(c) ED—1（2、3、4）型　　(d) EX—1（2、3、4）型

图 2－5－3　中低压碟式绝缘子外形图

表 2－5－6　中压碟式绝缘子主要技术参数和外形尺寸

产品型号	图 1－14	额定电压 /kV	爬电距离不小于，mm	工频耐压（≥，kV）			抗弯破坏负荷（kN）	主要尺寸 /mm					质量 /kg
				干闪	湿闪	击穿		H	D	d_1	d_2	R	
E—6	(b)	6	135	50	28	65	19.6	145	150	68	26	12	2.0
E—10	(b)	10	190	60	35	78	19.6	175	180	70	26	12	3.5
E—1	(a)	10		45	27	78	20	180	150	70	26		3.3
E—2	(a)	6		38	23	65	20	150	130	70	26		2.0

E—碟式绝缘子。

表 2-5-7　低压碟式绝缘子主要技术参数和外形尺寸

型号	图 1-14	机械破坏负荷（≥，kV）		工频耐压（≥，kV）		主要尺寸/mm						
				干闪	湿闪	H	h	D	d	d_1	d_2	R
ED—1	(c)	12	22	10	90	46	100	95	50	22	12	
ED—2	(c)	10	18	9	75	38	80	75	42	20	10	
ED—3	(c)	8	16	7	65	34	70	65	36	16	8	
ED—4	(c)	5	14	6	50	26	60	55	30	16	6	

ED—低压碟式绝缘子。

表 2-5-8　低压线轴式绝缘子主要技术参数和外形尺寸

型号	图 1-14	机械破坏负荷（≥，kV）	工频耐压（≥，kV）		主要尺寸/mm					
			干闪	湿闪	H	h	D	d_1	d_2	R
EX—1	(d)	15	22	9	90	45	85	55	22	12
EX—2	(d)	12	18	8	75	37.5	70	45	20	10
EX—3	(d)	10	16	6	65	32.5	65	40	16	8
EX—4	(d)	7	14	5	50	25	55	35	16	6

EX—低压线轴式绝缘子。

四、低压悬式瓷绝缘子

低压悬式瓷绝缘子是使用在低压线路耐张杆的耐张串上。外形如图 2-5-4 所示。

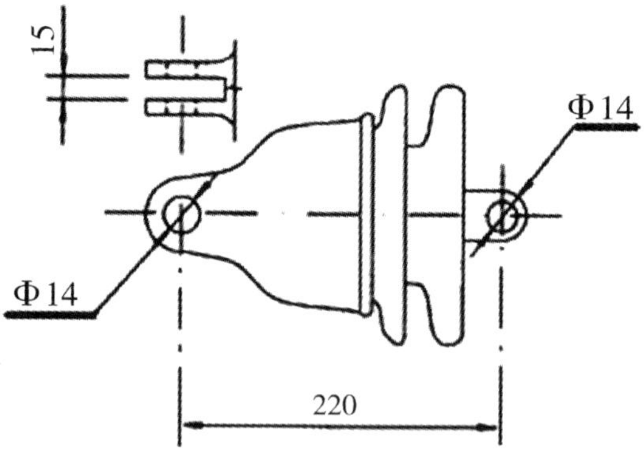

图 2-5-4　低压悬式瓷绝缘子示意图

绝缘子型号表示自左往右依次为：

第一字母 X 表示悬式；第二字母 W 表示防污型；第三字母 P 表示机电破坏负荷（一般不标，则为 1 小时机电负荷）；第四数字表示设计序号；第五数字表示机电破坏负荷或机械强度（kN）。

低压盘形悬式绝缘子的型号有：XWP—6，技术数据见表 2－5－9。

表 2－5－9　低压悬式瓷绝缘子技术数据表

型号	额定电压/kV	雷电全波冲击耐受电压峰值/kV	工频湿耐受电压有效值/（kV/min）	工频击穿电压有效值/kV	机电破坏负荷/kV	工称爬距/mm
XWP—6（7）	0.5	75	30	90	40	290

五、合成绝缘子

合成绝缘子是由环氧树脂玻璃纤维棒作为中间芯棒，棒外裹上以硅橡胶为基本的合成材料制成的伞裙与护套，两端再配上金具而成。环氧树脂玻璃纤维棒抗张机械强度相当高，为普通钢材抗张强的 1.6～2.0 倍，是高强度瓷的 3～5 倍。由于硅橡胶合成材料表面具有憎水性，使合成绝缘子的耐污闪性能远远优于瓷和玻璃绝缘子。合成绝缘子同时还具有耐污性能好、质量轻、耐老化等优点。配电线路常见的合成绝缘子有高压针式合成绝缘子、高压棒式（耐张串）合成绝缘子、高压绝缘线楔形耐张线夹综合合成绝缘子、低压棒式合成绝缘子，外形如图 2－5－5 所示。

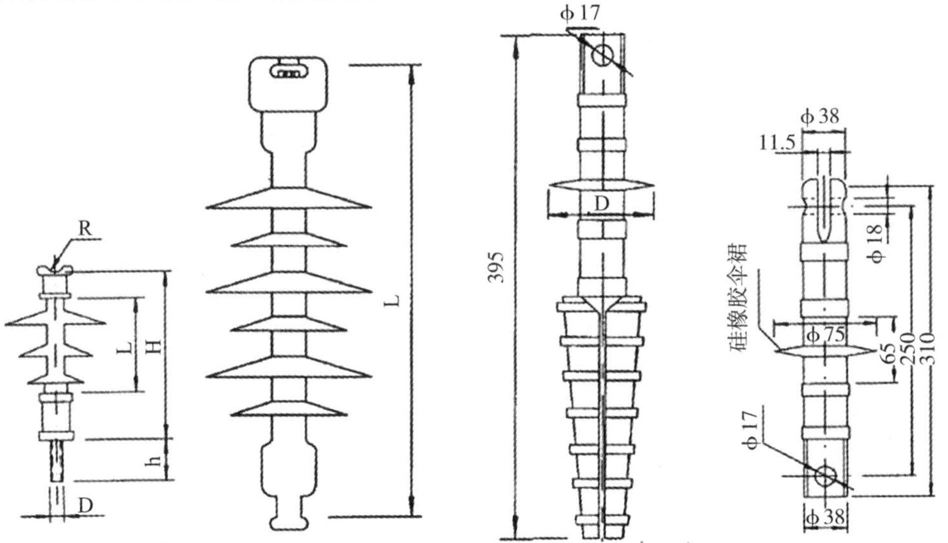

（a）高压针式合成绝缘子　（b）高压棒式合成绝缘子（耐张串）　（c）高压绝缘线楔型耐张线夹综合合成绝缘子　（d）低压棒式合成绝缘子

图 2－5－5　合成绝缘子示意图

合成绝缘子型号表示自左往右依次为：

第一字母 H 或 F、Z 表示合成或复合、针式；第二字母 B 表示棒式；第三字母 W 或 D 表示防污型或低压；第四数字表示额定电压；第五数字表示机电破坏负荷或机械强度（kN）。

合成绝缘子的型号有：

HPW—15/2，HPW—20/3，FHBW—10/70，ZHDB—0.5/30 等，其外形结构和技术数据分别见表 2-5-10、表 2-5-11、表 2-5-12。

表 2-5-10　10 kV 针式合成绝缘子外形尺寸及技术数据表

型号	额定电压/kV	额定抗拉强度/kN	最小爬距/mm	工频耐压/（kV/min）	主要尺寸/mm					质量/kg
					H	h	L	D	R	
HPW—15/2	15	2	390	57	215	45	120	20	15	1.3
HPW—20/3	20	3	500	68	215	45	150	20	15	1.4

表 2-5-11　10 kV 棒形合成绝缘子外形尺寸和技术数据表

型号	额定电压/kV	额定抗拉强度/kN	最小爬距/mm	公称爬距/mm	工频耐压/（kV/min）	雷电压峰值/kV	质量/kg
FHBW—10/70—A	10	70	250	462	60	150	1.85

表 2-5-12　低压棒形合成绝缘子外形尺寸及技术数据表

型号	额定电压/kV	额定抗拉强度/kN	工频耐压/(kV/min)	雷电压峰值/kV	最小爬距/mm	结构长度/mm	外形尺寸/mm	质量/kg
ZHDB—0.5/30	0.5	30	30	40	100	250	Φ75×300	1.10
ZHDB—0.5/45	0.5	45	30	40	110	250	Φ75×300	1.20
ZHDB—0.5/80	0.5	80	30	40	110	250	Φ75×300	1.50

六、耐张绝缘子串的组成

（一）高压合成绝缘子串

10 kV 耐张合成绝缘子单串组装如图 2-5-6 所示，材料表如表 2-5-13。

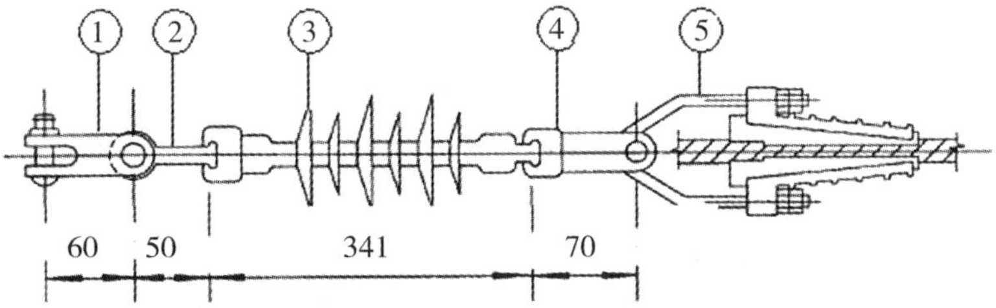

图 2-5-6　10 kV 合成绝缘子耐张串组装示意图

表 2-5-13　10 kV 耐张合成绝缘子单串材料表

序号	名称	规格	单位	数量	质量/kg		
					一件	小计	合计
1	直角挂板	Z—7	个	1	0.44	0.4	
2	球头挂环	Q—7	个	1	0.27	0.3	
3	合成绝缘子	XBW-10/70-A-7	个	1	1.85	1.9	
4	碗头挂环	W—7A	个	1	0.92	0.9	
5	耐张线夹（楔形）	据线截面选	套	1			

（二）高压悬式盘形绝缘子串

10 kV 耐张悬式盘形绝缘子串组装如图 2-5-7 所示，材料表如表 2-5-14。

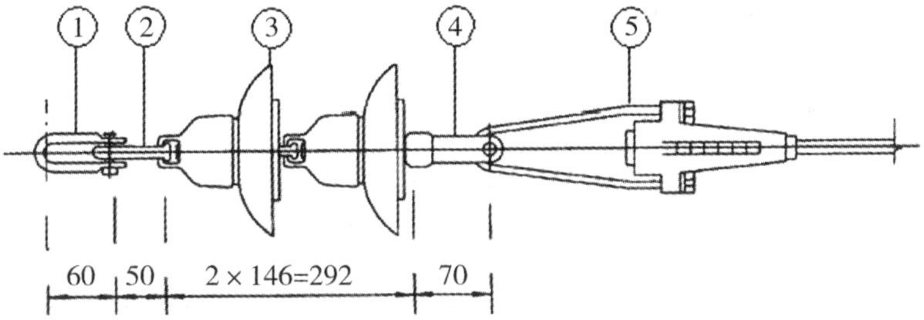

图 2-5-7　10 kV 悬式绝缘子耐张串组装示意图

表 2-5-14　10 kV 耐张悬式绝缘子单串材料表

序号	名称	规格	单位	数量	质量/kg		
					一件	小计	合计
1	U 型挂环	U—7	个	1	0.56	0.6	
2	球头挂环	Q—7	个	1	0.27	0.3	
3	悬式绝缘子	XP—7	片	2	9.2	18.4	

续表

序号	名称	规格	单位	数量	质量/kg		
					一件	小计	合计
4	碗头挂环	W—7B	个	1	0.92	0.9	
5	耐张线夹（楔形）	据线截面选	套	1			

（三）低压悬式盘形绝缘子串

低压耐张悬式盘形绝缘子串组装如图 2－5－8 所示，材料表如表 2－5－15。

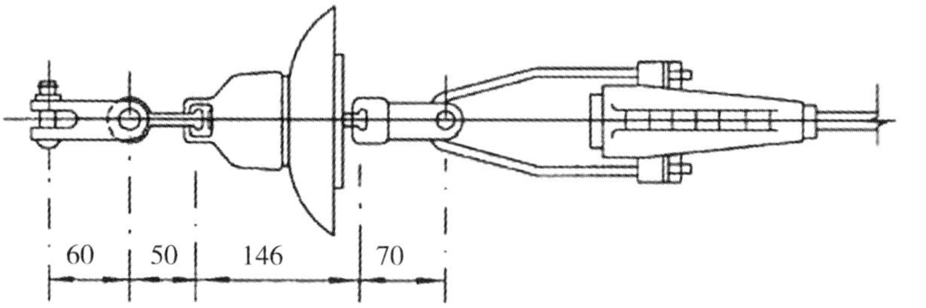

图 2－5－8　低压耐张悬式绝缘子串组装示意图

表 2－5－15　低压耐张悬式绝缘子串材料表

序号	名称	规格	单位	数量	质量/kg		
					一件	小计	合计
1	直角挂板	Z—7	个	1	0.44	0.4	
2	球头挂环	Q—7	个	1	0.27	0.3	
3	悬式绝缘子	XP—7	片	1	9.2	9.2	
4	碗头挂环	W—7A	个	1	0.92	0.9	
5	耐张线夹（楔形）	据线截面选	套	1			

（四）低压蝶式绝缘子串

低压耐张蝶式绝缘子串组装如图 2－5－9 所示，材料表如表 2－5－16。

表 2－5－16　低压耐张蝶式绝缘子串材料表

序号	名称	规格	单位	数量	质量/kg		
					一件	小计	合计
1	N 形挂板	根据需要选定	副	1			
2	蝶式绝缘子	根据需要选定	个	1			

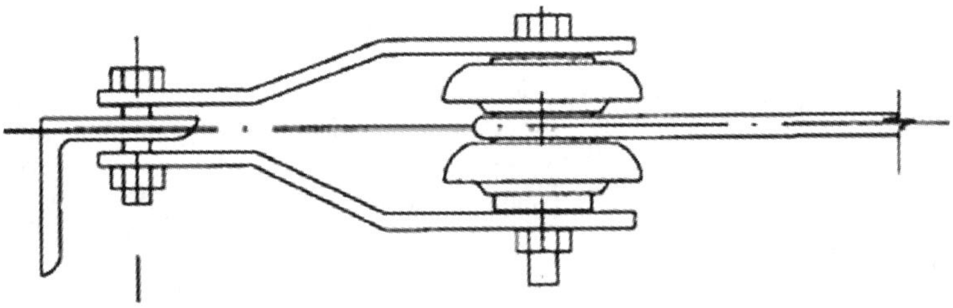

图 2-5-9　低压耐张蝶式绝缘子串组装示意图

续表

序号	名称	规格	单位	数量	质量/kg		
					一件	小计	合计
3	螺栓	M16×50	个	1	0.15	0.2	
4	螺栓	M16×150	个	1	0.33	0.3	

七、拉线绝缘子

拉线绝缘子（俗称拉线球）一般用于架空配电线路的终端、转角、断连杆等穿越导线的拉线上，使下部拉线与上部拉线绝缘。其外形机构见图 2-5-10，主要技术参数见表 2-5-17。

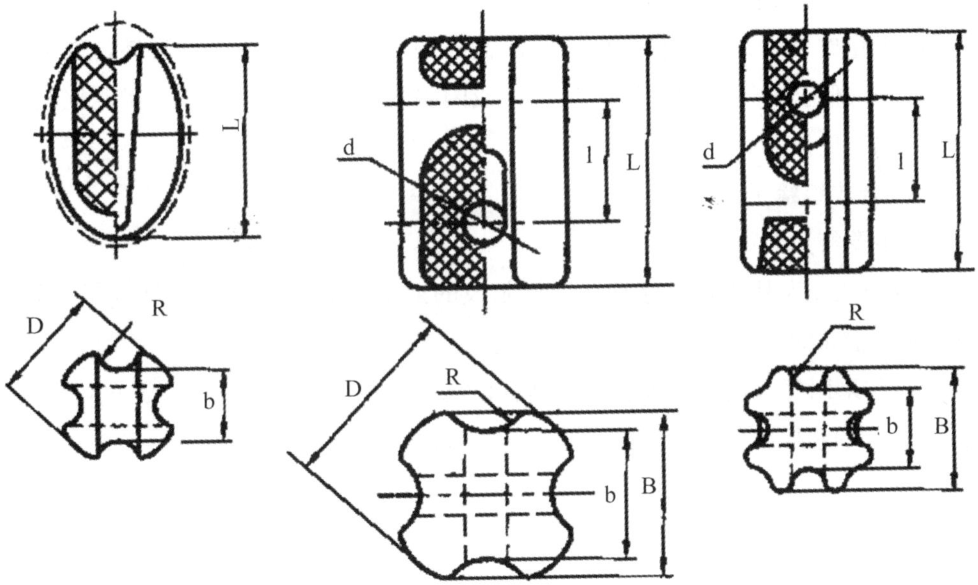

（a）J-20型　（b）J-45（54）型　（c）J-70（90、160）型

图 2-5-10　拉线绝缘子外形图

表 2-5-17 拉线绝缘子主要技术参数

型号	图 1-16	机械破坏负荷 /kN	工频耐压（不小于，kV）		主要尺寸 /mm						
			干闪	湿闪	L	l	D	B	b	d	R
J—20	(a)	20	6	2.8	72		53		30		0.2
J—45	(b)	45	20	10	90	42	64	58	45	14	1.1
J—54	(b)	54	25	12	108	57	73	68	54	22	
J—70	(c)	70		15	146	73		73	44	22	
J—90	(c)	90	30	20	172	72		88	60	25	2.0
J—160	(c)	160			216	90		115	67	38	

八、绝缘子的特点

（一）瓷质绝缘子

原材丰富，制造简易，价格低廉，使用方便。在运行中需检测低值和零值，以免使绝缘水平降低而发生绝缘击穿造成事故。

（二）玻璃绝缘子

是以钢化玻璃为介质制作成的，它的制作原材也丰富，制造也简易，价格比瓷质略高，使用方便。在运行中一旦发生击穿或闪络时能自爆，不用检测就能比较直观地发现缺陷以利更换。

（三）合成绝缘子

它的主要特点有如下三点：

1. 由硅橡胶为基体的高分子聚合物制成的散盘具有良好的憎水性和憎水迁移性，因而能承受很高的污闪电压。

2. 棒芯采用环氧玻璃纤维制成，具有很高的抗拉强度（一般都大于 600 MPa），采用 φ 50 mm 的芯棒时机械负荷能承受 100 t，芯棒还具有良好的减震性、抗蠕变性、抗疲劳断裂性。

3. 体积小、质量轻（其质量为瓷质串约 1/7），具有弹性和抗击穿性，一般不会发生击穿或闪络。

九、针式绝缘子的选用和绑扎

（一）绝缘子的选用

1. 10 kV 架空线路直线杆可采用柱式绝缘子或针式绝缘子，线路干线绝缘子绝缘水平宜高于柱上变台支架绝缘子的绝缘水平。

2. 耐张杆塔宜采用悬式绝缘子串。

3. 3 kV 及以下架空线路直线杆宜用瓷横担绝缘子或针式绝缘子，耐张杆塔宜采用蝶式绝缘子。

（二）针式绝缘子的绑扎

1. 缠绕铝包带

在绑扎处的导线上缠绕铝包带 300 mm，然后，将导线放在绝缘子顶槽内。

2. 准备绑线

把绑线盘成一个圆盘，在绑线一端留出一个短头，其长度为 250 mm。

3. 针式绝缘子的顶扎法

（1）按图 2－5－11（a）所示，用短头在绝缘子左侧的导线上缠 3 圈，其方向是自导线外侧经导线上方绕向导线内侧。

（2）按图 2－5－11（b）所示，用绑线长头在绝缘子顶槽内侧绕绝缘子一圈半后，绑线从导线的下方绕出，在导线上交叉绑十字。

（3）按图 2－5－11（c）所示，绑线在绝缘子顶槽内侧继续绕绝缘子半圈后，绑线从导线的下方绕出，在导线上缠 3 圈。

（4）按图 2－5－11（d）所示，绑线从导线下方绕出，在绝缘子顶槽内侧继续绕绝缘子半圈后，绑线从导线的下方绕出，再在导线上交叉绑十字。

（5）按图 2－5－11（e）所示，绑线在绝缘子顶槽内侧继续绕绝缘子半圈后，绑线从导线的下方绕出，在导线上缠 3 圈。

（6）按图 2－5－11（f）所示，绑线在绝缘子顶槽内侧继续绕绝缘子半圈后，绑线从导线的下方绕出，在导线上缠 3 圈。

（7）按图 2－5－11（g）所示，将长绑线与绑线短头在绝缘子中部拧 2～3 个花，成一个小辫，将多余部分剪掉，然后压平。

4. 针式绝缘子的颈扎法

（1）按照图 2－5－12（a）所示，用长头在绝缘子左侧的导线上缠 3 圈，其方向是自导线外侧经导线上方绕向导线内侧。

（2）按图 2－5－12（b）所示，绑线长头在绝缘子顶槽内侧从右侧导线上方绕导线打十字，从左侧导线下方绕出，绑线长头在绝缘子顶槽内侧从右侧导线上方缠导线

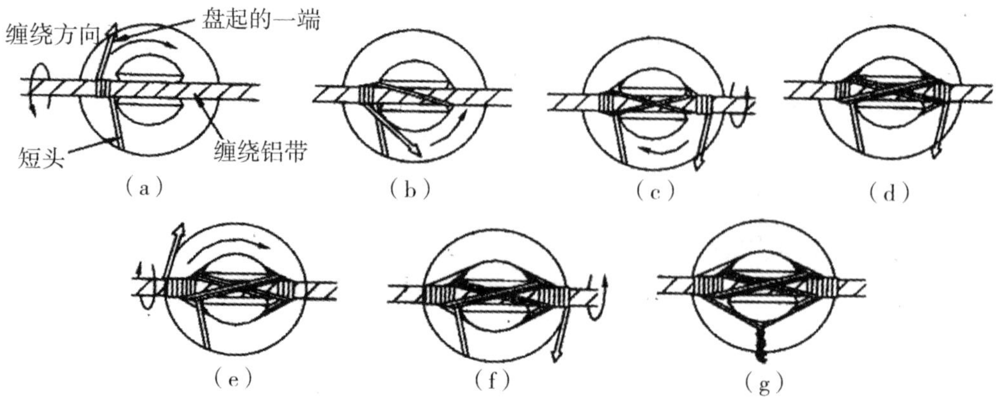

图 2-5-11　针式绝缘子的顶扎法

3 圈。

(3) 按图 2-5-12 (c) 所示，绑线长头在绝缘子顶槽内侧从左侧导线上方绕导线打十字，从右侧导线下方绕出。

(4) 按图 2-5-12 (d) 所示，绑线长头在绝缘子顶槽内侧从左侧导线上方缠导线 3 圈，从左侧导线下方绕出。

(5) 按图 2-5-12 (e) 所示，绑线长头在绝缘子顶槽内侧从右侧导线上方缠导线 3 圈，从右侧导线下方绕出。

(6) 按图 2-5-12 (f) 所示，将长绑线与绑线短头在绝缘子中部拧 2～3 个花，成一个小辫，将多余部分剪掉，然后压平。

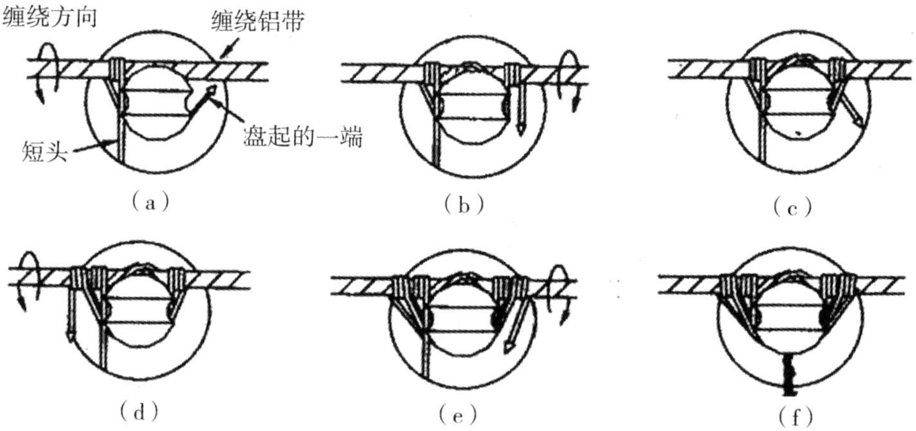

图 2-5-12　针式绝缘子的颈扎法

第三章　配电线路的安装与验收

第一节　杆塔基础与立杆

一、基础施工

（一）基础开挖

开挖杆塔基坑应从安全和技术两方面加强作业和监管。

1. 安全事项

（1）组织外来人员施工，应将安全注意事项交代清楚，并加强监护。

（2）在土质松软处挖坑，应有防止塌方措施，如加挡板、撑木等。任何人不得站在挡板、撑木上传递或放置传土工具或土、石。禁止由下部掏挖土层。

（3）在居民区及交通道路附近开挖的基坑，应设坑盖或可靠遮拦，加挂警告标牌，夜间挂红灯。

（4）在下水道、煤气管线、潮湿地、垃圾堆或有腐质物等附近挖坑时，应设监护人。在坑深超过 2 m 的坑内作业，应采取防毒或向坑内送风措施。监护人应密切注意作业人员，防止煤气、沼气等有毒气体中毒。

（5）挖坑时，应及时清除坑口附近浮土，坑边禁止外人逗留。在超过 1.5 m 深的基坑内作业，向坑外抛掷土石应防止其回落坑内。作业人员不得在坑内休息。

（6）在不影响铁塔稳定的情况下，可以在对角线的两个塔脚同时挖坑。

（7）进行石坑、冻土坑打眼或打桩时，作业人员应戴安全帽，扶钎人应站在打钎人侧面，打锤人不得戴手套。应及时检查锤把、锤头、钢钎，钎头有开花现象应及时修理或更换。

（8）如爆破挖坑，必须严格执行有关爆破规定。

2. 技术事项

（1）开挖基坑时，杆塔中心桩及各辅助桩，应保持完好，不得碰动、挖掉或掩埋。

（2）杆塔基坑的深度，应以施工图的施工基面为起算面。拉线坑的坑深则以拉线坑中心的地面标高为起算面。如图 3－1－1 所示，图中△h 为施工基面值，h 为坑深，O 为杆塔中心桩。

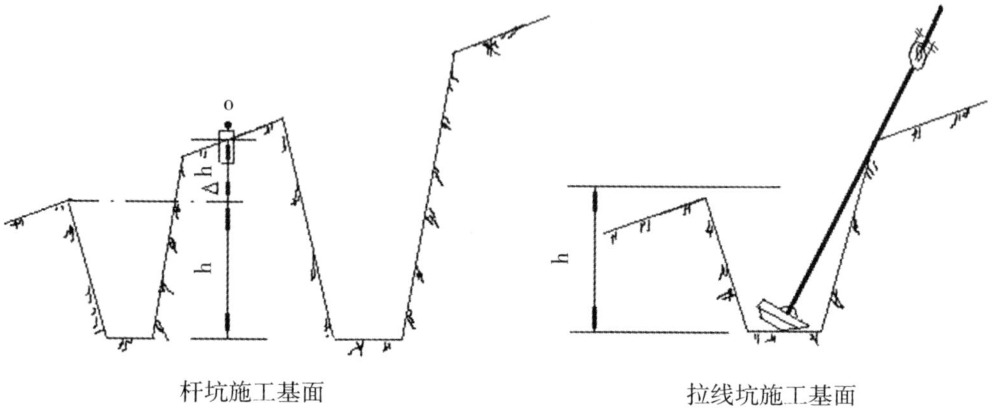

图 3－1－1　杆塔和拉线坑施工基面示意图

（3）杆塔基坑深度容许误差为＋100 mm、－50 mm，坑底应平整，同一杆塔基础在容许误差范围内时，应按最深一坑操平。拉线基坑深度不允许有负偏差，正误差值不控制，如超深后对拉线盘的安装位置与方向有影响时，其超深部分可填土夯实。

（4）杆塔基础坑深误差＋100 mm 以上时，应做如下处理：

1）对铁塔现浇基础坑，其超深部分全部以铺石灌浆处理；对电杆基坑，其深度超过 100～300 mm 时，其超深部分可回填原土或砂石夯实，如超深在 300 mm 以上时，其超深部分应采用铺石灌浆处理。

2）不能填土夯实的基坑，其超深部分按设计要求处理，如设计无具体要求时，以铺石灌浆处理。

3）回填土夯实时，应使用原土回填，每层填土厚度不应超过 100 mm 并夯实到与原土相同密度。若无法达到时，将回填土铲去，改以铺石灌浆处理。

（5）如发现基坑土质与设计不符或发现坑底有古洞、墓穴、管道、电缆等应及时通知设计及有关单位研究处理。

（6）岩石基础孔的误差应不超过以下规定：

1）成孔斜度 2％。

2）成孔深度 0 mm。

3）成孔断面或直径＋20 mm、－0 mm。

4）嵌固式（坛式）基础应保证设计锥度，其成孔断面或直径－50 mm。

（二）**回填土**

基坑的回填夯实，按其重要性不同，可将不同型式的基础分为三类，按类别不同对其要求也不同。除此之外，还应筑防沉层和考虑石坑的回填。

1. 一类是铁塔预制基础、拉线预制基础、铁塔金属基础及不带拉线的混凝土电杆基础。其回填夯实的要求是：

（1）每回填 300 mm 厚度夯实一次，也就是常说的埋三夯一，夯实程度应达到原状土密实度的 80%及以上。

（2）对不宜夯实的水饱和黏性土，回填时可不夯，但应分层填实，其回填土的密实度亦应达到原状土的 80%及以上。

（3）对其他不宜夯实的大孔性土、砂、淤泥、冻土等，在工期允许的情况下可采取二次回填，但架线时其回填土密实度应达到原状土密实度的 80%及以上。如确实无法达到此值，应采取加设临时拉线或其他能使杆塔稳定的措施。

2. 二类是现场浇筑铁塔基础和现场浇筑拉线基础。基坑的回填夯实方法应与一类基础相同，但回填土的密实度亦应达到原状土密实度的 70%及以上。

3. 三类是重力式基础和带拉线的杆塔本体基础。其基坑回填可不夯实，但应分层填实。

4. 回填时应先排除坑内积水。

5. 杆塔及拉线基坑的回填，都应在坑面上筑防沉层。其上部不得小于坑口，其高度视夯实程度确定，一般为 300～500 mm。

6. 石坑的回填应以石子与土按 3∶1 掺和后回填夯实。

（三）**现场浇筑混凝土**

1. 现场浇筑基础规定

现场浇筑混凝土是现浇基础质量保证的关键工序，它不但隐蔽，而且不易（一旦浇筑完毕）改动，因此，必须加强各个工序的质检，严格遵守规程规定。

（1）当不用模板进行混凝土浇筑时，应采取防止泥土等杂物混入混凝土中的措施。

（2）浇筑基础中的地脚螺栓及预埋件应安装牢固，安装前应除去浮锈，并应将螺纹部分加以保护。

（3）混凝土的配合比应根据砂、石、水泥等原材料及施工现场条件，按设计的混凝土标号和国家现行标准进行匹配，并应有适当的强度储备。储备强度值应按施工单位的混凝土强度标准的历史水平确定。

（4）既要采用机械搅拌又要采用机械捣固。

（5）混凝土质量检查应从坍落度、水灰比、配合比、试块、养护等进行。

1）坍落度：坍落度每班日或每个基础腿检查两次及以上，其数值不得大于配合比设计的规定值，并严格控制水灰比。

2）配合比：材料配比用量每班日或每基基础应至少检查两次。

3）试块：试块应在浇筑现场制作，其养护条件应与基础相同；当原材料变化、配合比变更时应另行制作；转角、耐张、终端、悬垂转角的基础应每基做一组，一般直线基础同一施工班组每 5 基或不满 5 基做一组，单基或连续浇筑混凝土量超过 100 m^3 时做一组，大跨越基础每腿做一组。

4）养护：浇筑后 12 小时内开始浇水养护，天气炎热、干燥有风 3 小时内进行浇水养护；养护日期一般情况下不得小于 5 昼夜或按有关规定进行；拆模后立即回填土并加遮盖物使其保持湿润养护；日平均气温低于 5 ℃时不得浇水养护。

（6）基础拆模时混凝土强度不应低于 2.5 MPa。

（7）浇制铁塔基础尺寸的误差为：

1）保护层的厚度：－5 mm。

2）主柱断面尺寸：－1%。

3）同组地脚螺栓中心对主柱中心的偏移：10 mm。

（8）浇制拉线基础尺寸的误差为：

1）断面尺寸：－1%。

2）拉环中心在拉线方向前、后、左、右的偏移：1%L（L 系指拉环中心至杆塔拉线固定点的水平距离）；拉环中心在基础上与设计位置的偏移：20 mm。

（9）整基基础尺寸施工允许偏差见表 3－1－1。

表 3－1－1　整基基础尺寸施工允许偏差

项目		地脚螺栓式		主角钢插入式		高塔基础
		直线	转角	直线	转角	
整基基础中心与中心桩间的位移/mm	横线路方向	30	30	30	30	30
	顺线路方向		30		30	
基础根开及对角线尺寸		±2‰		±1‰		±0.7‰
基础顶面或主角钢操平印记间相对高差/mm		5		5		5
整基基础扭转/（′）		10		10		5

2. 混凝土养护

养护是保证混凝土质量的最后环节，如果忽视养护，将导致混凝土表面开裂或疏皮，降低混凝土标号，影响使用甚至不能使用。

（1）自然养护

送电线路的基础分散在野外，一般都采用自然养护。自然养护是指利用气温高于+5 ℃的自然条件，用适当的材料对混凝土加以覆盖或者适当浇水，使混凝土在一定的温度与湿度条件下，逐渐硬化。

（2）养护起始

在一般天气情况下，养护工作应在浇筑完后十二小时内开始进行。在炎热和干燥有风的天气时，养护工作应在浇筑完后三小时内开始进行。对于干硬性混凝土，在高温、低湿度条件下，应在灌筑完后立即进行养护。

（3）养护时间

当使用普通水泥、硅酸盐水泥和矿渣水泥拌制混凝土时，养护时间不得少于五昼夜；当施工时掺有某些添加剂时，因混凝土硬化较慢，养护时间不得少于十四昼夜；在特别炎热、干燥的地区尚应加长浇水养护日期，期限应经试验决定；若使用其他品种的水泥以及高塔的基础，其养护日期应按现行的《钢筋混凝土工程施工及验收规范》要求实施。

（4）养护浇水

养护所用水，一般采用饮用水或与拌制混凝土用的水相同。养护初期，水泥的水化反应较快，需水也较多，所以要特别注意在灌筑以后几天的养护工作。浇水次数以能保持混凝土具有足够的润湿状态为度，一般来说，气温在 15 ℃以上时，在开始三昼夜中，白天至少每三小时洒水一次，夜间也应洒水二次；在以后的养护期中，每昼夜应洒水三次左右；如气温低于+5 ℃时，不得浇水。

（5）拆模

当混凝土强度大于 2.5 MPa 时，就可进行基础拆模工作。拆模时不得损坏成型基础的棱角，基础各个方位的表面不得有粘连脱皮、凹凸不平、麻点蜂窝现象。基础拆模后应立即回填土，并在基础外露部分加遮盖物，按规定期限继续浇水养护。养护时，应保持遮盖物及基础周围土壤的潮湿。

（四）底盘、卡盘的施工

1. 电杆基坑底采用底盘时，底盘的圆槽面应与电杆中心线垂直，找正后应填土夯实至底盘表面。底盘安装允许偏差，应使电杆组立后满足电杆允许偏差规定。

2. 电杆基础采用卡盘时，应符合下列规定：

（1）安装前应将其下部土壤分层回填夯实。

（2）安装位置、方向、深度应符合设计要求。深度允许偏差为±50 mm。当设计无要求时，上平面距地面不应小于 500 mm。

（3）与电杆连接应紧密。

二、基础的验收

（一）**基坑施工前的定位应符合下列规定：**

1. 直线杆

直线杆顺线路方向位移不应超过设计档距的3%；垂直线路方向不应超过50 mm。

2. 转角杆

转角杆位移不应超过50 mm。

3. 电杆基础坑深度

电杆基础坑深度的允许偏差应为+100 mm、-50 mm。电杆埋设深度在设计未做规定时，按表3-1-2电杆的埋深。

3-1-2　电杆的埋深

杆高/m	8.0	9.0	10.0	11	12	13	15	18
埋深/m	1.5	1.6	1.7	1.8	1.9	2.0	2.3	2.6

（二）**杆塔基础验收**

1. 基坑施工前的定位应符合设计要求。直线杆顺线路方向位移，10 kV及以下架空电力线路不应超过设计档距的3%。直线杆横线路方向位移不应超过50 mm；转角杆、分支杆的横线路、顺线路方向的位移均不应超过50 mm。

2. 杆塔基础坑深允许偏差为-50 mm～+100 mm，坑底应平整，同基基础坑应在允许偏差范围内按最深基坑操平。

3. 双杆基坑根开的中心偏差不应超过±30 mm；两杆坑深度宜一致。

4. 回填土层上部面积不宜小于坑口面积；培土高度应超出地面300 mm；沥青路面或砌有水泥花砖的路面不留防沉土台。

（三）**钢杆基础验收**

钢杆基坑施工前的定位应符合设计要求。

1. 钢杆基础浇筑应采用现浇基础或灌注桩基础，在沿海滩涂和软土地区，可采用高强度预应力混凝土液压管桩基础。

2. 基础中心与线路中心线重合，深度及坑底宽度符合设计数值。

3. 按规定取样做试块，基础表面平整，无蜂窝、麻面。

4. 基础浇注完成后应及时养护，当基础强度达到规定要求时才可立杆塔、架线。

5. 铁塔基础规格及基础保护层符合设计要求。

6. 铁塔各部件连接牢固，无锈蚀现象。

7. 铁塔距离地面 8 m 以下应使用防盗螺栓连接。

（四）现浇基础验收

1. 现浇基础几何尺寸准确，棱角顺直，回填土分层夯实并留有防沉层。

2. 灌注桩基础宜使用商品混凝土，桩基检测报告内容详尽。

3. 浇筑混凝土应采用机械搅拌，机械振捣，混凝土振捣宜采用插入式振捣器。

4. 浇筑后，应在 12 小时内开始浇水养护；对普通硅酸盐和矿渣硅酸盐水泥拌制的混凝土浇水养护，不得少于 7 天；有添加剂的混凝土养护不得少于 14 天。

5. 日平均温度低于 5℃ 时，不得浇水养护。

（五）底盘、卡盘的验收

1. 底盘的验收

基坑底使用底盘时，坑底表面应保持水平，底盘安装尺寸误差应符合下列规定：

（1）双杆两底盘中心的根开误差不应超过 30 mm。

（2）双杆的两杆坑深度高差不应超过 20 mm。

2. 卡盘的验收

电杆基础采用卡盘时，应符合下列规定：

（1）卡盘上口距地面不应小于 0.5 m。

（2）直线杆：卡盘应与线路平行并应在线路电杆左、右侧交替埋设。

（3）承力杆：卡盘埋设在承力侧。

三、立杆

1. 人力叉杆立杆法

（1）开好马槽，马槽尽可能开挖至洞底部使电杆起升过程中有一定的坡度保持稳定。

（2）电杆稍部用三条绳索活结捆绑，绳索选用直径 25 mm 左右、长度超过杆长 1.5 倍的棕绳或尼龙绳，两条作为拉绳和一条为晃绳。

（3）坑中对准杆根位置放入滑板。用撬棍移动电杆，使杆身与马槽方向一致，将电杆根部移进坑口，使杆根顶住滑板。见图 3－1－2 所示。

3－1－2　叉杆立杆示意图

（4）杆梢部用抬杠将电杆抬起，并用顶板顶住，见图 3－1－3 所示。在电杆稍部的三条绳索，分开一定角度，其中两条向立杆前进方向，另一条向立杆反方向，见图 3－1－4 所示。向前进方向两条绳帮助电杆起升并防止电杆左右偏斜，向后方向拉绳在电杆基本直立后防止继续向前倾倒。

图 3-1-3　抬起杆梢

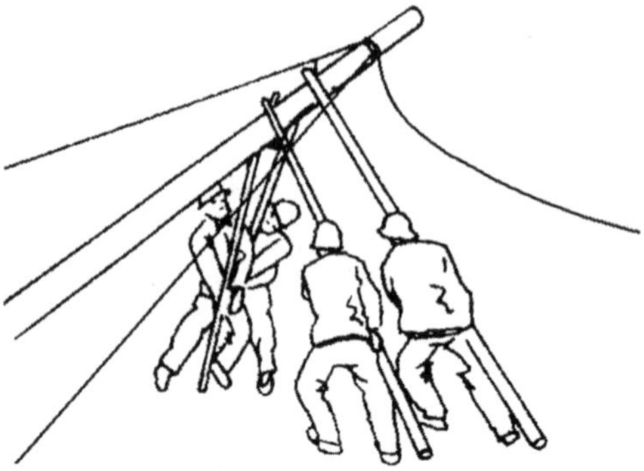

图 3-1-4　使用拉绳、晃绳

（5）逐步向下交替移动抬杠和顶板，使杆头逐渐升高。

（6）杆头升高后加进一副叉杆，叉杆、抬杠、顶板并用向下移动，使杆头不断抬高，再加进第二副、第三副、第四副较高叉杆。

（7）两条绳向前拉起使电杆直立并防止左右倾倒，一条绳在合力相反方向控制杆身不向前倾倒，同时几副叉杆分别在电杆不同方向顶住电杆。

（8）当电杆起至 80°左右时，坑内木滑板也可取出。当在电杆垂直时，将一副叉杆移到竖立方向对面，两副叉杆相对支撑住电杆防止电杆过牵引倾倒。校正杆位，使杆根居于设计杆位中心，杆身垂直或预偏，并与其他电杆在一条直线上。

（9）分层回填夯实电杆基础，然后拆除绳子。

2. 三角抱杆立杆

开展三角抱杆立杆工作，首先要掌握三角抱杆立杆的基本要求，做好前期的准备工作，才能保证立杆工作的安全顺利进行。

（1）将三角抱杆重心贴近坑中心站立，以保证电杆起立后的落位能直接进入杆坑为准，见图 3-1-5 所示。

（2）三角抱杆的根开一般取抱杆长度的 1/4～1/3，在杆脚处必须有防抱杆在电杆起立过程中下沉或侧滑的措施，见图 3-1-6。如将三角抱杆杆脚铺垫道木或垫木，杆脚相互间用绳索绑牢等。

（3）三角抱杆有效高度应高于电杆重心 1～1.5 m，或根据吊点距离和上下长度、手拉链条葫芦（或滑车组两滑轮碰头）的距离适当增加裕度来考虑。电杆的吊点应高于电杆的重心点，通常在杆长 1/2 处，见图 3-1-7 所示。

（4）在电杆的梢部用活扣栓三条大绳，一是防止电杆在起立过程中撞击抱杆，二是在电杆落位后对电杆进行调整。

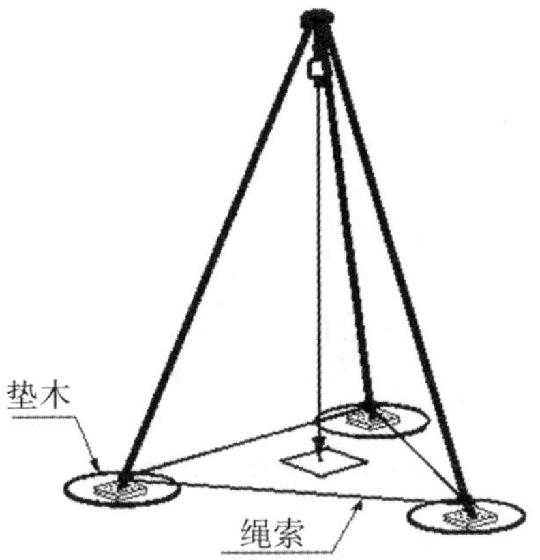

图 3-1-5　三角抱杆立杆示意图

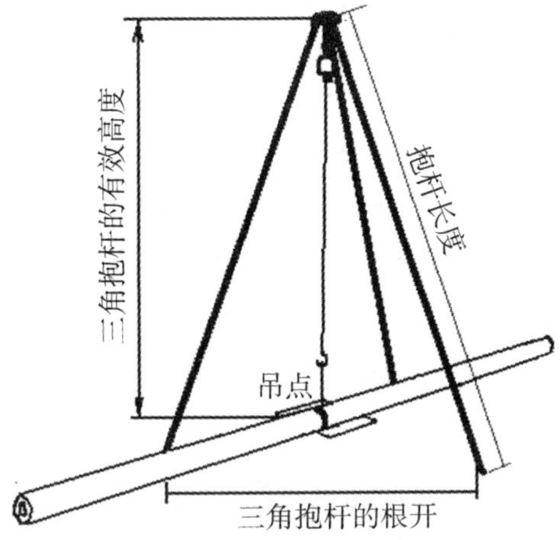

图 3-1-6　三角抱杆立杆示意图

（5）四周操作控制点应设置在距杆中心1.2倍杆高以外，并以此距离设置安全警戒区，防止其他人员的误入。

3. 三角抱杆立杆的具体操作步骤

（1）检查杆坑深度及位置符合设计要求。

（2）移电杆，电杆应置于杆坑上方，电杆的预吊点贴近坑中心。

（3）在电杆的梢部用活扣栓三条控制绳。

（4）支三角抱杆，三角抱杆重心与电杆的预吊点重合，抱杆的位置、根开，应符合现场布置的基本要求。

图 3-1-7　三角抱杆立杆示意图

（5）工作负责人员进行场地检查、无问题后方可起吊。

（6）当电杆离地 0.5 m 时停止牵引，进行冲击试验，检查各部受力情况，各绳扣是否牢固，电杆有无弯曲、产生裂纹、偏斜，抱杆各侧受力是否均匀，抱杆脚有无滑动及下沉等，若确无异常才可继续起吊。

（7）起吊牵引应匀速进行，保持起吊过程的平稳，随着电杆的起吊角度的不断增大，杆下及四周控制操作人员应随时根据电杆重心的变化，及时调整电杆重心的位置和起立方向，从而确保起立过程的安全。

（8）当电杆起立超过 45°时，应放慢牵引速度，同时四周控制绳应适当调整力度，避免电杆起立过程的不必要摆动，以保证三角抱杆在电杆重心上移时的工作稳定性，见图 3-1-8 所示。

（9）当电杆杆根进入杆坑后，操作人员应慢慢将电杆下落。下落过程中应避免电杆与坑壁摩擦而阻碍电杆的下落。

（10）电杆到下落到位后，调整葫芦及四周控制临时拉线的力度将电杆校正。

（11）检查电杆位置误差，校正垂直度后，分层回填夯实，并保留 300 mm 的防沉层。

（12）拆除绳索、清理工作现场，工作完毕。

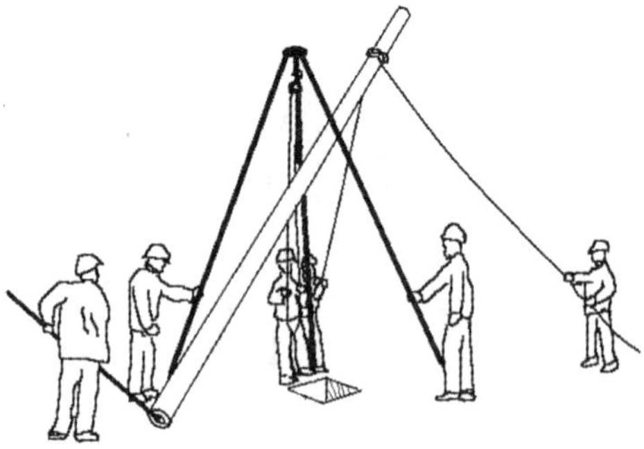

图 3-1-8 三角抱杆立杆示意图

4. 汽车起重机立杆法

（1）检查电杆坑深度。

（2）电杆运至坑位，使电杆重心在立杆位置，如图 3-1-9 所示。

（3）挂好钢丝绳套，钢丝绳套位于电杆重心略偏向杆梢处。

（4）吊车就位，吊钩与杆坑成一直线；吊车停稳后，放下两侧支脚接触地面以增加支撑，如遇砂地或软土等应垫道木或垫木以加大接触面.

（5）将杆身上钢丝绳套挂到吊钩上，工作负责人在可全面监视现场位置及吊臂车操作司机视线内指挥；司机操作吊臂吊起电杆。

（6）起吊电杆，由二人扶持电杆根部，以免电杆吊起时摆摇；起吊时宜缓慢平稳，使电杆完全离地，如图 3-1-10 所示。

图 3-1-9 吊车立电杆示意图

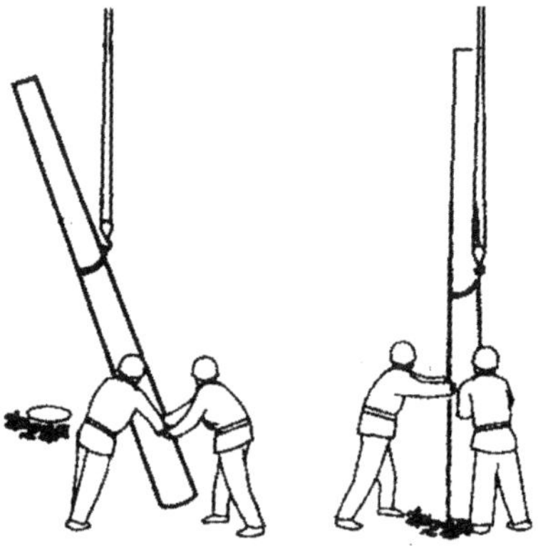

图 3-1-10 吊车立电杆

（7）电杆缓慢放下竖立于杆坑，两人扶持电杆根部，对准电杆坑；缓缓放下电杆使之立入坑内，如图 2-1-10 所示。

（8）操作吊臂使电杆直立在坑内，校验杆位偏差符合要求。

（9）分层填土夯实，如需要则装设卡盘，再填土夯实。

（10）操作吊臂放松挂钩、绳套，拆除电杆挂钩、绳套，收吊臂，清理现场。

四、横担的安装

（一）横担安装要求

1. 横担安装应平正，安装偏差应符合设计或规范要求。

2. 架空线路所采用的铁横担、铁附件均应热镀锌。检修时，若有严重锈蚀、变形应予更换。

3. 同杆架设线路横担间的最小垂直距离应满足下表 3-1-3 要求（单位：mm）。

表 3-1-3　同杆架设线路横担间的最小垂直距离（单位：mm）

架设	直线杆	分支或转角杆
10 kV 与 10 kV	800	450/600
10 kV 与 0.4 kV	1200	1000
0.4 kV 与 0.4 kV	600	300

4. 导线为水平排列时，上层横担距杆顶距离不宜小于 200 mm。

5. 线路单横担的安装，直线杆应装于受电侧；分支杆、90°转角杆（上、下）及终端杆应装于拉线侧。

6. 横担安装应平正，安装偏差应符合下列规定：

（1）横担端部上下歪斜不应大于 20 mm。

（2）横担端部左右扭斜不应大于 20 mm。

（二）线路横担安装的验收

1. 导线为水平排列时，上层横担上平面距杆顶：10 kV 线路不小于 200 mm；低压线路不小于 150 mm。导线为三角排列时，上层横担距杆顶一般为 600 mm。

2. 中、低压同杆架设多回线路，裸导线和绝缘线横担间最小垂直距离分别见表 3-1-4 和表 3-1-5。

表 3-1-4　同杆架设裸导线线路横担间的最小垂直距离应满足要求（单位：m）

导线的排列方式	直线杆	分支杆或转角杆
10 kV 与 10 kV	0.8	0.45/0.6
10 kV 与 1 kV 以下	1.2	1
1 kV 与以下 1 kV	0.6	0.3

注：转角或分支线如为单回线，则分支线横担距主干线横担为 0.6 m；如为双回线，则分支线横担距上排主干线横担为 0.45 m，距下排主干线横担为 0.6 m。

表 3-1-5　同杆架设绝缘线横担间的最小垂直距离应满足要求（单位：m）

导线排列方式	直线杆	分支杆或转角杆
10 kV 与 10 kV	0.5	0.5
10 kV 与 1 kV 以下	1.0	—
1 kV 以下与 1 kV	0.3	0.3

3. 单横担安装，直线杆应装于受电侧，转角杆、丁字杆及终端杆应装于拉线侧。

4. 45°及以下转角杆，抱担应装在转角之内角的角平分线上。

5. 偏支担长端应向上翘起 30 mm。

6. 除偏支担外，横担安装应平正，安装偏差应符合下列要求：

（1）横担两端上下歪斜不应大于 20 mm。

（2）横担两端前后扭斜不应大于 20 mm。

（3）双杆横担固定点的高差不应大于两杆之间距离的 5/1000。

7. 瓷横担绝缘子安装应符合下列规定：

（1）当直立安装时，顶端顺线路歪斜不应大于 10 mm。

（2）当水平安装时，顶端宜向上翘起 5°～15°；顶端顺线路歪斜不应大于 20 mm。

（3）当安装于转角杆时，顶端竖直安装的瓷横担支架应安装在转角的内角侧（瓷横担应装在支架的外角侧）。

（4）全瓷式瓷横担绝缘子的固定处应加软垫。

8. 当架设导线为铝绞线或铝芯绝缘线时，直线杆导线截面在 240 mm^2 及以下时可采用单横担；终端杆、耐张杆（断连杆）导线截面在 35 mm^2 及以下时可采用单横担，导线截面为 50 mm^2 及以上时应采用抱担，导线截面为 120 mm^2 及以上时应采用梭形担。

9. 采用柱式或针式绝缘子转角为 15°～30°时应采用抱立杆型（采用放电箍位绝缘子转角小于 15°时亦采用抱立杆型）；转角在 30°～45°时应采用抱担断连杆型，转角在 45°以上时应采用双层抱担转角杆型。

五、螺栓的安装验收

（一）螺栓安装要求

螺栓的穿入方向应符合下列规定：

立体结构：水平方向由内向外；垂直方向由下向上。

平面结构：顺线路方向，双面构件由内向外，单面构件由送电侧穿入或按统一方向；横线路方向，两侧由内向外，中间由左向右（面向受电侧）或按统一方向；垂直方向，由下向上。

（二）以螺栓连接的构件验收

1. 螺杆应与构件面垂直，螺头平面与构件间不应有间隙。

2. 螺栓紧好后，螺杆丝扣露出的长度。单螺母不应少于两个螺距；双螺母可与螺母杆端面齐平。

3. 当必须加垫圈时，每端垫圈不应超过 2 个。

六、杆塔的验收

1. 电杆施工前的检查

（1）普通环形钢筋混凝土电杆

1）表面光洁平整，壁厚均匀，无露筋、漏浆、掉块等现象。

2）电杆杆顶应封堵。

3）杆身弯曲不超过杆长的 1/1000。

4）杆身应无纵向裂纹，且横向裂纹宽度不应超过 0.1 mm，其长度不允许超过 1/3 周长。

（2）预应力混凝土电杆（含部分预应力型）

1）表面光洁平整，壁厚均匀，无露筋、漏浆、掉块等现象。

2）电杆杆顶应封堵。

3）杆身弯曲不超过杆长的 1/1000。

4）杆身应无纵、横向裂纹。

（3）钢管电杆

1）整根钢杆及各杆段的弯曲度不超过其长度的 2/1000。

2）钢杆及附件均热镀锌，锌层应均匀，无漏镀、锌渣锌刺。

3）焊接有接地螺栓。

（4）钢筋混凝土底盘、卡盘、拉线盘

1）表面应平整，不应有蜂窝、露筋、裂缝、漏浆等缺陷。

2）预应力钢筋混凝土预制件不应有纵向及横向裂缝。

3）普通钢筋混凝土构件不应有纵向裂缝。

（5）横担及附件

1）横担、抱箍、连板、垫铁、拉线棒、螺栓、螺母应热镀锌，锌层应均匀，无漏镀、锌渣锌刺。

2）上述制品不应有裂纹、砂眼及锈蚀，不得采用切割、拼装焊接方式制成，不得破坏镀锌层。

2. 电杆竣工验收

（1）单电杆立好后应正直，位置偏差应符合下列规定：

1）直线杆的横向位移不应大于 50 mm，杆梢位移不应大于杆梢直径的 1/2。

2）转角杆应向外角预偏，导线紧好后电杆不应向内角倾斜，向外角的倾斜不应使杆梢位移大于杆梢直径。

3）终端杆应向拉线侧预偏，导线紧好后电杆不应向导线侧倾斜。电杆向拉线侧的倾斜，杆梢位移不大于杆梢直径。

（2）双杆立好后应正直，位置偏差应符合下列规定：

1）双杆中心与线路中心桩的横向位移不大于 50 mm。

2）迈步不大于 30 mm。

3）两杆高低差不大于 20 mm。

4）根开不大于±30 mm。

第二节　金具及绝缘子安装与验收

由黑色金属制造的附件和紧固件，除地脚螺栓外，应采用热浸镀锌制品。金具组装配合应良好，安装前应进行外观检查，且应符合下列规定：

（1）表面光洁，无裂纹、毛刺、飞边、砂眼、气泡等缺陷。

（2）线夹转动灵活，与导线接触面符合要求。

（3）镀锌良好，无锌皮剥落、锈蚀现象。

一、拉线制作

（一）拉线上把制作

1. 从楔形线夹中取出楔子。

2. 将钢绞线从线夹小孔穿入，量出钢绞线的弯曲位置（450 mm）。

3. 用左脚踩住主线，右手拉住线头，钢绞线从左手食指与中指间穿过，用食指指背顶住弯曲部位，左手拇指、中指、无名指、小拇指压住钢绞线，弯曲钢绞线。如图 3-2-1 所示。

4. 左手收拢，右手顺势向上提钢绞线线头，使钢绞线在左手食指处弯曲，但注意不要使其弯度过大，而出现死弯。

5. 左手保持收拢状态，将右手中的线头移至主线另一侧，并再次向上提线头，同时左手食指从钢绞线的挝弯处收回，用掌心抵住钢绞线的弯曲部位，五指控制钢绞线

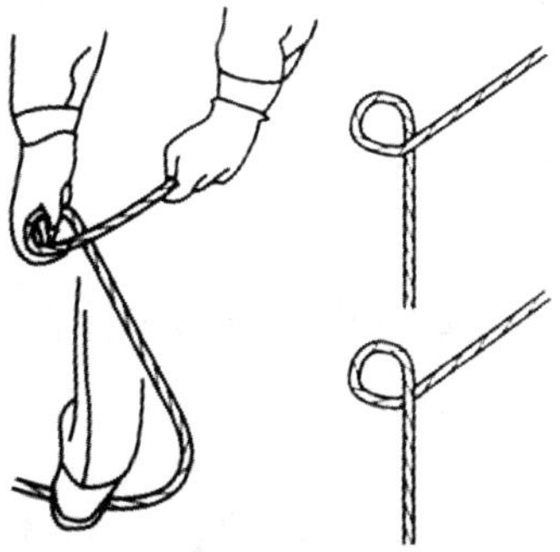

图 3－2－1　拉线上把制作一

防止崩开，用力向外推。保持此动作数秒。

6. 松开钢绞线此时已成“U”型，用左手用力握住弯曲部位，右手用力向上提钢绞线线头，左手同时向外送钢绞线。松开手后，使钢绞线呈开口销状。如图 3－2－2 所示。

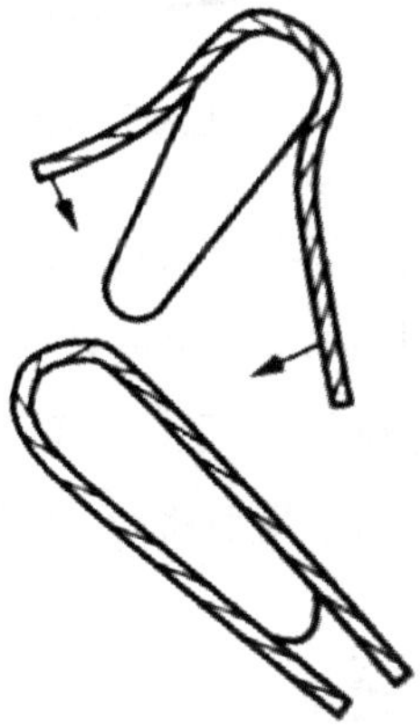

图 3－2－2　拉线上把制作二

7. 将钢绞线线头从线夹大孔斜面穿入。

8. 塞入楔子，用手锤敲紧，楔子与钢绞线要结合紧密，不得有间隙。

9. 主线和尾线用 10＃铁丝绑在一起。绑扎位置：从楔形线夹小口端向钢绞线端头方向 200 mm 处开始绑扎，绑扎长度 50～100 mm，镀锌铁线绑扎紧密无伤痕，端部绞合 3～5 个花的小辫后剪断余线弯进于钢绞线并列处。

（二）拉线下把制作

1. 收紧拉线。用紧线器将拉线（钢绞线）与接线棒环连接起来，调整紧线器，使拉线基本满足设计要求。

2. 拆下 UT 线夹的 U 型螺栓，取出中间的舌板，将 U 型环穿在拉线棒上，抬起 U

型螺栓。然后用手拉紧钢绞线尾线，对比 U 型螺栓从螺栓断头向下量取 200 mm，用记号笔画印。

3. 左脚踩住主线，右手拉住线头，左手控制钢绞线画印处进行弯曲，将钢绞线弯曲成环，如图 3-2-1 所示。

4. 将做好的拉线环分别用膝盖抵住钢绞线主线、尾线进行整形，如图 3-2-3 所示。确保钢绞线与舌板接触紧密。

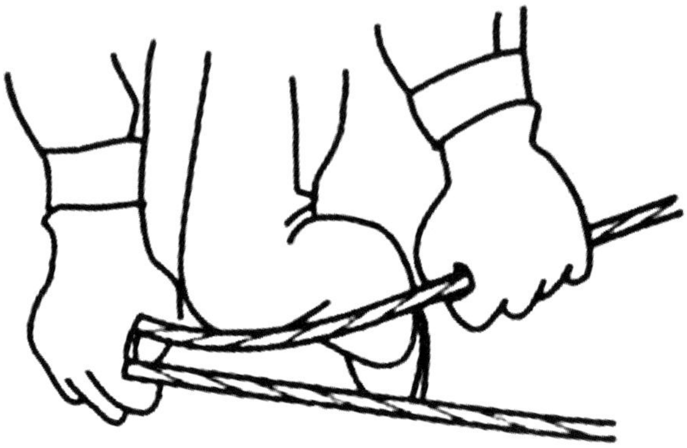

图 3-2-3 拉线下把制作

5. 将拉线从 UT 线夹穿出，拉线尾线在 UT 线夹凸肚侧穿出，同时要主线在线夹平面内，装上舌板，用木锤敲击使拉线环与舌板紧密接触。

6. 将拉线从 UT 螺栓重新套进拉线棒后穿入 UT 线夹，装上垫片、螺母，并调节螺母使拉线受力后撤出紧线器，螺母拧紧后螺杆应露出丝扣，丝扣的长度不小于丝杆的 1/2。

7. 在 UT 线夹的出口量取钢绞线 300～500 mm，将多余部分剪掉。在尾线距端头 150 mm 的地方用 10 号或 12 号镀锌铁丝由下向上进行缠绕，缠绕的长度为 50～80 mm，并将扎线尾线拧 2～3 麻花圈，然后再扎线和钢绞线的端头，涂上红漆防锈。

二、拉线验收

（一）拉线基础的验收

拉线棒与拉线盘应垂直，连接处应采用双螺母，其外露地面部分的长度应为 500～700 mm。拉线坑应有斜坡，回填土时应将土块打碎后夯实。拉线坑宜设防沉层。

（二）拉线安装验收

1. 安装后对地平面夹角与设计值的允许偏差，应符合下列规定：

（1）10 kV 及以下架空电力线路不应大于 3°。

（2）特殊地段应符合设计要求。

2. 承力拉线应与线路方向的中心线对正；分角拉线应与线路分角线方向对正；防风拉线应与线路方向垂直。

3. 跨越道路的拉线，应满足设计要求，且对通车路面对路面中心距离不小于 6 m，对边缘的垂直距离不应小于 5 m。

4. 当一基电杆上装设多条拉线时，各条拉线的受力应一致。

5. 当采用 NUT 型线夹及楔形线夹固定安装时，应符合下列规定：

（1）安装前丝扣上应涂润滑剂。

（2）线夹舌板与拉线接触应紧密，受力后无滑动现象，线夹凸肚在尾线侧，安装时不应损伤线股。

（3）拉线弯曲部分不应有明显松股，拉线断头处与拉线主线应固定可靠，线夹处露出的尾线长度为 300～500 mm，尾线回头后与本线应扎牢。

（4）当同一组拉线使用双线夹并采用连板时，其尾线端的方向应统一。

（5）UT 型线夹的螺杆应露扣，并应有不小于 1/2 螺杆丝扣长度可供调紧，调整后，UT 型线夹的双螺母应并紧。

6. 在道路边上的拉线应装设警示保护套管。

7. 从导线之间穿过时，应装设一个拉线绝缘子，在拉线断开情况下，拉线绝缘子距地面不应小于 2.5 m。

（三）采用拉线柱拉线的安装，应符合下列规定：

1. 拉线柱的埋设深度，当设计无要求时，应符合下列规定：

（1）采用坠线的，不应小于拉线柱长的 1/6。

（2）采用无坠线的，应按其受力情况确定。

2. 拉线柱应向张力反方向倾斜 10°～20°。

3. 坠线与拉线柱夹角不应小于 30°。

4. 坠线上端固定点的位置距拉线柱顶端的距离应为 250 mm。

（四）顶（撑）杆的安装，应符合下列规定：

1. 顶杆底部埋深不宜小于 0.5 m，且设有防沉措施。

2. 与主杆之间夹角应满足设计要求，允许偏差为±5°。

3. 与主杆连接应紧密、牢固。

三、绝缘子的安装验收

（一）针式绝缘子安装

1. 安装应牢固，连接可靠，防止积水。

2. 安装时应清除表面灰垢、附着物及不应有的涂料。

（二）悬式绝缘子安装规定

悬式绝缘子安装，尚应符合下列规定。

1. 与电杆、导线金具连接处，无卡压现象。

2. 耐张串上的弹簧销子、螺栓及穿钉应由上向下穿。当有特殊困难时可由内向外或由左向右穿入。

3. 悬垂串上的弹簧销子、螺栓及穿钉应向受电侧穿入。两边线应由内向外，中线应由左向右穿入。

（三）绝缘子裙边与带电部位的间隙要求

绝缘子裙边与带电部位的间隙不应小于 50 mm。

（四）瓷横担绝缘子安装应符合下列规定：

1. 当直立安装时，顶端顺线路歪斜不应大于 10 mm。

2. 当水平安装时，顶端宜向上翘起 5°～15°；顶端顺线路歪斜不应大于 20 mm。

3. 当安装于转角杆时，顶端竖直安装的瓷横担支架应安装在转角的内角侧（瓷横担应装在支架的外角侧）。

4. 全瓷式瓷横担绝缘子的固定处应加软垫。

第三节　导线的架设与验收

一、导线架设与固定

（一）导线架设

1. 导线在展放过程中，对已展放的导线应进行外观检查，不应发生磨伤、断股、扭曲、金钩、断头等现象。

2. 导线在同一处损伤，同时符合下列情况时，应将损伤处棱角与毛刺用 0 号砂纸磨光，可不作补修：

（1）单股损伤深度小于直径的 1/2。

（2）钢芯铝绞线、钢芯铝合金绞线损伤截面积小于导电部分截面积的 5％，且强度损失小于 4％。

（3）单金属绞线损伤截面积小于 4％。

3. 架空绝缘线外观检查，且符合下列要求：

（1）导体紧压，无腐蚀。

（2）绝缘线端部应有密封措施。

（3）绝缘层紧密挤包，表面平整圆滑，色泽均匀，无尖角、颗粒，无烧焦痕迹。

（二）导线的固定

1. 导线的固定应牢固、可靠，且应符合下列规定：

（1）直线转角杆：对针式绝缘子，导线应固定在转角外侧的槽内；对瓷横担绝缘子导线应固定在第一裙内。

（2）直线跨越杆：导线应双固定，导线本体不应在固定处出现角度。

（3）裸铝导线在绝缘子或线夹上固定应缠绕铝包带，缠绕长度应超出接触部分30 mm。铝包带的缠绕方向应与外层线股的绞制方向一致。

2. 10 kV 及以下架空电力线路的裸铝导线在蝶式绝缘子上作耐张且采用绑扎方式固定时，绑扎长度应符合表 3－3－1 的规定。

表 3－3－1　绑扎长度值

导线截面/mm^2	绑扎长度/mm
LJ—50、LGJ—50 及以下	≥150
LJ—70	≥200

二、导线间、导线与构建物的距离

（一）导线间的距离

1. 配电线路每相的过引线、引下线与邻相的过引线、引下线或导线之间的净空距离，不应小于下列数值表 3－3－2：

表 3－3－2　相与相之间的引流线、引下线或导线之间最小净空距离（单位：mm）

电压等级	导线类型	
	裸导线	绝缘导线
10 kV	300	200
0.4 kV	150	150

2. 配电线路的导线与拉线、电杆或构架间的净空距离，不应小于表 3－3－3 之中的数值：

表 3-3-3　配电线路导线与拉线、电杆或构架之间最小净空距离（单位：mm）

电压等级	导线类型	
	裸导线	绝缘导线
10 kV	200	200
0.4 kV	100	50

3. 最小相间距离不应小于表 3-3-4 数值

表 3-3-4　导线最小相间距离（单位：m）

线路电压	档距						
	40及以下	50	60	70	80	90	100
10 kV	0.6（0.4）	0.65（0.5）	0.7	0.75	0.85	0.9	1.0
0.4 kV	0.3（0.3）	0.4（0.4）	0.45	—	—	—	—

注：（　）内为绝缘导线数值。220/380 V 配电线路靠近电杆两侧导线间水平距离不应小于 0.5 m。

（二）导线与构建物的距离

1. 线路下面的建筑物与导线之间的垂直距离在导线最大计算弧垂情况下，不应小于表 3-3-5 数值。

表 3-3-5　线路下面的建筑物与导线之间的垂直距离在导线最大计算弧垂（单位：m）

电压等级	导线类型	
	裸导线	绝缘导线
10 kV	1.5	0.75（0.4）
0.4 kV	1.0	. 0.2

注：（　）内为人不宜接近时的距离。

2. 配电线路边导线在最大计算风偏时与建筑物之间的最小距离表 3-3-6。

表 3-3-6　最大风偏时与建筑物之间的最小距离（单位：m）

电压等级	导线类型	
	裸导线	绝缘导线
10 kV	1.5	0.75
0.4 kV	1.0	0.2

三、导线的修补与连接

（一）导线的修补

1. 当导线在同一处损伤需进行修补时，应符合表 3－3－7 规定：

表 3－3－7　导线损伤补修处理标准

导线类别	损　伤　情　况	处理方法
铝绞线	导线在同一处损伤程度已经超过《35 kV 及以下架空电力线路施工及验收规范》第 6.0.2 条规定，但因损伤导致强度损失不超过总拉断力的 5％时	以缠绕或修补预绞丝修理
铝合金绞线	导线在同一处损伤程度损失超过总拉断力的 5％，但不超过 17％时	以补修管补修
钢芯铝绞线	导线在同一处损伤程度已经超过《35 kV 及以下架空电力线路施工及验收规范》第 6.0.2 条规定，但因损伤导致强度损失不超过总拉断力的 5％，且截面积损伤又不超过导电部分总截面积的 7％时	以缠绕或修补预绞丝修理
钢芯铝合金绞线	导线在同一处损伤的强度损失已超过总拉断力的 5％但不足 17％，且截面积损伤也不超过导电部分总截面积的 25％时	以补修管补修

2. 导线在同一处损伤有下列情况之一者，应将损伤部分全部割去，重新以直线接续管连接：

（1）损失强度或损伤截面积超过《35 kV 及以下架空电力线路施工及验收规范》第 6.0.3 条以补修管补修的规定。

（2）连续损伤其强度、截面积虽未超过《35 kV 及以下架空电力线路施工及验收规范》第 6.0.3 条以补修管补修的规定，但损伤长度已超过补修管能补修的范围。

（3）钢芯铝绞线的钢芯断一股。

（4）导线出现灯笼的直径超过导线直径的 1.5 倍而又无法修复。

（5）金钩、破股已形成无法修复的永久变形。

3. 当采用缠绕处理时，应符合下列规定：

（1）受损伤处的线股应处理平整。

（2）应选与导线同金属的单股线为缠绕材料，其直径不应小于 2 mm。

（3）缠绕中心应位于损伤最严重处，缠绕应紧密，受损伤部分应全部覆盖，其长度不应小于 100 mm。

4. 当采用补修预绞丝补修时，应符合下列规定：

（1）受损伤处的线股应处理平整。

（2）补修预绞丝长度不应小于 3 个节距，或应符合现行国家标准《电力金具》预绞丝中的规定。

（3）补修预绞丝的中心应位于损伤最严重处，且与导线接触紧密，损伤处应全部覆盖。

5. 当采用补修管补修时，应符合下列规定：

（1）损伤处的铝（铝合金）股线应先恢复其原绞制状态。

（2）补修管的中心应位于损伤最严重处，需补修导线的范围应于管内各20 mm处。

（3）当采用液压施工时应符合国家现行标准《架空送电线路导线及避雷线液压施工工艺规程》（试行）的规定。

6. 10 kV 及以下架空电力线路在同一档距内，同一根导线上的接头，不应超过 1 个。导线接头位置与导线固定处的距离应大于 0.5 m，当有防振装置时，应在防振装置以外。

（二）导线的连接

1. 导线的插接

（1）导线插接法如图 3－3－1 所示。先把导线按接头长度的一倍，反绞向拆开拉直，用砂布将导线表面的污物擦掉。

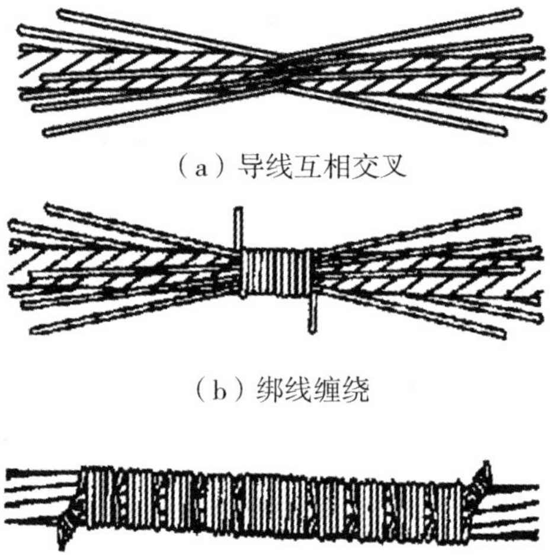
（a）导线互相交叉

（b）绑线缠绕

（c）线股缠绕，并收尾

图 3－3－1　导线插接法示意图

（2）将散开的线股，做成伞骨的样子。然后把两个接头的伞骨架子互相交叉插入，再把线头拢在一起用于导线一样的单股绑线在中间缠绕 50 mm，缠绕完后将绑线头弯成直角靠在导线上。

（3）用导线本身的单股线头压住绑线头，并逐步向两端缠绕，每股线缠绕 5～6 圈。

（4）缠完一股后，再用另一股线头把余下的前股线尾压在下面继续缠绕，直到缠完为止。各股线头应在导线的同一个面上。

（5）最后一股缠绕完后，与压住的线头拧成 3～5 个花的小辫收尾。

（6）接头连接好后，涂上中性凡士林油，以减小氧化。

2. 导线液压连接

液压连接方式由于所产生压力较大，对钢绞线及截面较大的导线多采用该方式进行连接。

（1）液压连接钢芯铝纹线时，先在导线端量出钢接管的一半长度加 10 mm 处（预留压延长度）用红笔划印，然后，在红铅笔线上用铁丝或铝线扎紧导线，齐红线后用钢锯锯去所有铝质线股，锯割时沿圆周逐步深入，锯至靠钢芯最近一批铝股时，只能锯到此批铝股的一半深度，再用手将此批铝股折断，以防钢锯损伤钢芯。

(2) 先套入铝接续管，再将钢芯插入钢接续管，两端应在钢管中心接触，此时钢管两端应各有 10 mm 空隙，放入液压机钢模内，先在钢管中心压下第一模，开始先压一端，连续向一端压第二模，再第三模，压完一端以后，再从中间第一模向另一端同样压接，如图 3-3-2 所示。

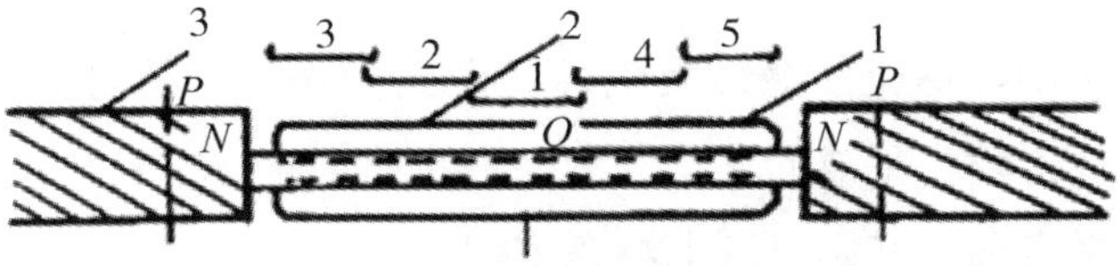

图 3-3-2　钢芯压接示意图

(3) 压好钢接管后，在铝管对应部位划印，将导线压接部分清洗净化，套上铝管，铝管中心必须与钢接管中心重合，这时在铝管外进行液压，铝管与钢管重叠部分不压，压接顺序是由重叠处两端各让出 10 mm 处开始压第一模，分别向两端进行，压完一端再压另一端。见图 3-3-3 所示。

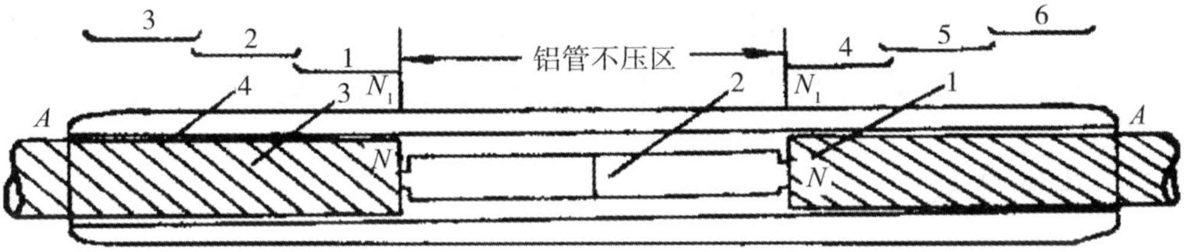

图 3-3-3　钢芯压接示意图

3. 导线连接要求

10 kV 架空电力线路当采用并沟线夹连接引流线时，线夹数量不应少于 2 个。连接面应平整、光洁。导线及并沟线夹槽内应清除氧化膜，涂电力复合脂。

四、导线的档距、弧垂

架空线路耐张段长度不宜大于 1000 m。在市区、林区、人群密集、线路走廊狭窄区域宜采用绝缘线，档距不宜超过 50 m，市区以外一般为 60～70 m，特殊地段根据设计要求选定。

10 kV 及以下架空电力线路的导线紧好后，弧垂的误差不应超过设计弧垂的±5%。

同档内各相导线弧垂宜一致，水平排列的导线弧垂相差不应大于 50 mm。

第四节　电缆的敷设验收

电缆的敷设必须符合相关的技术条件和施工标准，对重要的施工项目或工序，应事先制定安全技术措施。

一、电缆的运输与保管

在运输装卸过程中，不应使电缆及电缆盘受到损伤。严禁将电缆盘直接由车上推下。电缆盘不应平放运输、平放贮存。

运输或滚动电缆盘前，必须保证电缆盘牢固。

电缆应集中分类存放，并应标明型号、电压、规格、长度。电缆盘之间应有通道。地基应坚实，当受条件限制时，盘下应加垫，存放处不得积水。

电缆在保管期间，电缆盘及包装应完好，标志应齐全，封端应严密。

二、电缆支架

电缆支架钢材应平直，无明显扭曲。切口应无卷边、毛刺。应焊接牢固，无显著变形。各横撑间的垂直净距与设计偏差不应大于 5 mm；金属电缆支架必须进行防腐处理。位于湿热、盐雾以及有化学腐蚀地区时，应根据设计做特殊的防腐处理。

三、电缆支架

（一）电缆支架安装

1. 电缆支架全长均应有良好的接地。

2. 电缆桥架转弯处的转弯半径，不应小于该桥架上的电缆最小允许弯曲半径的最大者。

3. 电缆支架应安装牢固，横平竖直；电缆支架最上层及最下层至沟顶、楼板或沟底、地面的距离，当设计无规定时，不宜小于表 3－4－1 的数值。

表 3－4－1　电缆支架最上层及最下层至沟顶、楼板或沟底、地面的距离（单位：mm）

敷设方式	电缆隧道及夹层	电缆沟	吊　架	桥　架
最上层至沟顶或楼板	300～350	150～200	150～200	350～450
最下层至沟底或地面	100～150	50～100	—	100～150

4. 电缆支架的层间允许最小距离，当设计无规定时，可采用表 3－4－2 的规定。但层间净距不应小于两倍电缆外径加 10 mm，35 kV 及以上高压电缆不应小于 2 倍电缆外径加 50 mm。

表 3－4－2　电缆支架的层间允许最小距离值（单位：mm）

<table>
<tr><th colspan="2">电缆类型和敷设特征</th><th>支（吊）架</th><th>桥架</th></tr>
<tr><td colspan="2">控制电缆</td><td>120</td><td>200</td></tr>
<tr><td rowspan="3">电力电缆</td><td>10 kV 及以下（除 6～10 kV 交联聚乙烯绝缘外）</td><td>150～200</td><td>250</td></tr>
<tr><td>6～10 kV 交联聚乙烯绝缘</td><td rowspan="2">200～250</td><td rowspan="2">300</td></tr>
<tr><td>35 kV 单芯</td></tr>
<tr><td colspan="2">电缆敷设于槽盒内</td><td>$h+80$</td><td>$h+100$</td></tr>
</table>

注：h 表示槽盒外壳高度。

（二）电缆支架验收

1. 电力电缆和控制电缆不宜配置在同一层支架上。

2. 高低压电力电缆，强电、弱电控制电缆应按顺序分层配置。

3. 同一层支架上电缆排列的配置，宜符合下列规定：控制和信号电缆可紧靠或多层叠置；除交流系统用单芯电力电缆的同一回路可采取品字形（三叶形）配置外，对重要的同一回路多根电力电缆，不宜叠置；除交流系统用单芯电缆情况外，电力电缆相互间宜有 1 倍电缆外径的空隙；交流单芯电力电缆，应布置在同侧支架上，并加以固定，当按紧贴正三角形排列时，应每隔一定的距离用绑带扎牢，以免其松散。

4. 并列敷设的电力电缆，其相互间的净距应符合设计要求。

5. 交流三芯电力电缆在普通支吊架上不应超过 1 层；桥架上不应超过 2 层。

四、电缆管敷设

（一）电缆安装位置

在下列地点，电缆应有一定机械强度的保护管或加装保护罩：

1. 电缆进入建筑物、隧道、穿过楼板及墙壁处。

2. 从沟道引至电杆、设备、墙外表面或屋内行人容易接近处，距地面高度 2m 以下的一段。

3. 可能有载重设备移经电缆上面的区段。

4. 其他可能受到机械损伤的地方。

（二）电缆管技术标准

1. 电缆管不应有穿孔，裂缝和显著的凹凸不平，内壁应光滑；金属电缆管不应有严重锈蚀。硬质塑料管不得用在温度过高或过低的场所。在易受机械损伤的地方和在受力较大处直埋时，应采用足够强度的管材。

2. 电缆管的内径与电缆外径之比不得小于 1.5；混凝土管、陶土管、石棉水泥管管口应无毛刺和尖锐棱角，管口宜做成喇叭形，电缆管的弯曲半径不应小于所穿入电缆的最小允许弯曲半径。其内径尚不宜小于 100 mm。

3. 每根电缆管的弯头不应超过 3 个，直角弯不应超过 2 个。

（三）电缆管的施工要求

1. 电缆管的埋设深度不应小于 0.7 m；在人行道下面敷设时，不应小于 0.5 m。

2. 电缆管应有不小于 0.1%的排水坡度。

3. 电缆管连接时，管孔应对准，接缝应严密，不得有地下水和泥浆渗入。

金属电缆管连接应牢固，密封应良好，两管口应对准。套接的短套管或带螺纹的管接头的长度，不应小于电缆管外径的 2.2 倍。金属电缆管不宜直接对焊；硬质塑料管在套接或插接时，其插入深度宜为管子内径的 1.1～1.8 倍。在插接面上应涂以胶合剂粘牢密封；采用套接时套管两端应封焊。

（四）电缆管验收

1. 保护管内电缆的敷设

（1）保护管材质、孔径、壁厚、单根长度符合设计要求。

（2）管路顶部土壤覆盖的厚度不宜小于 0.5 m。

（3）保护管埋入非混凝土地面的深度不应小于 100 mm；伸出建筑物散水坡的长度不应小于 250 mm，保护罩根部不应高出地面。

2. 管道验收

（1）管道内部应无积水，且无杂物堵塞。穿电缆时，不得损伤护层。

（2）电缆排管在敷设电缆前，应进行疏通，清除杂物。

（3）穿入管中电缆的数量应符合设计要求，交流单芯电缆不得单独穿入钢管内。

五、电缆的敷设

（一）敷设前的检查

1. 电缆通道畅通，排水良好。金属部分的防腐层完整。隧道内照明、通风符合要求。

2. 电缆外观应无损伤、绝缘良好，当对电缆的密封有怀疑时，应进行潮湿判断；直埋电缆应经试验合格。

3. 在带电区域内敷设电缆，应有可靠的安全措施。

（二）直埋电缆的敷设验收

1. 直埋电缆的上、下部应铺以不小于 100 mm 厚的软土或沙层，软土或沙子中不应有石块或其他硬质杂物，并加盖保护板，其覆盖宽度应超过电缆两侧各 50 mm，保护板采用混凝土盖板，盖板上方加装直埋电缆警示带，高度约在 350 mm。

2. 直埋电缆在直线段每隔 30～50 m 处、电缆接头处、转弯处、进入建筑物等处，应设置明显的警示标志或标桩，且在郊外或开发区（规划区、建设区）应采取多种警示标志，如采用竖立在地面上的警示标志牌等。

3. 直埋电缆回填土前，应经隐蔽工程验收合格。回填土应为细沙土，并分层夯实。

4. 在电缆线路路径上有可能使电缆受到损伤及危害的地段，应采取保护措施。

5. 电缆埋置深度应符合表 2 - 4 - 13 要求。

6. 严禁将电缆平行敷设于管道的上方或下方。

六、标志牌的装设要求

电缆线路在电缆终端头、电缆接头、电缆穿管两端、人井内等地方应装设标志牌。在电缆沟道（隧道）敷设的电缆应增加标志牌数，间隔 20～30 m 悬挂一个标志牌。

标志牌上应注明线路编号。当无编号时，应写明电缆型号、规格及起止地点；并联使用的电缆应有顺序号。标志牌的字迹应清晰不易脱落。

标志牌规格和内容应统一。标志牌应能防腐，挂装应牢固。

第四章　配电线路的运行检修

第一节　架空线路的巡视

为确保线路的安全运行，掌握线路和设备的运行状况，及时发现缺陷和威胁线路安全运行的隐患，为线路的检修提供详细的资料，需要定期或不定期对线路进行巡视。

一、巡视种类和周期

（一）巡视种类

线路巡视分为定期巡视、特殊巡视、夜间巡视、故障巡视、监察巡视。

1. 定期巡视

巡视人员按照规定的周期和要求对线路及其设备巡视检查，查看架空配电线路各类部件的状况、沿线情况，以及有无异常等。经常全面掌握线路及其沿线情况，做好护线的宣传工作。

2. 特殊巡视

在气候骤变、自然灾害、保供电特殊任务等特殊情况下对线路全部或部分进行巡视或检查。特殊巡线不做周期规定，根据实际情况随时进行。

3. 夜间巡视

在线路高峰负荷或阴雾天气时进行，检查导体的各种连接点有无发热、打火现象，绝缘子表面有无闪络现象。

4. 故障巡视

巡视检查线路发生故障的地点及原因。

5. 监察巡视

由部门领导和专责技术人员进行，目的是了解线路及设备状况，并检查、指导巡线员的工作。监察性巡视可结合春、秋季安全大检查或高峰负荷期间进行。

（二）巡视周期

巡视周期按表 4－1－1 规定执行。

表 4－1－1　巡视周期表

序号	巡视对象	周期
1	架空线路通道	市区：一个月
		郊区及农村：一个季度
2	电缆线路通道	一个月
3	架空线路、柱上开关设备、柱上变压器、柱上电容器	市区：一个月
		郊区及农村：一个季度
4	电力电缆线路	一个季度
5	中压开关站、环网单元	一个季度
6	配电室、箱式变电站	一个季度
7	防雷与接地装置	与主设备相同
8	配电终端、直流电源	与主设备相同

二、巡视标准

（一）通道巡视的主要内容：

1. 线路保护区内有无易燃、易爆物品和腐蚀性液（气）体。

2. 导线对地，对道路、公路、铁路、索道、河流、建（构）筑物等的距离是否符合《配电网运行规程》附录 B 的相关规定，有无可能触及导线的铁烟囱、天线、路灯等。

3. 有无可能被风刮起危及线路安全的物体（如金属薄膜、广告牌、风筝等）。

4. 线路附近的爆破工程有无爆破手续，其安全措施是否妥当。

5. 防护区内栽植的树（竹）情况及导线与树（竹）的距离是否符合规定，有无蔓藤类植物附生威胁安全。

6. 是否存在对线路安全构成威胁的工程设施（施工机械、脚手架、拉线、开挖、地下采掘、打桩等）。

7. 是否存在电力设施被擅自移作他用的现象。

8. 线路附近是否出现高大机械、揽风索及可移动设施等。

9. 线路附近有无污染源。

10. 线路附近河道、冲沟、山坡有无变化，巡视、检修时使用的道路、桥梁是否损坏，是否存在江河泛滥及山洪、泥石流对线路的影响。

11. 线路附近有无修建的道路、码头、货物等。

12. 线路附近有无射击、放风筝、抛扔杂物、飘洒金属和在杆塔、拉线上拴牲畜等。

13. 有无在建、已建违反《电力设施保护条例》及《电力设施保护条例实施细则》的建（构）筑物。

14. 通道内有无未经批准擅自搭挂的弱电线路。

15. 有无其他可能影响线路安全的情况。

（二）杆塔和基础的巡视

1. 杆塔是否倾斜、位移，是否符合 SD292-88 相关规定，杆塔偏离线路中心不应大于 0.1 m，后杆倾斜不应大于 15/1000，铁塔倾斜度不应大于 0.5%（适用于 50 m 及以上高度铁塔）或 1.0%（适用于 50 m 以下高度铁塔），转角杆不应向内角倾斜，终端杆不应向导线侧倾斜，向拉线侧倾斜应小于 0.2 m。

2. 电杆不应有严重裂纹、铁锈水，保护层不应脱落、疏松、钢筋外露，砼杆不宜有纵向裂纹，横向裂纹不宜超过 1/3 周长，且裂纹宽度不宜大于 0.5 毫米；焊接杆焊接处应无裂纹，无严重锈蚀；铁塔（钢杆）不应严重锈蚀，主材弯曲度不应超过 5/1000，混凝土基础不应有裂纹、疏松、露筋。

3. 基础有无损坏、下沉、上拔，周围土壤有无挖掘或沉陷，杆塔埋深是否符合要求。

4. 基础保护帽上部塔材有无被埋入土或废弃物堆中，塔材有无锈蚀、缺失。

5. 各部螺丝应紧固，杆塔部件的固定处是否缺螺栓或螺母，螺栓是否松动等。

6. 杆塔有无被水淹、水冲的可能，防洪设施有无损坏、坍塌。

7. 杆塔位置是否合适、有无被车撞的可能，保护设施是否完好，警示标示是否清晰。

8. 各类标识（杆号牌、相位牌、3 米线标记等）是否齐全、清晰明显、规范统一、位置合适、安装牢固。

9. 杆塔周围有无蔓藤类植物和其他附着物，有无危及安全的鸟巢、风筝及杂物。

10. 杆搭上有无未经批准搭挂设施或非同一电源的低压配电线路。

（三）导线的巡视

1. 导线有无断股、损伤、烧伤、腐蚀的痕迹，绑扎线有无脱落、开裂，连接线夹螺栓是否紧固、有无跑线现象，7 股导线中任一股损伤深度不应超过该股导线直径的 1/2，19 股及以上导线任一处的损伤不应超过 3 股。

2. 三相弛度是否平衡，有无过紧、过松现象，三相导线弛度误差不应超过设计值的－5%或＋10%，一般档距内弛度相差不宜超过 50 毫米。

3. 导线连接部位是否良好，有无过热变色和严重腐蚀，连接线夹是否缺失。

4. 跳（档）线、引线有无损伤、断股、弯扭。

5. 导线的线间距离，过引线、引下线与邻相的过引线、引下线、导线之间的净空距离以及导线与拉线、杆塔或构件的距离是否符合相关规定。

6. 导线上有无抛扔物。

7. 架空绝缘导线有无过热、变形、起泡现象。

8. 过引线有无损伤、断股、松股、歪扭，与杆塔、构件及其他引线间距离是否符合规定。

（四）铁件、金具、绝缘子、附件巡视的主要内容：

1. 铁横担与金具有无严重锈蚀、变形、磨损、起皮或出现严重麻点，锈蚀表面积不应超过 1/2，特别应注意检查金具经常活动、转动的部位和绝缘子串悬挂点的金具。

2. 横担上下倾斜、左右偏斜不应大于横担长度的 2%。

3. 螺栓是否松动，有无缺螺帽、销子，开口销及弹簧销有无锈蚀、断裂、脱落。

4. 线夹、连接器上有无锈蚀或过热现象（如接头变色、熔化痕迹等），连接线夹弹簧垫是否齐全、紧固。

5. 瓷质绝缘子有无损伤、裂纹和闪络痕迹，釉面剥落面积不应大于 100 mm^2，合成绝缘子的绝缘介质是否龟裂、破损、脱落。

6. 铁脚、铁帽有无锈蚀、松动、弯曲偏斜。

7. 瓷横担、瓷顶担是否偏斜。

8. 绝缘子钢脚有无弯曲，铁件有无严重锈蚀，针式绝缘子是否歪斜。

9. 在同一绝缘等级内，绝缘子装设是否保持一致。

10. 支持绝缘子绑扎线有无松弛和开断现象；与绝缘导线直接接触的金具绝缘罩是否齐全，有无开裂、发热变色变形，接地环设置是否满足要求。

11. 铝包带、预绞丝有无滑动、断股或烧伤，防振锤有无移位、脱落、偏斜。

12. 驱鸟装置、故障指示器工作是否正常。

（五）拉线巡视的主要内容：

1. 拉线有无断股、松弛、严重锈蚀和张力分配不匀等现象，拉线的受力角度是否适当，当一基电杆上装设多条拉线时，各条拉线的受力应一致。

2. 跨越道路的水平拉线，对地距离符合 DL/T5220 相关规定要求，对路边缘的垂直距离不应小于 6 m，跨越电车行车线的水平拉线，对路面的垂直距离不应小于 9 m。

3. 拉线棒有无严重锈蚀、变形、损伤及上拔现象，必要时应作局部开挖检查。

4. 拉线基础是否牢固，周围土壤有无突起、沉陷、缺土等现象。

5. 拉线绝缘子是否破损或缺少，对地距离是否符合要求。

6. 拉线不应设在妨碍交通（行人、车辆）或易被车撞的地方，无法避免时应设有明显警示标志或采取其他保护措施，穿越带电导线的拉线应加设拉线绝缘子。

7. 拉线杆是否损坏、开裂、起弓、拉直。

8. 拉线的抱箍、拉线棒、UT 型线夹、楔形线夹等金具铁件有无变形、锈蚀、松动或丢失现象。

9. 顶（撑）杆、拉线桩、保护桩（墩）等有无损坏、开裂等现象。

10. 拉线的 UT 型线夹有无被埋入土或废弃物堆中。

（六）电缆通道巡视的主要内容：

1. 路径周边是否有管道穿越、开挖、打桩、钻探等施工，检查路径沿线各种标识标示是否齐全。

2. 通道内是否存在土壤流失，造成排管包封、工作井等局部点暴露或者导致工作井、沟体下沉、盖板倾斜。

3. 通道上方是否修建（构）筑物，是否堆置可燃物、杂物、重物、腐蚀物等。

4. 通道内是否有热力管道或易燃易爆管道泄漏现象。

5. 盖板是否齐全完整、排列紧密，有无破损。

6. 盖板是否压在电缆本体、接头或者配套辅助设施上。

7. 盖板是否影响行人、过往车辆安全。

8. 隧道进出口设施是否完好，巡视和检修通道是否畅通，沿线通风口是否完好。

9. 电缆桥架是否存在损坏、锈蚀现象，是否出现倾斜、基础下沉、覆土流失等现象，桥架与过渡工作井之间是否产生裂缝和错位现象。

10. 水底电缆管道保护区内是否有挖砂、钻探、打桩、抛锚、拖锚、底拖捕捞、张网、养殖或者其他可能破坏海底电缆管道安全的水上作业。

11. 临近河（海）岸两侧是否有受潮水冲刷的现象，电缆盖板是否露出水面或移位，河岸两端的警告标示是否完好。

（七）电缆管沟、隧道内部巡视的主要内容：

1. 结构本体有无形变，支架、爬梯、楼梯等附属设施及标识标示是否完好。

2. 结构内部是否存在火灾、坍塌、盗窃、积水等隐患。

3. 结构内部是否存在温度超标、通风不良、杂物堆积等缺陷，缆线孔洞的封堵是否完好。

4. 电缆固定金具是否齐全，隧道内接地箱、交叉互联箱的固定、外观情况是否良好。

5. 机械通风、照明、排水、消防、通信、监控、测温等系统或设备是否运行正常，是否存在隐患和缺陷。

6. 测量并记录氧气和可燃、有害气体的成分和含量。

7. 保护区内是否存在未经批准的穿管施工。

（八）电缆本体巡视的主要内容：

1. 电缆是否变形，表面温度是否过高。

2. 电缆线路的标识标示是否齐全、清晰。

3. 电缆线路排列是否整齐规范，是否按电压等级的高低从下向上分层排列。通信光缆与电力电缆同沟时是否采取有效的隔离措施。

4. 电缆线路防火措施是否完备。

（九）电缆终端头巡视的主要内容：

1. 连接部位是否良好，有无过热现象。

2. 电缆终端头和支持绝缘子的瓷件或硅橡胶伞裙套有无脏污、损伤、裂纹和闪络痕迹。

3. 电缆终端头和避雷器固定是否牢固。

4. 电缆上杆部分保护管及其封口是否完整。

5. 电缆终端有无放电现象。

6. 充油终端瓷套管是否完整、有无渗漏油，交联电缆终端热缩、冷缩或预制件有无开裂、积灰电蚀或放电痕迹。

7. 相色是否清晰齐全。

8. 接地是否良好。

（十）电缆中间接头巡视的主要内容：

1. 外部是否有明显损伤及变形。

2. 密封是否良好。

3. 有无过热变色、变形等现象。

4. 底座支架是否锈蚀、损坏，支架是否存在偏移情况。

5. 防火阻燃措施是否完好。

6. 铠装或其他防外力破坏的措施是否完好。

7. 电缆井是否有积水、杂物现象。

8. 标识标示是否清晰齐全。

（十一）进户线

1. 线间距离和对地、对建筑物等交跨距离是否符合规定。

2. 绝缘层是否老化、损坏。

3. 接点接触是否良好，有无电化腐蚀现象。

4. 支持物是否牢固，有无锈蚀、损坏现象等。

5. 弛度是否合适，有无混线、烧伤现象。

6. 绝缘子有无破损、脱落。

第二节　配电网的缺陷与标示标志管理

缺陷主要是由于产品质量、施工质量、外界条件、意外灾害等原因引起的，它是配电线路及其设备中各部件的性能指标的运行值与规定值出现的偏差超过了允许范围。缺陷管理的目的是掌握设备存在的问题，以便按轻、重、缓、急消除缺陷，提高线路健康水平，保障线路安全运行；再则，对缺陷进行全面分析总结以便掌握其变化规律，为大修、更新改造提供依据。

一、缺陷分类

（一）一般缺陷

近期不会危及设备安全运行，不会影响线路在较长期限内安全经济运行，如个别螺丝松动、三相导线弧垂不平衡度超过标准、直线杆塔绝缘子偏移超过规定值等。这些缺陷可以列入年、季检修计划或日常维护工作中消除。

（二）严重缺陷

缺陷比较严重，但设备可以在一定时期内继续运行，但应在短期内消除，且消除前应加强监视。如杆塔倾斜≥1%、导线同一处受伤但强度损失不超过总拉断力的5%且不超过导电部分截面积的7%等。

（三）危急缺陷

缺陷已使设备不能继续安全运行，随时可能导致事故的发生，必须尽快消除或采取安全技术措施临时处理。否则，会发生事故或危及人身安全。如导线截面积损失超过导电部分截面积的12.5%，绝缘子有明显闪络痕迹和局部火化放电现象等。

二、缺陷管理

各配电运行单位应根据管理的具体情况制定出切实可行的缺陷管理细则。

（一）缺陷标准

国家电网公司《配电网设备缺陷分类标准》Q/GWD745－102对缺陷进行了详细的分类，人们借助标准即可对设备的缺陷进行分类，标准的制定，解决了在配网运行管理中，缺陷定义标准不统一的问题，为配网的精准化管理，打下了基础。

（二）缺陷处理

1. 缺陷发现后，应按照Q/GDW745严格进行分类和分级，并按照Q/GDW645进行状态评价，按照 Q/GDW644 确定检修策略，开展消缺工作。

2. 危急缺陷消除时间不得超过 24 小时，严重缺陷应在 30 天内消除，一般缺陷可结合检修计划尽早消除，但应处于可控状态。

3. 缺陷处理过程应实行闭环管理，主要流程包括：运行发现—上报管理部门—安排检修计划—检修消缺—运行验收，采用信息化系统管理的，也应按该流程在系统内流转。

设备带缺陷或隐患运行期间，运维单位应加强监视，必要时制定相应应急措施。

定期开展缺陷的统计、分析和报送工作，及时掌握缺陷的产生原因和消除情况，有针对性制定应对措施。

三、线路和设备的标识、标示、标志

（一）配电线路标识标志的管理

1. 配电网设备设施的标志标识，应符合电力安全工作规程要求，保证电力安全运行需要。

2. 所有已投运的配电设备应具有正确齐全的设备标识，同一调度权限范围内，设备名称及编号应唯一。

3. 标识规范应按照国家电网公司统一的技术规范要求执行。

4. 配电线路及设备的现场标识牌、警示牌应完好、齐全、清晰、规范，装设位置明显、直观，缺损时应及时补充和恢复。

5. 新建和改造的配电设备应在投运前完善相关的标志标识。

（二）设备设施的标示标志

在新建或投运的配电设备设施需要完善标示标志，为配网运行管理打下坚实的基础，因此必须高度重视设备、设施标示标志的安装，根据《配网运行规程》，下列设备设施需要标示。

1. 架空线路杆塔上的线路名称、编号、杆塔编号、特殊编码，同杆架设的多回线路的不同色标。

2. 柱上变、柱上开关设备、中压开关站、环网单元、配电室、箱式变电站等设备的名称、编码及适当的警示牌。

3. 联络开关的警告标志。

4. 终端悬挂的电缆杆上部分、电缆井内的电缆本体的名称、型号及相关信息。

5. 直埋电缆的地面标志桩。

6. 电缆工作井、电缆隧道的名称、编码。

7. 靠近道口及较有可能发生车辆撞击或外力事故的电杆、拉线、户外环网单元、电缆分支箱等的反光漆标志。

8. 同杆架设的不同电源警告牌。

9. 出线杆、分支杆、转角杆、电缆杆反映导线相位的相色标志。

10. 电缆终端头、设备接线端子的相色标志。

其他存在安全隐患而应设置警示标识的。

（三）运行标志

1. 每基杆塔都要有标识名称和编号标志。

2. 导线的三相用黄、绿、红三色标志，下列杆塔应设有相色标志。

（1）每条线的出口杆塔

（2）分支杆

（3）转角杆

3. 线路杆号、柱上断路器、配电变压器的名称和及台区号依次编排喷写或悬挂标志牌在面向道路一侧醒目位置或设在巡视易见的一侧，且同一条线路应设在一侧。

（四）安全警示标示

在容易攀登或接触到的带电部位，按规定设置“禁止攀登，高压危险”“止步高压危险”等明显的安全警示标示。

1. 架空电力线路穿越人口密集、人员活动频繁的地区。

2. 车辆、机械频繁穿越架空电力线路的地段。

3. 电力线路上的变压器平台。

4. 临近道路的拉线。

5. 电力线路附近的鱼塘。

6. 杆塔脚钉、爬梯等。

第三节　配电网的事故管理

一、架空线路故障

（一）架空线路常见的故障分类

1. 外力破坏事故，如机动车碰撞电杆、接动车挂断导线、施工挖断电缆等。

2. 自然灾害事故，如大风、雷电、冰冻等造成配电线路事故。

3. 人为事故，如误操作、误调度等。

（二）电气性故障

1. 单相接地

线路一相上的一点对地绝缘性能丧失，致使该相的电流由此点流入大地，叫作单相接地。单相接地故障在电气故障中发生的概率较多，它的危害主要在使三相平衡系统遭到破坏，非故障相的电压升高到原来的$\sqrt{3}$倍，可能造成非故障相绝缘的破坏。造成单相接地因素很多，如一相导线断线落地、树枝碰及导线、跳线因距离不够对杆塔放电、设备的某相绝缘击穿等。

2. 两相短路

线路的任意两相之间直接放电，使通过导线的电流比正常时增大许多倍，并在放电点形成强烈的电弧，烧坏导线，造成供电中断。形成两相短路的原因有外力破坏、雷击、混线等。

3. 三相短路

在线路的同一地点三相间直接放电。三相短路是线路上最严重的电气故障，但其发生的机会极少。造成三相短路的原因有：线路带地线合闸、线路倒杆造成三相短路等。

4. 缺相

断线不接地，通常又称缺相运行，即送电端三相有电，受电端一相无电流，三相电机无法运转。造成缺相运行的原因有：熔断器保险丝一相熔断，耐张杆的一相跳线接头接触不良或烧断等。

二、事故管理

（一）事故处理的原则

故障处理应遵循保人身、保电网、保设备的原则，尽快查明故障地点和原因，消除故障根源，防止故障的扩大，及时恢复用户供电。

1. 采取措施防止行人接近故障线路和设备，避免发生人身伤亡事故。

2. 尽量缩小故障停电范围和减少故障损失。

3. 多处故障时处理顺序是先主干线后分支线，先公用变压器后专用变压器。

4. 对故障停电用户恢复供电顺序为，先重要用户后一般用户，优先恢复一、二级负荷用户供电。

（二）查明原因

配电系统发生以下故障，必须迅速查明原因，并及时处理：

1. 短路器掉闸（不论重合是否成功）或熔断器（熔丝熔断）跌落。

2. 发生永久性接地或频繁接地。

3. 变压器一、二次熔丝熔断。

4. 线路发生倒杆、断线；发生火灾、触电伤亡等意外事件。

5. 用户无电或电压异常。

（三）故障处理要求

1. 线路上的熔断器熔断或柱上断路器跳闸后，不得盲目试送，应详细检查线路和有关设备（对装有故障指示器的线路，应先查看故障指示器，以快速确定方向），确无问题后方可恢复送电。

2. 中性点不直接接地系统发生永久性接地故障，可用柱上开关或其他设备分段选出故障段。

3. 变压器故障时：

（1）变压器一次熔丝熔断时，应详细检查一次侧设备及变压器，无问题后方可送电。

（2）一次熔丝两相熔断时，除应详细检查一次侧设备及变压器外，还应检查低压出线以下设备的情况，确认无故障后才能送电。

（3）变压器、带油断路器等发生冒油、冒烟或外壳过热现象时，应断开电源，待冷却后处理。

（4）配电变压器的上一级开关跳闸，应对配变作外部检查和内部测试后才可恢复供电。

4. 中性点小电流接地系统发生永久性接地故障时，应先确认故障线路，然后可用柱上开关或其他设备（负荷开关、跌落熔断器需校验开断接地电流能力，否则应停电操作）分段选出故障段。

三、一般反事故措施与事故分析

（一）一般反事故措施

1. 设备事故

对“设备事故”除密切监视设备运行中的动态变化外，还要重视装置性违章，提高施工、检修工艺质量等。

2. 外力破坏事故

对“外力破坏”事故，除巡视中加强重点、薄弱部位的检查外，还要做好宣传教育，并取得当地政府的支持和其他单位的配合，依法维护供电企业的合法权益。

3. 自然影响事故

对“自然影响”事故，主要是做好季节性的各项预防工作，做到防患于未然，避免事故的发生。

（二）事故分析

事故巡查人员应将事故现场状况和经过做好记录，并收集引起事故的一切部件，加以妥善保管。运行单位应及时组织有关人员进行调查，并结合事故现场状况和收集引起事故的一切部件进行分析，查明原因，制定防止类似事故再次发生的对策，并按有关规定提出事故分析报告。对待事故要做到“四不放过”，即事故原因不清楚不放过，事故责任者和应受到教育没受到教育不放过，没有防范措施不放过，事故责任者没有受到处罚不放过。

故障分析报告主要内容：

1. 故障情况，包括系统运行方式、故障及修复过程、相关保护动作信息、负荷损失情况等。

2. 故障基本信息，包括线路或设备名称、投运时间、制造厂家、规格型号、施工单位等。

3. 原因分析，包括故障部位、故障性质、故障原因等。

4. 暴露出的问题，采取的应对措施等。

四、降低线路跳闸率和事故率措施

（一）提高线路的绝缘水平和机械强度。

（二）线路走廊一定要符合要求。

（三）改进线路杆型。

（四）在线路进出线、母线支持绝缘子上安装塑料管、塑料带等以增大闪络距离。

（五）加装线路自动重合闸或重合式熔断器，以减少瞬时故障的跳闸停电。

（六）改进变压器台架设计。

第四节　配电线路检修

一、配电线路检修分类

（一）配电线路检修定义

为消除线路的缺陷确保安全运行，对运行线路进行的必要的检查和维修工作，称作配电线路检修。

（二）配电线路检修分类

1. 按工作规模和性质分类

按照工作的规模和性质，可分为大修、改进、小修和故障检修。

（1）大修。是指为恢复现有资产（包括设备、设施以及辅助设施等）原有形态和能力，按项目制管理所进行的修理性工作。大修不增加固定资产原值，是企业的一种损益性支出，不包含资本性支出项目。

（2）改进。以提高线路安全运行性能，提高线路输送容量，改善劳动条件为目的，对现有设备进行改造更新的工作。

（3）小修。是指除大修、改进工程之外的一切为维护线路正常运行所做的检查、维修工作。

（4）故障检修。由于天气、外力、设备等原因引起了运行线路的故障和事故后，进行的修复工作。

2. 按停电与否分类

按照停电与否，可分为停电检修和带电检修。

（1）停电检修。检修对象在正常运行时带电，但在检修前已停电，这样进行的检修工作。

（2）带电检修。检修对象在正常运行和检修时都带电的检修工作。

3. 状态检修

为提高配网的供电可靠性，发挥设备的潜能，通过在安全、可靠性、环境、成本基础上，通过设备状态评价、风险评估、检修决策，达到设备运行安全可靠，检修成本合理的一种检修策略。是实现从定期检修到状态检修的根本性转变。

二、配电线路的小修

（一）小修项目

1. 线路清扫。
2. 正杆、调整拉线。
3. 更换针式绝缘子。
4. 杆塔螺栓紧固。

（二）更换针式绝缘子

更换 10 kV 配电线路针式绝缘子，具体操作步骤如下：

1. 选择 2500 V 兆欧表测试绝缘子，检查绝缘子是否合格。

2. 登杆前检查安全带、脚扣、验电器是否完好、合格，并进行冲击试验。检查杆根是否牢固、杆身无裂纹。

3. 观察确认线路的电源侧，选择在电杆的电源侧与线路成 45 度的位置登杆。这样在攀登至验电工作位置时，易于操作，并可较好地保证在挂地线时，身体不易碰触地线。

4. 确认线路已停电，进行验电、挂地线。

5. 选择好工作位置，身体的胸部应与工作部位的导线齐平，这样有利于减轻工作的疲劳。

6. 对需更换绝缘子的导线做好防止导线坠落的后备保护措施。

7. 在拆除旧绝缘子前应先用绳索系好，防止在拆除绝缘子时发生坠落，同时这样也便于拴牢物体。应先将绝缘子的固定螺母松动后，再拆除绑线。若先拆除绑线，在松动绝缘子的固定螺母时，绝缘子可能会随着转动，而增加了拆卸的难度。也增加了劳动强度。

8. 旧绝缘子拆下后，用绳索系至杆下，由地面人员配合绑好新绝缘子。

9. 在提新绝缘子时，为了防止绳索在空中发生缠绕，可在提绳的同时将提起的绳索放到身体另一侧。

10. 安装新绝缘子，并符合安装要求，绝缘子表面清洁无脏污、顶槽与线路平行，安装垂直牢固。

11. 绑扎导线

12. 检查杆上无遗留物品、拆除地线、下杆。

13. 整理工器具，报工作竣工。

（三）更换拉线

更换电杆拉线的具体操作步骤如下：

1. 地面组装好临时拉线。

2. 登杆前检查安全带、脚扣、验电器是否完好、合格，并进行冲击试验。检查杆根是否牢固、杆身无裂纹。

3. 选择好工作位置，安装好拉线抱箍后将临时拉线的楔形线夹（上把）端安装于电杆上。

4. 杆上作业人员下杆。

5. 用紧线器钩子一端连接拉棒环，再用紧线器夹头夹住临时拉线并收紧。

6. 检查临时拉线受力无异常后，拆除旧拉线，再次确认临时拉线受力无异常。

7. 作业人员登杆，将旧拉线从杆上拆下，并将新拉线的上把与拉线抱箍连接。

8. 作业人员下杆。

9. 制作新拉线的下把。

10. 新拉线制作完毕并受力正常后，拆除临时拉线。

11. 整理工具，报工作完工。

（四）正杆

1. 直线杆正杆

首先要拆开在绝缘子处帮扎的导线，然后可使用吊车、绳索进行正杆，正杆时在电杆倾斜的反方向一侧靠杆根处，垂直下挖 1 m 左右，在吊车下或绳索的牵引下，缓慢拉动电杆，进行正杆。在使用吊车正杆时，防止吊车在牵引过程中，用力不均造成事故。

2. 转角杆、终端杆正杆

（1）在正杆的过程中要同时调整转角杆、终端杆的拉线，正杆方法与直线杆相同。

（2）如果转角杆、终端杆倾斜时导线同时松弛，正杆时可不用摘除导线。若只是电杆倾斜，导线没有松弛，则需要先拆除导线，然后正杆。电杆正好后，恢复导线时可在悬挂点补加 U 型环、悬式绝缘子等重新调节导线的松弛，检查导线的弧垂能否满足要求。

三、配电线路的大修

（一）大修项目

1. 更换电杆及附件。
2. 更换导线。
3. 更换绝缘子。
4. 调整弧垂。
5. 更换柱上断路器、隔离刀闸。
6. 更换环网柜、分支箱。

（二）更换 10 kV 线路终端杆

工作步骤如下：

1. 在要更换的电杆导线侧挖杆坑，距旧电杆 200 mm 左右。利用吊车进行立杆。
2. 在新立的电杆上安装横担、绝缘子及耐张线夹。
3. 在新立的电杆装设拉线；
4. 使用紧线器固定导线，将导线移至新电杆，通过耐张线夹固定导线。

（三）调整导线弧垂

调整导线弧垂时，操作人员在耐张或终端杆上，利用紧线器调整弧垂，若为多档耐张段，卡线器卡好后，应解开架线杆上的绝缘子上的绑线，并选择耐张中段有代表性的档距观察弧垂。如果三相导线都需要调整，应先调整两边相，然后调整中间相。具体在调整杆上操作的步骤如下：

1. 在距离耐张线夹的合适距离，将紧线器安装在横担上。

2. 用适合导线截面的卡线器卡住导线，并与紧线器连接。

3. 用收紧紧线器，观察导线弧垂是否合适。

4. 拆除运来的导线螺栓形耐张线夹，在新的位置重新安装；或松开楔形耐张线夹，重新固定导线。

5. 松开紧线器，撤下卡线器。

6. 在终端杆调整弧垂时，应在横担两边导线反方向做好临时拉线，以防横担受力不均而偏转。

四、带电作业

（一）10 kV **配电线路带电作业分类**

1. 按作业人员是否直接接触带电设备，可分为直接作业（绝缘杆作业法）和间接作业（绝缘手套作业法）。

2. 按人员所处的电位的高低可分为，地电位图、中间电位图和等电位图（见图 4-4-1 带电作业示意图）。

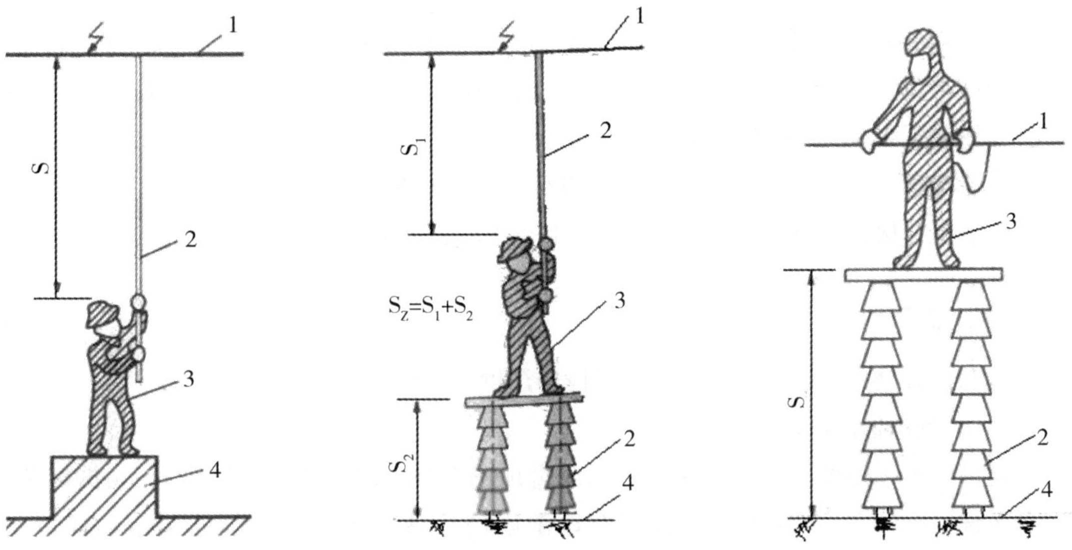

图 4-4-1　带电作业示意图

1—带电体；2—绝缘体；3—人体；4—接地体

3. 按带电作业方式分：

绝缘杆作业法、绝缘手套作业法和综合不停电作业法。

4. 按带电作业项目的难易程度，10 千伏配电线路带作业分为四类：

（1）第一类为临近带电体作业和简单绝缘杆作业法项目。临近带电体作业项目包括修剪树枝、拆除废旧设备及一般缺陷处理等；简单绝缘杆作业法项目包括清除异物、断接引线等。

（2）第二类为简单绝缘手套作业法项目，包括断接引线；更换直线杆绝缘子及横担；不带负荷更换柱上开关设备等。

（3）第三类为复杂绝缘杆作业法和复杂绝缘手套作业法项目。复杂绝缘杆作业法项目包括更换直线绝缘子及横担等；复杂绝缘手套作业法项目包括带负荷更换柱上开关设备、直线杆改耐张杆、带电撤立杆等。

（4）第四类为综合不停电作业项目，包括直线杆改耐张杆并加装柱上开关或隔离开关、柱上变压器更换、旁路作业等。

（二）带电作业的气象条件

1. 作业应在良好的天气下进行，如遇雷、雨、雪、雾天气不得进行带电作业。风力大于 10m/s（5 级）以上时，不宜进行作业。

2. 相对湿度大于 80%的天气，若需进行带电作业，应采取具有防潮性能的绝缘工具。

3. 在特殊或紧急条件下，必须在恶劣气候下进行带电抢修时，应针对现场气候和工作条件，组织有关工程技术人员和全体作业人员充分讨论，制定可靠的安全措施，经本单位总工程师或主管生产的领导批准后方可进行。夜间检修应有足够的照明措施。

4. 带电作业过程中，若遇天气突然变化，有可能危及人身或设备安全时，应立即停止作业，在保证人身安全的情况下，尽快恢复设备正常状态，或采取其他措施。

五、状态检修

状态检修分为状态信息收集、状态检修评价、评价结果的应用。

（一）状态信息收集

通过内部、外部多种渠道获得，如通过现场巡视、现场检测（试验）、业扩报装、信息系统、95598、市政规划建设等获取配电网设备的运行情况与外部运行环境等信息。

（二）状态检修评价

状态评价范围应包括架空线路、电力电缆线路、电缆分支箱、柱上设备、开关柜、配电柜、配电变压器、建（构）筑物及外壳等设备、设施。

设备状态评价结果分为以下四个状态：

1. 正常状态：设备运行数据稳定，所有状态量符合标准。

2. 注意状态：设备的几个状态量不符合标准，但不影响设备运行。

3. 异常状态：设备的几个状态量明显异常，已影响设备的性能指标或可能发展成严重状态，设备仍能继续运行。

4. 严重状态：设备状态量严重超出标准或严重异常，设备只能短期运行或需要立即停役。

（三）评价结果应用：

1. 对于正常、注意状态设备，可适当简化巡视内容、延长巡视周期；对于架空线路通道、电缆线路通道的巡视周期不得延长。

2. 对于异常状态设备，应进行全面仔细地巡视，并缩短巡视周期，确保设备运行状态的可控、在控。

3. 对于严重状态设备，应进行有效监控。

4. 根据评价结果，按照 Q/GDW644 制定检修策略。

第五章　配电设备

第一节　柱上断路器

断路器是高压开关设备中最重要、最复杂的一种，既能切换正常负载，又可排除短路故障，同时承担着控制和保护双重任务。大部分断路器能进行快速自动重合闸操作，在排除线路临时性故障后，能及时地恢复正常运行。断路器的分类主要是按所采用的灭弧介质进行分类可分为油断路器、六氟化硫断路器、真空断路器。

一、断路器的分类

（一）按放置的场所分类

按放置的场所分为：户内式、户外式。

（二）按灭弧介质分类

按灭弧介质分为：多油断路器、少油断路器、SF_6 断路器、空气断路器、真空断路器。

二、高压断路器的型号含义

（一）高压断路器的代号

高压断路器的代号见图 5－1－1。

1. 第一单元字母表示：

S—少油断路器；D—多油断路器；K—空气断路器；L—六氟化硫断路器；Z—真空断路器；Q—产气断路器；C—磁吹断路器。

2. 第二单元代表安装场所，用下列字母表示：N—户内式；W—户外式。

3. 第三单元代表设计系列序号，用数字表示。

4. 第四单元代表额定电压（kV）。

5. 第五单元代表补充工作特性，用字母表示：G—改进型；F—分相操作。

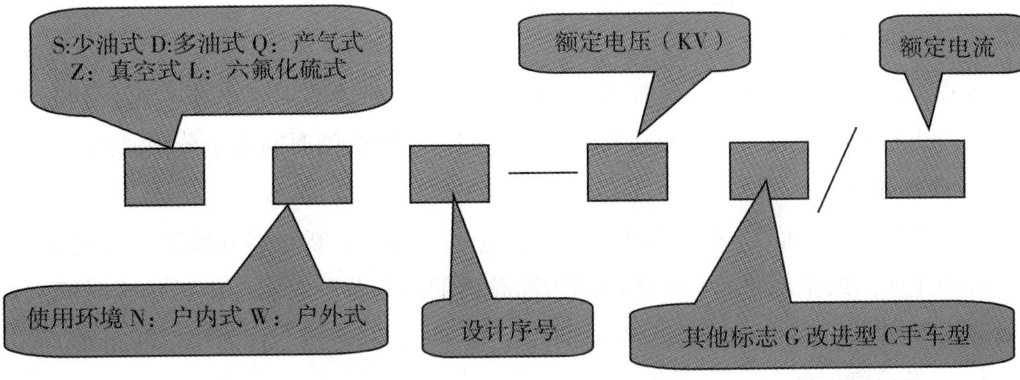

图 5-1-1　高压断路器的代号

6. 第六单元代表额定电流（A）。

如：ZW10—12 表示户外真空断路器设计序号 10，额定电压为 12 kV。

（二）高压断路器的技术参数

1. 额定电压

是指断路器能承受的正常工作电压。额定电压指的是线电压，并标于铭牌上。国家标准规定，断路器的额定电压等级有：10 kV、35 kV、60 kV、110 kV、220 kV、330 kV 及 500 kV 各级。额定电压不仅决定了断路器的绝缘要求，而且在相当程度上决定了断路器的总体尺寸和灭弧条件。

2. 最高工作电压

考虑到电力线路有电压降，线路供电端母线额定电压高于受电端母线额定电压，这样断路器可能在高于额定电压下长期工作，因此，规定了断路器有一最高工作电压。按国家标准，对于额定电压在 220 kV 及以下的设备，其最高工作电压为额定的 1.15 倍；对 330 kV 的设备，规定为 1.1 倍。

3. 额定电流

是指铭牌上所标明的断路器可以长期通过的工作电流。断路器长期通过额定电流时，断路器各部分的发热温度不超过允许值。额定电流决定了断路器触头及导电部分的截面，并且在某种程序上也决定了它的结构。

4. 额定断路电流

在额定电压下，断路器能可靠切断的最大电流，称为额定断路电流。它表明了断路器的断路能力。当电压不等于额定电压时，断路电流较额定断路电流有所增大，但有一最大值，并称其为极限断路电流。

5. 动稳定电流

动稳定电流表明断路器在冲击短路电流作用下，承受电动力的能力。这个值的大小由导电及绝缘等部分的机械强度所决定。

6. 合闸时间

对有操动机构的断路器，自发出合闸信号（即合闸线圈加上电压）起，到断路器接通时为止所需的时间，称为断路器的合闸时间。一般合闸时间大于分闸时间。

7. 分闸时间

是指从发出跳闸信号（即跳闸线圈加上电压）起，到断路器开断至三相电弧完全熄灭时为止所需的全部时间。分闸时间为断路器的固有分闸时间与电弧熄灭时间之和。一般分闸时间为 0.06～0.12s。分闸时间小于 0.06s 的断路器，称为快速断路器。

8. 固有分闸时间

固有分闸时间是指跳闸线圈通电到灭弧触头刚分离的这段时间。

9. 熄弧时间

熄弧时间是指触头分离到各相电弧完全熄灭的这段时间。

10. 热稳定电流

是指断路器在某规定时间内，允许通过的最大电流。热稳定电流表明了断路器承受短路电流热效应的能力。

（三）对高压断路器的基本要求

由于断路器要在正常工作时接通和切断负载电流，短路时切断短路电流，并受环境变化的影响，故高压断路器必须达到：

1. 工作可靠。断路器在额定条件下，应能长期可靠地工作。

2. 应具有足够的断路能力。由于电网电压较高，电流较大，当断路器在断开电路时，触头间会出现电弧，只有将电弧熄灭，才能断开电路。因此，要求断路器有足够的断路能力，尤其在短路故障时，应能可靠地切断短路电流，并保证具有足够的热稳定度和动稳定度。

3. 具有尽可能短的切断时间。当电力网发生短路故障时，要求断路器迅速切断故障电路，这样可以缩短电力网的故障时间和减轻短路电流对电气设备的危害。在超高压电网中，迅速切断故障电路，可以增加电力系统的稳定性。因此，分闸时间是高压断路器的一个重要参数。

4. 结构简单、价格低廉。在要求安全可靠的同时，还应考虑到经济性，因此，应力求断路器结构简单、尺寸小、重量轻、价格低廉。

三、常用断路器

（一）柱上 SF_6 断路器

SF_6 断路器是以 SF_6 气体作为灭弧介质，由外壳、瓷套、电流互感器、灭弧室操作机构等组成。外形如图 5－1－2。

主要特点是：

1. 开断性能良好，燃弧时间短，满容量开断 30 次不检修，不需更换 SF_6 气体。

2. 绝缘可靠，气压在零表压下可耐受 42 kV 5 min。

3. 结构简单，体积小，不检修周期长。

4. 机械可靠性高，可用于频繁操作的现场。

图 5－1－2　LW3－10 户外高压六氟化硫断

（二）柱上真空断路器

真空断路器外形见图 5－1－3，主要由底座、真空灭弧室、操作机构、绝缘套等组成。真空灭弧室见图 5－1－4。

图 5－1－3　ZW10-12 户外真空断路器

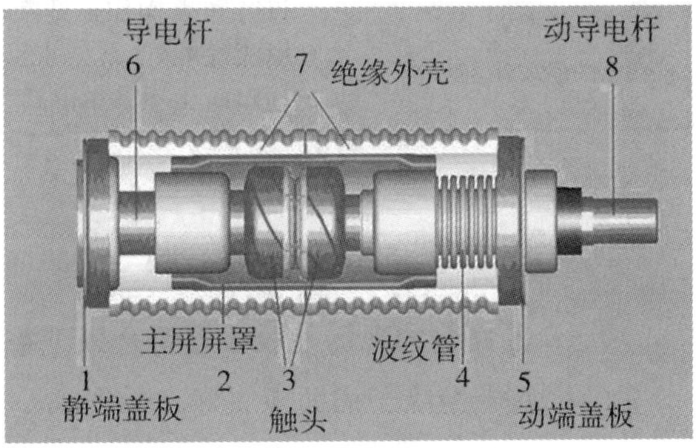

图 5－1－4　真空断路器灭弧室结构

真空断路器的特点：体积小、重量轻、噪音小、无可燃物、维护量少。

（三）分界断路器

分界断路器俗称“看门狗”开关，是在真空断路器上，加上一套控制单元（通常包括：电压互感器、CPU 处理器、通信模块等），具备故障检测功能，保护控制功能和通信功能。外形及安装如图 5－1－5。

图 5－1－5　分界断路器外形及安装效果

分界断路器功能：相对于普通柱上开关只能自动切断短路电流外，分界断路器安装于 10 kV 架空线路上，可实现自动切除单相接地故障和自动隔离相间短路故障。主要用在高压客户分界点，防止因客户设备故障造成的越级跳闸，提高配网供电可靠性。

（四）六氟化硫、真空断路器的主要特点及主要使用场所可参照表 5－1－1。

图 5－1－1　真空断路器灭弧室结构

类别	结构特点	技术性能	运行维护	主要使用场所
六氟化硫	单压式结构简单。密封要求严，对工艺和材料要求高	额定电流和开断能力都可以做得很大，各种开断性能均好。触头系统在开断大小电流时损耗均小，断口电压可做得高（例如单断口 220 kV）	不检修间隔期长，噪音低 检修前准备工作量较大，需一套充放气及过滤装置	110 kV 及以上大容量变电站及频繁操作场所
真空	体积小，重量轻。灭弧室工艺及材料要求较高	可连续多次自动重合闸能进行频繁操作，开断电容电流性能好 断口电压不易做得高	不需检修灭弧室，运行维护简单。无爆炸可能，噪音小	35 kV 及以下户内、外变电所及工矿企业中要求频繁操作的场所

四、柱上断路器的安装验收

（一）断路器的现场验收必须符合以下条件

1. 断路器绝缘子表面应完好、无裂纹、损伤，导电杆完好。

2. 开关外壳无损伤、变形，表面喷涂层无划痕，不应有漏油现象，气压不低于规定值。

3. 支架、螺栓等应镀锌完好。无脱落、缺锌等现象。

4. 操作机构灵活，分合指示、通断状况正确。进行分合试验操作时机构灵活，经分合操作 3 次以上，指示正常。

5. 在运输过程中，应在合闸状态。

6. 名牌标示齐全。

（二）断路器的施工安装

1. 柱上开关水平倾斜不大于托架长度的 1/100。

2. 引线连接紧密，引线相间距离不小于 300 mm，对地距离不小于 200 mm。

3. 同杆上装设两台及以上断路器或负荷开关时，每台应有各自标识。

4. 操作机构应灵活，分合动作正确可靠，指示清晰。

5. 若为柱上开关检修，在拆除原开关引线后，应采取有效措施固定引线（针对带电作业法），防止解开后的引线反弹或相间放电、短路。

（三）验收要求

符合设计技术要求和满足设备运行要求规范。

1. 支架距地面高度不得小于 3.5 m。水平倾斜不大于支架长度的 1/100。各相倒挂线应安装平整，高低一致，导线相间水平距离不得小于 500 mm。

2. 支架构件镀锌件镀锌良好，不得有毛刺、金边、倒钩、锌层脱落、锈蚀等现象。

3. 真空开关的进、出线均应采用交联聚乙烯绝缘导线，导线型号大小与架空主导线相对应，引线连接紧密。

4. 真空开关的电气连接应接触紧密，导电良好，必要时涂抹导电膏或电力复合脂。不同金属连接，应有过渡措施。

5. 真空开关安装后，各转动的传体部位连接牢固，转动灵活，不得有卡阻现象，并涂抹润滑脂。

6. 电操机构真空开关，安装完毕应调试，检查手动及电动储能良好，分、合闸操作正常，计数器指示正确。远方/就地控制开关位置与实际操作相符。

7. 手动、电动储能及分、合闸试验检查，机械良好、无异声。二次回路接线应紧固，接线正确，绝缘良好，绝缘电阻值大于 10 MΩ。

8. 操作灵活，分、合指示正确可靠，指示清晰，地面观察醒目。进行三次及以上的拉、合操作应灵活。

9. 外壳接地可靠，接地电阻值应符合设计要求。

10. 设备运行编号、相序标志和警示标示等应正确齐全。

五、柱上断路器日常巡视

1. 外壳有无渗、漏油和锈蚀现象。

2. 套管有无破损、裂纹和严重污染或放电闪络的痕迹。

3. 开关的固定是否牢固、是否下倾，支架是否歪斜、松动，引线接点和接地是否良好，线间和对地距离是否满足要求。

4. 各个电气连接点连接是否可靠，铜铝过渡是否可靠，有无锈蚀、过热和烧损现象。

5. 气体绝缘开关的压力指示是否在允许范围内，油绝缘开关油位是否正常。

6. 开关标识标示，分、合和储能位置指示是否完好、正确、清晰。

第二节　配电变压器

配电变压器是将中压电压变成配电低压电压，供电气设备使用的降压变压器。配电变压器可安装在台架上、平台上、箱式变内、配电室内。

一、配电变压器的分类

（一）按相数分

配电变压器按相数分为：单相变压器、三相变压器。

（二）按绕组分

配电变压器按绕组分为：双绕组变压器、三绕组变压器、多绕组变压器。

（三）按用途分

配电变压器按用途分为：电力变压器（升压变压器、降压变压器）、特殊变压器（电焊变压器）、仪用变压器。

（四）按冷却方式分

配电变压器按冷却方式分为：空气冷却的干式变压器、油冷却的油浸式变压器。干式变压器外观如下图 5-2-1（a）所示，油浸变压器外观如下图 5-2-1（b）所示。

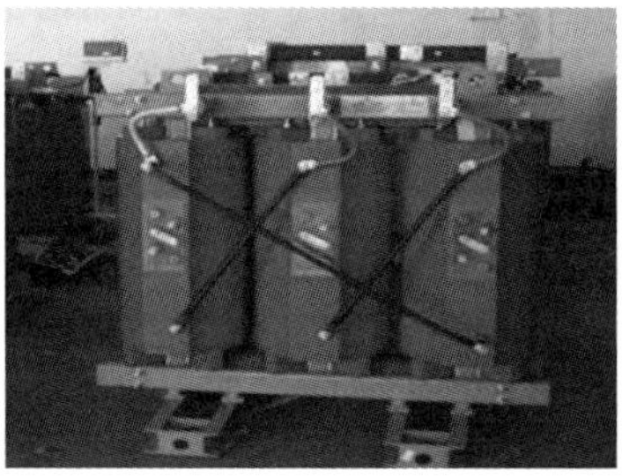

图 5-2-1（a）　干式变压器

图 5-2-1（b）　油浸变压器

二、变压器型号、代表符号

变压器型号含义如图 5-2-2 所示。

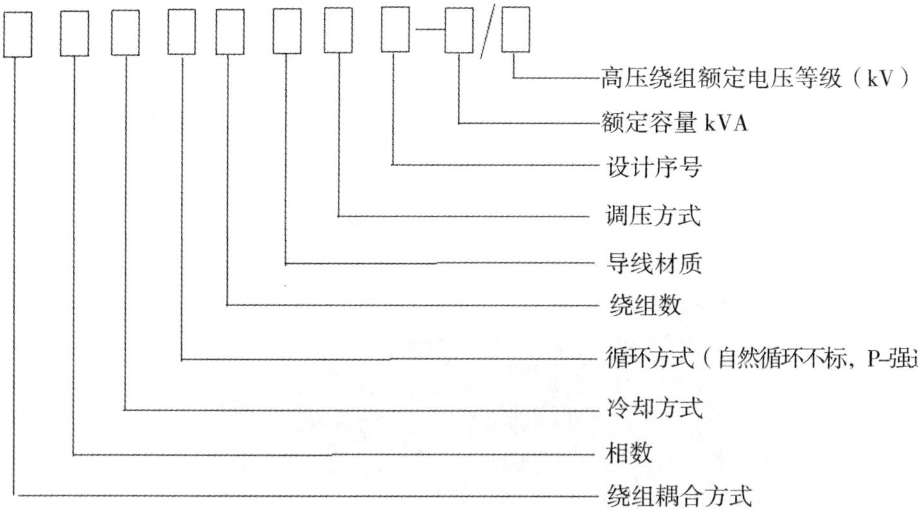

图 5－2－2　变压器型号含义

变压器分类和代表符号见表 5－2－1。

表 5－2－1　变压器分类和代表符号

分类	类别	代表符号
耦合绕组方式	自耦	0
相数	单相	0
	三相	S
冷却方式	油浸自冷 干式空气冷却 干式浇筑绝缘 油浸风冷 油浸水冷	—（或 J） G C F S
绕组数	双绕组 三绕组	— L
绕组导线材质	铜 铝	— L
调压方式	无励磁调压 有载调压	— Z

三、非晶合金变压器、干式变压器

（一）非晶合金变压器

非晶合变变压器与普通变压器工作原理相同，主要区别在铁芯，普通变压器的铁芯采用硅钢片，而非晶合变铁芯采用的是非晶合金材料。外形如图 5-2-3。非晶合金是种非晶态材料，是将融化的铁、硼、硅钢水喷铸在高速旋转的低温滚筒上，采用超极冷技术，在千分之一秒内将 130000 ℃的钢水降到 2000 ℃以下，制成非晶体排列的金属薄带。

图 5-2-3　非晶合金变压器

1. 非晶合金变压器特点

（1）非晶合金变压器采用 Dyn11 接线组别，比硅钢片铁芯变压器的空载损耗和空载电流低得多，空载损耗比普通的变压器降低 60%～80%，CO_2、SO_2 排放量大大减少。

（2）非晶合金变压器比同样容量的硅钢片铁芯变压器重量大，成本高。

2. 非晶合金变压器的应用

根据非晶合金变压器具有空载损耗小、经济运行负荷率相对较低的特点，特别适用于农村乡镇、城市居民生活等非噪声敏感供电区域，对于平均负载率低、轻（空）载运行时间长的用电负荷，应优先采用非晶合金配电变压器供电。

（二）干式变压器

干式变压器工作原理与普通变压器相同，只是普通变压器冷却采用油作为冷却介质，而干式变压器是以空气作为冷却方式。

1. 干式变压器分类

（1）环氧树脂干式变压器

以环氧树脂作为绝缘材料，具有较好的过负荷运行能力，电能损耗低、噪声低、难燃性高、体积小、质量轻等特点。

（2）气体绝缘干式变压器

气体绝缘干式变压器是密封在箱壳内充以六氟化硫（SF_6）气体作为绝缘介质。它具有防火、防爆、无燃烧危险，绝缘性能好，维修简单。

（3）“赛格迈”干式变压器

“赛格迈”干式变压器采用美国杜邦公司的聚酯纤维（NOMEX）纸做绝缘生产的干式变压器。具有可以连续耐受 220 度高温，起火后有自熄灭的能力，不会产生有毒气体和烟雾。电气强度高。

2. 干式变压器应用

干式变压器承受热冲击能强、过负载能力大、难燃防火性能高等特点，适用于高层、居民密集区等场所。噪音相对大楼内配电室宜选用 10 型及以上系列低损耗干式变压器，单台容量不宜大于 800 kVA，应采取减振、降噪、屏蔽等措施，并满足防火、防水、防小动物等要求。

四、配电变压器的选择及安装方式

（一）配电变压器的选择

1. 配电室变压器、箱式变电站变压器的接线组别一般采用 Dyn11。

2. 柱上变压器、独立建筑配电室内的变压器、箱式变电站变压器宜选用 11 型及以上系列低损耗油浸全密封变压器。

3. 柱上变压器宜设于低压负荷中心，三相变压器容量不宜超过 400 kVA，单相变压器容量最大不超过 100 kVA，居民集中的街区可选用小型单相变压器。

4. 独立建筑配电室内的单台油浸变压器容量不宜大于 800 kVA，楼内配电室宜选用 10 型及以上系列低损耗干式变压器，单台容量不宜大于 800 kVA，应采取减振、降噪、屏蔽等措施，并满足防火、防水、防小动物等要求。

5. 箱式变电站一般配置单台变压器，容量一般不超过 630 kVA。

（二）变压器的安装方式

400 kVA 及以下的变压器，宜采用柱上式变压器台。400 kVA 以上的变压器，宜采用室内装置。当采用箱式变压器或落地式变台时，应综合考虑使用性质、周围环境等条件。

五、台架配电变压器安装、验收

（一）施工前的准备

1. 变压器应符合设计要求，附件、备件应齐全。

2. 本体及附件外观检查无损伤及变形，油漆完好。

3. 油箱封闭良好，无漏油、渗油现象，油标处油面正常。

4. 土建标高、尺寸、结构及预埋件焊件强度均符合设计要求。

（二）变压器的安装

1. 双杆式变压器台架宜采用槽钢，槽钢厚度应＞10 mm，并经热镀锌处理。

2. 变压器台的电杆在设计未做规定时，其埋设深度不应小于 2.0 m。

3. 柱上变压器台槽钢对地高度一般为 3 m，受条件限制时最低不应小于 2.5 m；当变压器下安装有其他设备时应保证其支架对地高度 2.8 m，受条件限制时最低不应小于 2.5 m，槽钢平面坡度不应大于根开的 1/100。

4. 吊起的变压器不得在空中长期停留。

5. 一、二次引线应排列整齐、绑扎牢固。

6. 变压器桩头应采用绝缘护套。

7. 分接开关位置正确，切换灵活，呼吸器安装正确。

（三）柱上变压器的验收

1. 双杆立好后应正直，位置偏差应符合下列规定数值。

（1）双杆中心与中心桩之间的横向位移不大于 50 mm。

（2）迈步不大于 30 mm。

（3）根开不大于±30 mm。

2. 横担安装应平整，安装偏差应符合下列规定数值。

（1）横担端部上下歪斜不大于 20 mm。

（2）横担端部左右扭斜不大于 20 mm。水平倾斜不大于台架根开的 1/100。

3. 一、二次引线排列整齐、绑扎牢固。

4. 变压器安装后，应检查套管表面应光洁，不应有安装导致的裂纹、破损等现象；油枕油位正常，外壳干净，带储油柜变压器吸湿器内干燥剂应干燥；呼吸孔道通畅。

5. 接地可靠，接地电阻值符合规定。

6. 套管压线螺栓等部件齐全。

7. 柱上变压器各带电部位与周边构筑物、树、竹等距离符合要求。

六、变压器的操作

（一）配电变压器的停电操作

1. 核对现场设备编号及变压器低压断路器（刀闸、熔断器）高压熔断器的断合位置。

2. 断开变压器低压侧熔断器，先拉中相刀闸，再拉下风向刀闸，最后拉上风向刀闸。

3. 断开变压器高压侧熔断器。先拉中相熔断器，后拉两边相（有风时，先拉下风向熔断器，最后拉上风向熔断器。）。

（二）配电变压器的送电操作。

1. 核实现场设备编号、线路名称、杆号、变压器台架编号，核对变压器低压断路器（刀闸、熔断器）高压熔断器均在停电位置。

2. 先合上变压器高压侧熔断器。先合两边相，后合中间相；在有风情况下，先合上风相，再合下风相，最后合中间相。

3. 检查变压器空载运行正常。

4. 合上变压器低压侧刀闸。先合上风向刀闸，然后合下风向刀闸，最后合中相刀闸。

5. 检查变压器负载运行正常。

七、变压器的运行

（一）变压器的允许运行方式

1. 允许温度和升温

（1）允许温度

上层油温最高不超过 95 ℃，而在正常情况下，为使绝缘油不至于过速氧化，上层油温不应超过 85 ℃；对于采用强迫油循环水冷和风冷的变压器，上层油温不宜经常超过 75 ℃。当变压器绝缘的工作温度超过允许值后，由于绝缘的老化过程加快，其使用寿命将缩短，即温度每升高 8 ℃，使用年限将减少一半：绝缘工作温度为 95 ℃时，使用年限为 20 年；绝缘工作温度为 105 ℃时，使用年限为 7 年；绝缘工作温度为 120 ℃时，使用年限为 2 年。

（2）温升

温升是指变压器温度与周围空气温度的差值。当变压器的温度升高时，绕组的电阻会加大，使铜损增加。因而规定：当周围最高温度为 40 ℃时，绕组的温升为 65 ℃，上层油温的允许温升为 55 ℃。

2. 变压器的过负荷能力

变压器的过负荷能力是指它在较短的时间内，所输出的最大容量。变压器的额定容量是指变压器在额定电压、额定电流下连续允许所输送的容量。变压器的过负荷能力有两种：

（1）正常过负荷能力

变压器在正常运行时允许过负荷，而且可以经常使用。这是因为在一昼夜内，变压器的负荷有时是高峰，有时是低谷；在一年内也同样，而且季节性的温度也在变化。所以，只要在变压器的绝缘和寿命不受影响的前提下，是允许过负荷运行的。

（2）事故过负荷能力

当电力系统或用户发生事故时，为保证对重要设备的连续供电，变压器允许短时间过负荷的能力，称为事故过负荷能力。变压器事故过负荷的数值和时间如表 5-2-2

和表 5－2－3。

表 5－2－2　自然冷却油浸变压器允许的事故过负荷能力

过负荷倍数	1.30	1.45	1.60	1.75	2.00
允许持续时间/min	120	80	45	20	10

表 5－2－3　干式变压器事故过负荷能力

过负荷倍数	1.20	1.30	1.40	1.50	1.60
允许持续时间/min	60	45	32	18	5

3. 允许电压波动

变压器在电力系统中运行，电网电压总有一定的波动，所以加在变压器一次绕组上的电压也可能有波动。当电网电压小于变压器分接头电压时，对于变压器本身没有什么损害，只是可能降低一些出力；当电网电压高于变压器额定电压很多时，则对于变压器运行会产生不良影响。一般不论变压器的电压分接头在何位置，其电源电压不得超过±5％，则变压器二次绕组可带额定负荷。

（二）变压器并列运行

1. 变压器并列运行的目的。将两台或多台变压器的一次侧及二次侧同极性的端子之间，通过同一母线分别互相连接，这种运行方式叫变压器的并列运行。其目的有二：

（1）提高变压器运行的经济能力。

（2）提高供电可靠性。

2. 变压器并列运行的条件：

（1）接线组别相同。如果接线组别不相同，在回路中会出现几倍于额定电流的环流，这个环流会烧坏变压器，因此，接线组别不同的变压器绝对不能并列运行。

（2）变压器的变比相同（允许有±5％的差值）。如果变比不同，并列运行变压器的二次电压不等，当并列运行变压器空载时，二次回路就会有电压差，因此而产生环流。影响变压器容量的合理利用，所以变比相差必须限制在±5％之内。

3. 变压器的短路电压相等。如果短路电压不等，尽管二次回路不会有环流，但会影响并列变压器间的负荷分配，由于负荷分配与短路电压成反比，因此，短路电压数值大的变压器满载时，短路电压数值小的变压器已过载，而长期过载是不允许的。

4. 容量比一般不宜超过 1∶3。因为，容量不同的变压器短路电压值也不相同，容量小的变压器短路电压也小，为使并列运行变压器的短路电压值相差不至于过大，而对容量比就有了一定的要求。

（三）变压器熔丝的选择

熔丝的选定应首先考虑上下级保护的配合。

1. 一次熔丝的额定电流按变压器额定电流的倍数选定：10～100 kVA 变压器为1～3倍，100 kVA 以上变压器为 1.5～2 倍；多台变压器共用一组熔丝其为各台变压器额定电流之和的 1～1.5 倍。

2. 二次熔丝的额定电流按变压器二次额定电流选定。熔丝的选定应考虑上下级保护的配合。

（四）变压器运行的条件

1. 运行电压不应超过额定电压的±5%。

2. 绝缘电阻测量一年一次。100 kV 以下接地电阻不大于 10 Ω，100 kV 及以上不大于 4 Ω。

3. 负荷急剧变化或变压器受到短路故障后，应增加特殊巡视检查。

4. 变压器的停、复运：停运满一个月在复运前应测量绝缘电阻，合格方可投运；停运 6 个月以上在复运前应测量绝缘电阻和进行绝缘油耐压试验。

第三节　箱式变电站

箱式变电站是指将高低压开关设备、变压器共同安装于一个封闭的箱内的户外配电装置。它的特点是占地面积小、组合灵活、外形美观、投资少建设周期短等。

一、箱式变电站结构

10 kV 箱式变按结构主要分为美式结构和欧式结构。

（一）美式结构箱式变电站

美式结构箱式变电站，外观如图 5-3-1，是将高压开关与变压器共用一个油箱，采用全密封全绝缘结构，安全性能高，可用于终端、环网，高压采用 T 型或 V 型三相联动四位置油负荷开关控制。变压器采用后备式熔断器与插入式熔断串联提供保护。

图 5-3-1　美式箱变外形

（二）欧式箱式变电站

欧式箱式变电站将高压室、变压器室、低压室组成“目”或“品”字结构。高压室兼容环网柜功能，高压设备采用负荷开关和熔断器组合电器。熔断器一相故障断开，触及负荷开关三相同时跳闸。

采用手动和电动操作机构，可以切换使用。我国多采用欧式箱式变电站。

二、箱式变电站安装、验收

（一）箱式变电站的基础

1. 箱变基础高出地面一般为300～500 mm，电缆井深度应大于1000 mm。

2. 基础水平面应该平整，水平度不大于5 mm/全长。

3. 箱式变电站底座采用经热镀锌处理的型钢，焊接处均应作防腐处理。

4. 预埋件及预留孔符合设计要求，预埋件牢固。

5. 箱式变电站电缆进出口应使用防水和防火材料进行封堵，封堵应密实可靠。

6. 基础坑内无积水，排水良好并无杂物。

7. 箱体安装后，应留有足够的操作、巡视距离及平台。

（二）箱式变电站本体验收

1. 箱体材质、颜色、防腐、防护等级符合技术条件，各平面内外应该平整清洁、无裂纹、无划痕、无变形、铭牌字迹清楚，门应有密封措施。箱式变电站顶部及门缝隙等无雨水渗入，箱式变电站内外涂层完整、无损伤，有通风口的风口防护网完好，焊接构件的质量符合要求。

2. 传动机构系统应灵活、动作正确到位、指示正确。试操作三次以上无异常。

3. 箱式变电站高压开关间隔应满足“五防”功能要求。

4. 箱体各门开启、关闭灵活，开启不小于90°，并有定位装置，门上应装锁并有永久防雨水装置。

5. 箱体内的螺栓均应采用不锈钢螺栓，铁制构件均应采用热镀锌。

6. 变压器充油部分不渗漏、油位正常，充气高压设备气压指示正常。绝缘瓷件、环氧树脂铸件、合成绝缘件无损伤、缺陷及裂纹。

7. 箱壳内的高、低压室设照明灯具、变压器室散热、温控装置、防潮、防凝露的技术措施应配置齐全。

（三）箱式变电站安装

1. 高、低压电缆通过高、低压室的底封板接入。

2. 电缆与穿管之间的缝隙应密封防水。

3. 所在接地应共用一组接地装置，在基础四角打接地桩，然后连成一体。

4. 箱变基础宜设通风孔。

5. 箱式变电站交接试验应合格。

6. 高压开关熔断器等与变压器组合在同一个密闭油箱内的箱式变电气所，试验按产品提供的技术文件要求执行。

（四）箱式变电站验收

箱式变电站的验收除了满足上述箱式变电站基础和本体验收外还应注意以下问题。

1. 安全标志牌、操作工器具、钥匙及备品备件齐全。

2. 设备运行编号、相序标识等应正确齐全。

3. 变压器的低压侧中性点应直接与接地装置引出的接地干线进行连接，变压器箱体、干式变压器的支架或外壳应进行接地（PE），且有标识。所有连接应可靠，紧固件及防松零件齐全。

第四节　开闭所

开闭所又称开关站，是城市配电网的重要组成部分，主要作用是加强配网的联络控制，提高配网的灵活性和可靠性，是电缆线路和支线的节点。在不改变电压等级的情况下，对电能进行二次分配。

一、常用的开闭所开关柜类型

（一）SF_6 负荷开关环网柜

SF_6 负荷开关为“三工位”负荷开关，即分为合闸、分闸、接地三个位置。同时 SF_6 负荷开关有相互闭锁装置，防止误操作。当柜门关上，开关离开接地位置后，方可进行合闸操作，开关分闸后才能接地；接地后，才能打开柜门。环网柜的操作分为手动操作、电动操作、遥控操作。图 5－4－1 为环网柜操作面板。

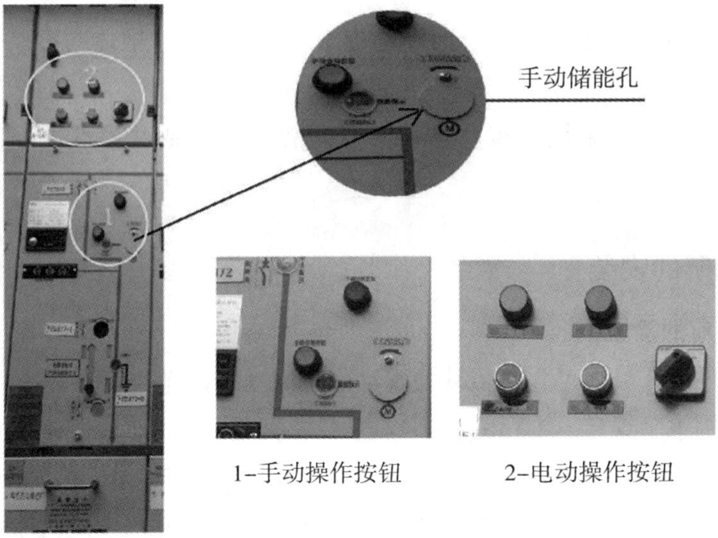

图 5－4－1　环网柜操作面板

（二）**真空负荷开关环网柜**

真空负荷开关环网柜与 SF_6 负荷开关环网柜相同，柜内装有负荷开关、隔离开关、接地开关。装有负荷开关、隔离开关、接地开关，柜门、隔板之间设有联锁装置，防止误操作。

（三）**断路器开关环网柜**

断路器开关环网柜是指开关柜内装有断路器的环网柜，整体真空断路器环网柜内的断路器和操作机构不是相互独立的两部分，而是一个整体。开关柜内的断路器、隔离开关、接地开关、柜门之间设有联锁装置。

二、开闭所的位置选择

（一）开闭所宜建于负荷中心区，站点布局宜根据负荷分布进行。

（二）开闭所宜为地面上独立式建筑，不宜设在地势低洼和可能积水的场所，应设置在交通运输方便便于进出线场合，应满足消防、通风、防潮、防尘等技术要求。

三、环网柜的技术要求

（一）环网柜应具备“五防”功能，出线单元应设置接地刀闸，便于检修和防止人身触电事故；负荷开关单元应选用三工位型式；进出线单元应加装故障指示器和带电显示装置，带电显示装置应有插孔以便于核相。

（二）环网柜一般用于电缆线路的分段、联络及分支负荷的分配供电。

（三）环网柜应采用自然通风并采取防凝露措施，底板电缆口应采取防火封堵和防小动物进入措施。

（四）环网柜的混凝土基础高于地坪不应小于 200 mm，柜体与设备工井之间应采取防潮措施。

（五）环网柜外壳应采用环保材质，具有防腐蚀、防粘贴等性能，防护等级不低于 IP33。

四、开闭所的安装

（一）**安装前的检查**

1. 活动部件动作灵活可靠，传动装置动作正确现场试操作 3 次。

2. 基础槽钢水平误差＜1 mm/m，全长水平误差＜5 mm；柜体槽钢不直度误差＜1 mm/m，全长不直度误差＜5 mm，位置误差及不平行度＜5 mm。

3. 环网单元基础高出地面一般为 300～500 mm，电缆井深度应大于 1000 mm。

4. 10 kV 高压开关柜外观完好，漆面完整无划痕、脱落。

（二）开闭所的安装

1. 应采用专用吊具底部起吊。

2. 柜体应满足垂直度<5 mm/m；相邻两柜顶部水平误差<2 mm，成列柜顶部水平误差<5 mm；相邻两柜边盘面误差<1 mm，成列柜面小于 5 mm，柜间接缝<2 mm。

3. 平行排列的柜体安装应以联络母线桥两侧柜体为准，保证两面柜就位正确，其左右偏差<2 mm，其他柜依次安装。

4. 电缆接线端子压接时，线端子平面方向应与母线套管铜平面平行。

5. 电缆各相线芯应垂直对称，离套管垂直距离应不小于 750 mm。

6. 门内侧应标出主回路的线路图一次接线图，注明操作程序和注意事项，各类指示标识显示正常。

7. 门开启角度应大于 90°，并设定位装置，门应有密封措施。

8. 若为环网单元检修，在拆除原环网单元进出线电缆头时应采取措施保护电缆头，防止电缆头受潮进水；并做好相色标志，防止相序接线错误，送电后应采取一次或二次核对相序。

五、验收

（一）柜、屏的金属框架及基础型钢应接地（PE）或接零（PEN）可靠；装有电器的可开启门和框架的接地端子间应用软铜线连接，软铜线截面不应小于 2.5 mm^2，还应满足机械强度的要求，并做好标识。

（二）开关柜接地网连接可靠，接地线规格正确，防腐层完好，标志齐全明显。

（三）同一设备的接地线配置应整齐一致。

（四）柜、屏上的标识器件应标明被控设备编号、名称或操作位置。接线端子有编号，且清晰工整，不易褪色。

（五）闭锁装置动作准确可靠。

六、开关柜、环网柜的巡视

（一）各种仪表、保护装置、信号装置是否正常。

（二）开关分、合闸位置是否正确，与实际运行方式是否相符，控制把手与指示灯位置对应，真空泡表面有无裂纹，SF_6 开关气体压力是否正常。

（三）开关防误闭锁是否完好，柜门关闭是否正常，油漆有无剥落。

（四）设备的各部件连接点接触是否良好，有无放电声，有无过热变色、烧熔现象，示温片是否熔化脱落。

（五）设备有无凝露，加热器或除湿装置是否处于良好状态。

（六）接地装置是否良好，有无严重锈蚀、损坏。

（七）模拟图板或一次接线图与现场是否一致。

（八）铭牌及各种标志是否齐全、清晰。

第五节　电缆分支箱

电缆分支箱的主要作用是将电缆分接或转接。在接近用户负荷时，使用电缆分支箱将电缆分成若干小截面积电缆，接入负荷，如路灯供电、小用户供电。但一般不配置开关，不具备控制测量等二次辅助配置的专用电气连接设备。随着配网技术的发展，电缆分支箱的功能在进一步扩展，除了分接和转接的作用外，电缆分支箱增加了 SF_6 开关，具有了环网柜的功能。

一、电缆分支箱的型号、结构

（一）电缆分支箱的型号表示

电缆分支箱的型号的表示如图 5－5－1 所示。

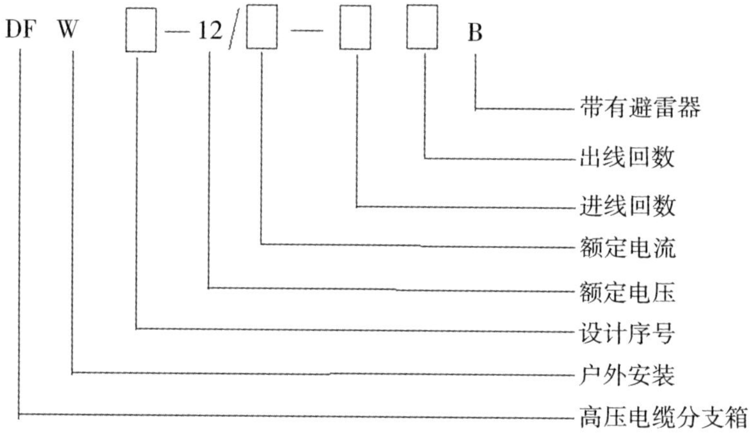

图 5－5－1　电缆分支箱的型号的表示

（二）电缆分支箱结构

电缆分支箱的结构通常分为美式结构和欧式结构

1. 欧式结构

欧式电缆分支箱采用双向开门，利用穿墙套管作为母排连接方式的设计，其优点在于三芯电缆不需大跨度交叉，电缆排列清晰、长度小等。安装有带电指示器、故障指示器。如图 5－5－2，图中黑色方块。故障指示器可以通过控制系统对短路和接地故障发出信号。

2. 美式结构

美式电缆分支箱采用单向开门，横向多通母排的设计方式，其优点在于全绝缘、全密封、宽度小等。

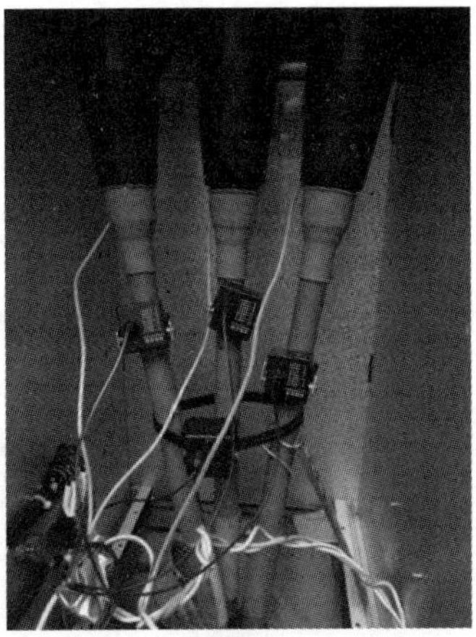

图 5-5-2　装设故障指示器的电缆出线

二、电缆分支箱的安装

（一）电缆分支箱施工前现场验收

1. 基础应高于安装地面 30 cm，电缆井深度应大于 1000 mm。基础周边满足人员操作、巡视要求，保证箱体安装后的平稳、与基础贴合紧密，并确保所有门开启顺畅到位。

2. 电缆分支箱规格、型号符合设计图纸要求和规定。

3. 箱体各门开启、关闭灵活，开启不小于 90°，并有定位装置，门上应装锁并有永久防雨水装置。

4. 基础预埋件及预留孔洞应符合设计要求。

5. 箱体各平面内外应该平整清洁、无裂纹、无划痕、无变形、铭牌字迹清楚，箱门应有密封措施。传动机构系统应灵活、动作正确到位、指示正确，现场试操作不少于三次。

6. 开关箱的气体压力满足操作要求，应满足“五防”要求。

7. 备件齐全。

（二）电缆分支箱的安装

1. 电缆分支箱与基础应固定可靠。

2. 进入电缆分支箱的三芯电缆用电缆卡箍固定在高压套管的正下方。

3. 电缆各相线芯应垂直对称，离套管垂直距离应不小于 750 mm。

4. 电缆从基础下进入电缆分支箱时应有足够的弯曲半径，能够垂直进入。

5. 电缆接线端子压接时，线端子平面方向应与母线套管铜平面平行。

6 安装完成后应进行绝缘试验、工频耐压试验、主回路电阻测量及接地电阻测量。

三、电缆分支箱的验收

（一）基础坑内空满足电缆弯曲半径、施工人员操作空间要求。

（二）分支箱的接地装置应连接正确可靠（与箱体连接应采用螺丝连接并且螺栓应使用防松垫片），接地网与金属箱体连接不少于两处且每处接触面不小于 160 mm^2，不宜直焊，接地电阻应符合设计要求。

（三）箱内元器件接地应采用螺栓与接地端子排连接。

（四）检查基础台面、坑内是否满足不积水要求，排水应良好并无杂物。

（五）安全标示牌、操作工器具、钥匙齐全、各进出电缆的标示牌、箱体编号（设备运行编号）、相序标志和备品备件等应配置正确齐全。

第六节　高压熔断器与隔离开关

一、高压熔断器

熔断器一般由熔断管、熔体、灭弧填充物、动、静触座、绝缘支持物及指示器等组成，它的结构简单，易于维护检修。熔断器的动作具有反时限特性，当通过熔体的短路电流愈大，则熔体的熔断电流时间愈短。为了提高熔断器的灭弧性能，有些熔断器（RN 型）的熔断管内装有石英砂充填物，它有利于快速灭弧，提高了断路容量。

（一）RW 系列熔断器的作用原理和结构

RW 型户外高压跌落式熔断器主要用于 10 kV，交流 50 Hz 的配电线路及配电变压器进线侧和用户分界处作短路和过负荷保护。在一定条件下可以分断与关合空载架空线路、空载变压器和小负荷电流。熔断器由熔丝具、熔丝管和熔丝元件三大部分组成。

跌落式熔断器，按其结构原理和作用，一般可分为双尾式、纽扣式及负荷式、重合式几种。

双尾式跌落式熔断器，如图 5-6-1 所示。双尾式跌落式熔断器的工作原理：在正

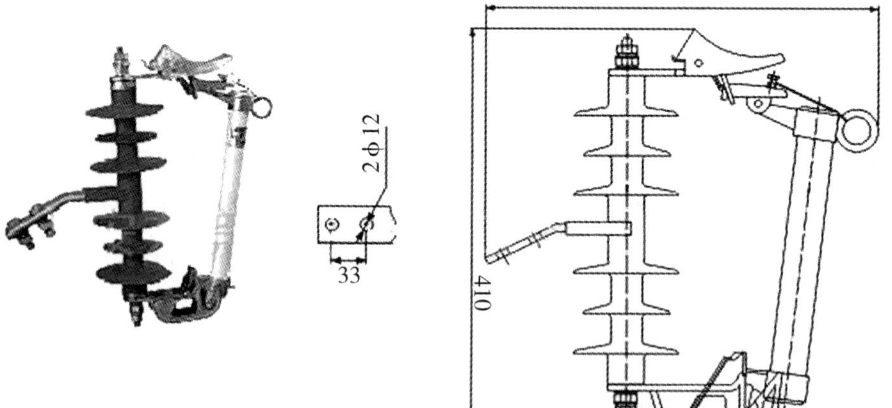

图 5-6-1　双尾式跌落式熔断器

常工作时，熔丝管两端的上动触头和下动触头依靠双层式熔丝元件系紧，将上动触头推入鸭嘴凸出部分，磷铜片制成的上动触头将用丝管牢固地卡在鸭嘴凸出部分。

当电力系统发生故障时，故障电流熔丝迅速熔断，在熔丝管内产生电弧，熔丝管内衬的钢纸管和套在熔体上的内消弧管在电弧作用下产生大量气体，使熔丝管内形成足够压力，并沿熔丝管管道形成强烈纵吹，使电弧迅速拉长，在电流过零时，由于强烈游离作用而熄灭。

熔丝熔断后，熔丝的拉力消失，使锁紧机构释放，熔丝管在上静触头的弹力及其自重的作用下，绕下轴翻转跌落，形成明显的隔离间隙。

负荷式跌落式熔断器，如图 5－6－2 所示。负荷式跌落式熔断器是以双层或纽扣式熔断器为基础，在熔断器上端静触头上加装两片消弧片，熔丝管上动触头加装消弧杆构成的。在带有负荷情况下，合熔丝管时消弧杆先接触消弧片：拉熔丝管时，则先断开熔丝上动、静触头，后断开消弧杆，以使拉、合熔断器的电弧全部在消弧杆和消弧片上产生。从而保护熔断器动、静触头在开断负荷电流情况下不受到损伤，并且消弧杆、消弧片上的电弧会使消弧片产生大量气体，在交流电流过零时将电弧熄灭。

图 5－6－2　负荷式跌落式熔断器

重合式跌落式熔断器。重合式跌落式熔断器，每相装有两个熔丝管，一个常用，一个备用。在备用熔丝管下面有一自合操作曲柄，当常用熔丝管跌落时会带动自合操作曲柄使备用熔丝管自动重合。架空配电线路装设重合式熔断器的目的是提高被保护设备的供电可靠性，防止被保护线路设备因瞬时故障而停电。

各种型号熔断器的不同之处：RE3、RW4 为普通常用型号，RW11 为防污型，RW7 的熔管有较高的机械强度和较高的多次开断能力。

（二）熔断器安装验收

1. 跌落式熔断器的底部对地面的垂直高度应不低于 4.5 m，二次侧熔断器的底部对地面的垂直高度应不低于 3.5 m。熔管轴线与地面的垂直夹角为 15°～30°，各相跌落式熔断器间的水平相间距离不应小于 500 mm，二次侧不应小于 200 mm。安装应牢固，各部位螺栓宜采用不锈钢螺栓。高低一致、排列整齐，熔丝熔断时熔管应可靠跌落。

2. 跌落式熔断器的上、下铜端活动点应对正，并在同一铅垂线平面，转轴应光滑、灵活。

3. 跌落式熔断器熔丝管长度应合适，各部位转轴应灵活转动。进行三次及以上拉、合操作应灵活。

4. 跌落式熔断器熔丝要合格完好，熔丝两端应压紧。各接触点的弹簧应良好，弹力适中，上触头应有一定的压缩行程。

5. 跌落式熔断器上、下桩头进出线宜采用交联聚乙烯绝缘导线并采用压接型接线端子，端子与线路导线连接应紧密、可靠。

6. 跌落式熔断器电气连接应接触紧密，不同金属连接，应有过渡措施。

（三）熔断器的巡视

1. 熔丝管有无弯曲、变形。

2. 触头间接触是否良好，有无过热、烧损、熔化现象，引线接点连接是否良好，安装是否牢靠，相间距、倾斜角是否符合规定。

3. 熔断器转动部位是否灵活，有无锈蚀、转动不灵等异常，零部件是否损坏、弹簧有无锈蚀。

4. 引下线接点是否良好，与各部件间距是否合适。

二、隔离开关

隔离开关又名隔离刀闸，是高压开关的一种，因为它没有专门的灭弧结构，所以不能用来切断负荷电流和短路电流。使用时应与断路器配合，只有在断路器断开后才能进行操作。

（一）隔离开关的用途与要求

1. 将电气设备与带电的电网隔离。以保证被隔离的电气设备有明显的断开点，能安全地进行检修。

2. 改变运行方式。在双母线的电路中，可利用隔离开关将设备或线路从一组母线切换到另一组母线上去。

3. 接通和断开小电流电路。可以用隔离开关进行下列操作：

（1）接通和断开电压互感器和避雷器电路。

（2）接通和断开电压为 10 kV，长 5 km 以内的空载输电线路。

（二）按照隔离开关担负的任务必须满足以下要求

1. 隔离开关应具有明显的断开点，易于鉴别电器是否与电网断开。

2. 隔离开关断开点之间应有可靠的绝缘，即要求隔离开关断开点之间应有足够的距离，以保证在恶劣的气候条件下也能可靠工作，并在过电压及相间闪络的情况下，不致从断开点击穿而危及人身安全。

3. 隔离开关在运行中，会受到短路电流的热效应和电动力的作用，所以要求它具有足够的热稳定性和动稳定性，尤其不能因电动力的作用而自动断开，否则将引起严重事故。

4. 隔离开关的结构应尽可能简单，动作要可靠。

5. 带有接地闸刀的隔离开关必须有联锁机构，以保证先断开隔离开关后，再合上接地闸刀，先断开接地闸刀后，再合上隔离开关的操作顺序。

（三）隔离开关分类

1. 按绝缘支柱的数目可分为单柱式、双柱式和三柱式三种。

2. 按闸刀的运行方式可分为水平旋转式、垂直旋转式、摆动式和插入式四种。

3. 按装设地点可分为户内和户外式两种。

4. 按有无接地闸刀可分为有接地闸刀和无接地闸刀两种。

5. 按隔离开关的极数可分为单极和三极隔离开关两种。

6. 按隔离开关配用的操动机构可分为手动、电动和气动操作等类型。

7. 隔离开关的型号是由字母和数字两部分组成的，各部分的含义如图 5－6－3 所示。

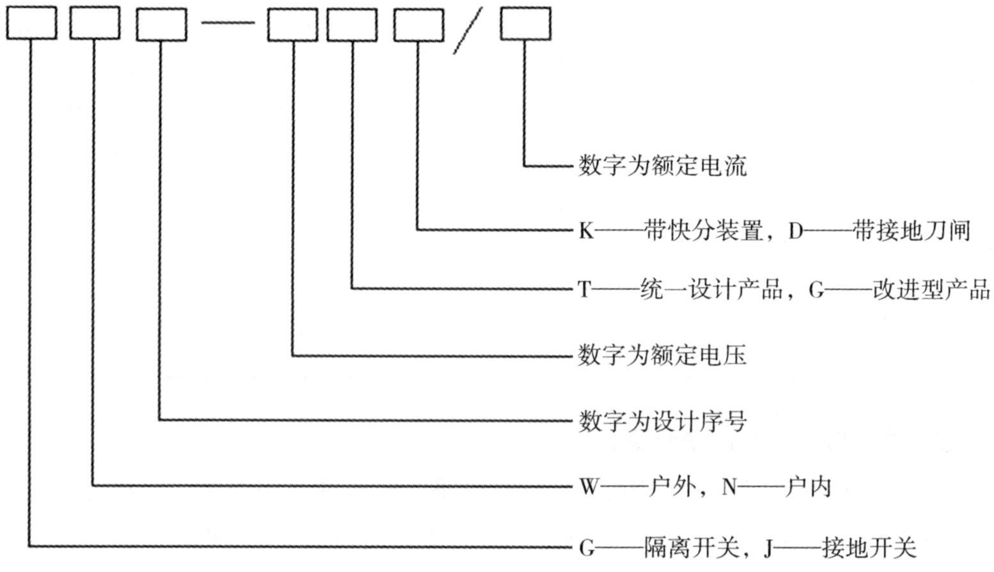

图 5－6－3　隔离开关的型号

（四）户外隔离开关

户外式隔离开关的工作条件比较恶劣，应保证在冰、雨、风、灰尘、严寒、酷热等条件下均能可靠地工作，如图 5－6－4。因此，绝缘要求较高并应具有较高的机械强度。它有可能在触头结冰时操作，这就要求开关触头在操作时有破冰作用。户外隔离开关的技术参数见表 5－6－1。

图 5－6－4　户外隔离开关

表 5－6－1　户外高压隔离开关技术数据

型　号	额定电压/kV	额定电流/A	极限通过电流/kV		热稳定电流/kA			配用机构	重量/kg
			有效值	峰值	4S	5S	10S		
GW1－10/200	10	200		15		7		CS8－1	60
GW1－10/400	10	400	15	21		14	10	CS8－1	61.5
GW1－10/600	10	600	25	35		20	14	CS8－1	63.0
GW1－10（W）/200	10	200		15		7		CS8－1	19.4
GW1－10（W）/400	10	400		25		14		CS8－1	19.5
GW1－10（W）/600	10	600		35		20		CS8－1	20.5

（五）户外隔离开关的安装验收

1. 柱上隔离开关安装应牢固可靠，应按横平、竖直的原则安装。隔离开关底部对地面的垂直高度应不低于 4.5 m，10 kV 隔离开关相间距不小于 500 mm，0.4 kV 隔离开关相间距不小于 300 mm。动、静触头水平轴线偏差应不大于 5 mm。

2. 隔离开关安装用横担固定时，横担端部上下歪斜、左右扭斜应不大于 20 mm。三相水平安装时，两横担的高差应不大于横担总长度的 1/100。垂直安装时，隔离开关拉合的刀刃口与地面的垂直夹角为 15°～30°。三相方位应一致，排列整齐。

3. 隔离开关的刀刃，合闸时接触紧密，分闸后与其他物件的净距应不小于 200 mm 的空气间隙。分闸后，宜使动触头不带电。

4. 三相连动的隔离开关三相同期的倾斜度小于本体支架长度的1.5‰。横、纵向误差均不能大于5 mm，三相隔离刀刃分、合应同期。

5. 三相连动的隔离开关单独控制设备时，应设置对应的双称名称，宜设置相序标志。

6. 三相连动的隔离开关单独控制设备时，操作手柄处应安装防误闭锁装置。

7. 隔离开关的电气连接应接触紧密，导电良好，必要时涂抹导电膏或电力脂。不同金属连接，应有过渡措施。

8. 隔离开关安装后，各转动的传体部位连接固定，转动灵活，不得有卡阻现象，并涂抹润滑脂。进行三次及以上的拉、合操作应灵活。

9. 设备运行编号、相序标志和警示标示等应正确齐全。

（六）运行与维护的要求

在巡视配电装置时，对隔离开关应进行仔细的检查，如发现缺陷，应及时消除，以保证隔离开关的安全运行。其巡视项内容为：

1. 绝缘件有无裂纹、闪络、破损及严重污秽。

2. 触头间接触是否良好，有无过热、烧损、熔化现象。

3. 各部件的组装是否良好，有无松动、脱落。

4. 引下线接点是否良好，与各部件间距是否合适。

第七节　避雷器

避雷器连接在电路和大地之间，它与被保护设备并联，是一种用于限制过电压的主要保护设备之一。配电线路设备在运行中不仅要承受正常工作电压，还要遭受雷电、操作引起的雷电、操作过电压的侵袭，而这些过电压因其数值远远超过正常的工作电压，所以往往会造成设备损伤、寿命缩短，甚至带来事故。为此，必须采取有效的措施来限制这种过电压，而避雷器就起到了该作用。当雷电过电压达到避雷器规定的动作电压时，它会立即动作，释放过电压电荷，将线路设备的过电压值限制在一定水平，从而起到保护线路设备、保证配电网安全运行的目的。避雷器主要有：阀型、管型、氧化锌三大类，现就氧化锌避雷器作一简介。

一、避雷器的运行特性

（一）在正常工作电压情况下，避雷器对地有较高的绝缘电阻，等于开路。

（二）在出现异常电压（如大气过电压）时，不论异常电压频率高低，避雷器必须很快地对地接通，使雷电流迅速对地放电。这时避雷器电阻很小，接近短路。

（三）在异常电压的大电流通过避雷器时，避雷器不能过热或损坏。

（四）在雷电流以极短的时间通过后恢复到正常工作电压时，能迅速灭弧，电阻马上变得极大，对地又立即不通，停止放电。阻止电路的正常工频电流跟随通过。

二、避雷器的工作原理

氧化锌避雷器由具有较好的非线性“伏-安”特性的氧化锌电阻片组装而成。

（一）在正常工作电压情况下：具有极高的电阻而呈绝缘状态，火花间隙有足够的绝缘强度，不会被正常工作电压击穿。

（二）异常电压情况：当有雷电过电压时，则呈现低电阻状态，火花间隙就被击穿放电，雷电过电压作用在具有非线性较高（比阀型、管型避雷器非线性都好）和伏安特性的氧化锌电阻片上，电阻变的很小，把雷电流泄入大地。之后，作用在氧化锌电阻片上的只是正常工作电压，火花间隙灭弧，电阻就又变得很大，限制工频电流通过，电路恢复正常工作。

（三）正常电流情况：非线性氧化锌电阻片在正常工作电压下流过工频电流时，电阻很大。

（四）异常电流情况：当有很大的雷电流通过时，电阻很小，就像一个自动阀门，对工频电流起“闭”的作用，而对雷电流起“开”的作用。

三、合成绝缘氧化锌避雷器

硅胶氧化锌避雷器如图 5－7－1，其特点为：

（一）非线性好、性能稳定，动作迅速，通流容量大，残压低，无续流，对大气过电压和操作过电压都起保护作用。

（二）绝缘性能优良在常温及高、低温下电阻率高，适应昼夜、四季温差之变化。

（三）耐污性能强，表面具有憎水性水分在聚合物的表面不会形成水珠，也不会散开形成水膜。

（四）内部没有气隙，可以消除受潮隐患，有效降低事故，提高供电可靠性。

（五）可从根本上解决避雷器爆炸的危险，即使电阻片裂开，也只能撑开硅胶外套，对其他电气设备和人员不会构成危害。

（六）运行可靠，不需维护，运行和试验周期长。

图 5－7－1　合成绝缘金属氧化物避雷

（七）体积小、重量轻、运输安装方便。

四、氧化锌避雷器

（一）分类

分有间隙和无间隙两大类型。

（二）特点

两类型氧化锌避雷器特点比较如表 5－7－1。

表 5－7－1　有间隙和无间隙氧化锌避雷器的特点比较

比较内容	有间隙氧化锌避雷器	无间隙氧化锌避雷器
强制再送电	电阻片因吸收极大过电压而发生永久性短路故障时，因有串联间隙绝缘，可强制再送电	有特殊需要时，需采用脱离装置，如果没有脱离装置，避雷器一旦发生故障，必须更换后才能送电
动作特性	雷过电压时，串联间隙必须闪络，而且必须在约半波内切断间隙续流，保护性能不够稳定	由于没有间隙，因此避雷器能切实动作，保护性能稳定
老化	有间隙氧化锌避雷器，非线性电阻片部分在正常情况下，它不承受交流电压，可以减缓它的老化程度	无间隙氧化锌避雷器，其电阻片在正常情况下，有工频交流电压存在，与有间隙氧化锌避雷器相比，其老化速度比较快

五、避雷器的巡视内容

（一）表面是否脏污、有无闪络痕迹。

（二）固定是否牢固。

（三）引线是否良好，各部件是否锈蚀，接地端是否脱离。

（四）保护间隙有无损伤、锈蚀或被外物短接。

六、氧化锌避雷器的安装验收

（一）金属氧化物避雷器的安装位置应符合设计技术要求和设备运行要求的规定。

（二）金属氧化物避雷器的接地线应与柱上断路器、负荷开关和电容器的金属外壳连接后共同接地。

（三）配电变压器高压侧装设的金属氧化物避雷器应尽量靠近变压器安装，其接地线应与变压器低压侧中性点及金属外壳连接后共同接地。郊区、农村多雷区变压器低压侧也应装设金属氧化物避雷器。

（四）瓷套与固定抱箍之间应有垫层。

（五）三相金属氧化物避雷器应排列整齐、高低一致，相间距离：10 kV 时，不应小于 350 mm；0.4 kV 时，不应小于 150 mm。

（六）引线应短而直且连接紧密，不应使避雷器受力；当采用绝缘线时，其截面应符合下列规定：

1. 引上线：铜线不小于 16 mm^2，铝线不小于 25 mm^2。

2. 引下线：铜线不小于 25 mm^2，铝线不小于 35 mm^2。

（七）引下线接地可靠，接地电阻值应符合设计要求。

第六章　配电线路及设备的测量

配电线路工在平时的运行、维护、检修、施工以及抢修过程中，使用的工器具是在线路以及设备上进行工作常用的工器具。常用工器具是为了在工作中更好的完成任务、发挥效率而使用的一种器具。

第一节　仪器仪表

本节主要讲述经纬仪、兆欧表、接地摇表、红外热像仪、钳形电流表（卡表）、单双臂直流电桥、交流电桥、万能表的种类，原理使用办法以及注意事项。

一、经纬仪

（一）经纬仪种类

主要有游标和比较先进的光学经纬仪，目前大都采用光学经纬仪，也有采用目前最先进的全站仪以及 GPS 卫星定位系统。光学经纬仪的垂直度盘和水平度盘利用透镜反射，精度较高，结构严密。

（二）经纬仪构造

经纬仪主要由基座、镜筒、度盘三部分构成。基座安置在三脚架上，用以支撑仪器；镜筒为望远镜和度盘观测镜，望远镜内有十字丝用以瞄准目标和测距离，度盘观测镜用以读垂直角和水平角。如 DJ6 型光学经纬仪外形图见图 6-1-1。

（三）经纬仪测量

采用经纬仪测量时要使三脚架稳定，见图 6-1-2，塔尺垂直地面，见图 6-1-3，并应有校对其测量成果的措施。

1. 测量线路的基本工作。

（1）测水平角和垂直角。

（2）测水平距。

（3）由水平距和垂直角计算地表高程和交叉跨越物的高度。

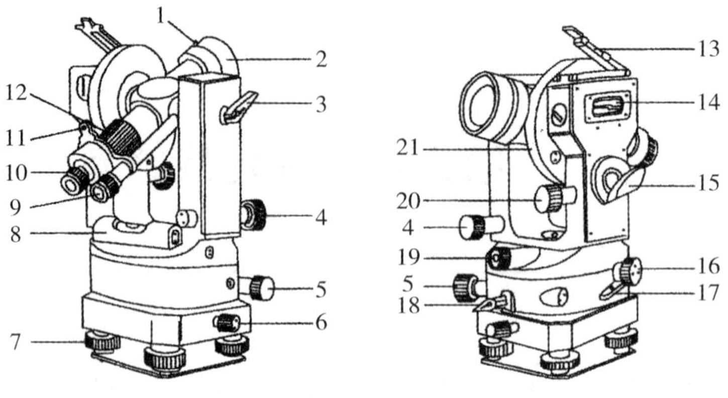

（a）前视图　　（b）后视图

1. 准星；2. 望远镜物镜；3. 望远镜制动螺旋；4. 望远镜微动螺旋；5. 水平微动螺旋；6. 轴套固定螺旋；7. 脚螺旋；8. 照准部水准管；9. 读数显微镜；10. 望远镜目镜；11. 照门；12. 物镜调焦螺旋；13. 竖盘水准管反光镜；14. 竖盘水准管；15. 反光镜；16. 度盘变换手轮；17. 保险手柄；18. 水平制动螺旋；19. 光学对中器目镜：20. 竖盘水准管微动螺旋；21. 竖盘外壳

图 6－1－1　DJ6 型光学经纬仪外形图

图 6－1－2　三脚架

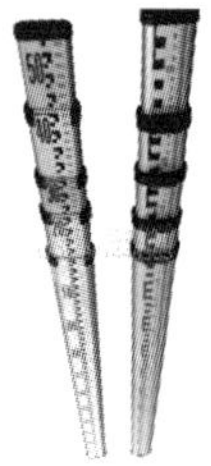

图 6－1－3　塔尺

2. 经纬仪的操作步骤：对中→整平→再调整对中→整平→瞄准→读数。

（四）经纬仪操作及要求

经纬仪的操作主要步骤是对中、整平、瞄准、读数。操作口角：粗对中，要水平，粗整平，要垂直，精整平，可回调，精对中，要平动。

1. 对中

对中是将经纬仪的水平度盘中心与测点中心在同一铅垂线上，水平度盘中心与测点中心误差允许 3 mm。方法是将经纬仪的水平度盘中心初步对准测点中心（用调整三脚架的个别架腿高低来调垂球尖对中或用光学对点器对中）后，即进行整平，再对中。若相差过大，或虽已对中而仪器的基座倾斜已无法整平，应重新安放三脚架对中。

2. 整平

左手大拇指运转的方向是水准管内气泡运动的方向，左手与右手反方向同时旋转（可提高整平速度）；如图 6－1－4，第一次调平，转水平度盘于 90°或 120°再调；第二次调平后再转水平度盘 90°或 120°调平；校正各方位使水准管内气泡居中即整平完毕，允许水平气泡误差 1/2 格或 1 小格。其结果必须是对中和整平相一致，两者都在允许误差范围值内。

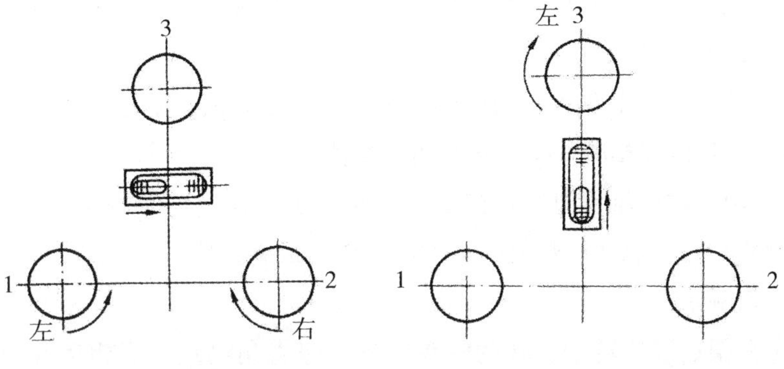

图 6-1-4　经纬仪整平方法

3. 瞄准

（1）用望远镜准星或缺口瞄准目标（外瞄准器瞄准目标的大概位置），然后拧紧水平度盘制动螺旋（此时应使目标在望远镜视场范围内）。

（2）旋动微调螺旋和物镜对光螺旋，使目标成像清晰并位于十字丝附近，随即拧紧望远镜制动螺旋。

（3）旋动水平和垂直微调螺旋，使目标位于十字丝垂直中心，近处竖双丝卡标杆，远处竖单丝与标杆重叠（如图 6-1-5），远近都应瞄准根部。

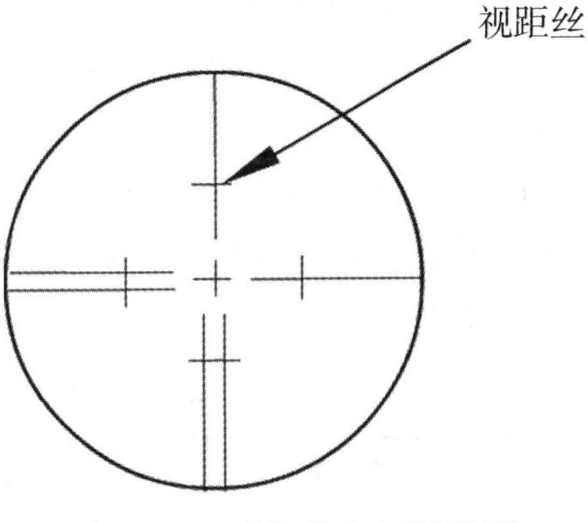

图 6-1-5　望远镜十字丝示意图

4. 读数

读水平度盘（测线路转角）和垂直度盘（测线路所经地表高程和交跨物高度）及视距（测线路或档距长度，其长度应计算到水平距）。

5. 正倒镜

竖直盘在左为正镜，在右为倒镜。

6. 测量

（1）水平角测量

1）张开三脚架，调整脚腿，使其高度合适，目估架头水平，并使架头中心初步对准木桩。

2）安上仪器，拧紧中心螺旋，挂上垂球。

3）用脚螺旋和游标盘上的水准器进行整平。

4）固定下盘松开上盘，用望远镜的准星和缺口瞄准目标 A，随即拧紧上制动螺旋和望远镜制动螺旋，再转动物镜对光螺旋，使目标 A 成像清晰，用上盘微动螺旋和望远镜微动螺旋使十字丝中心恰好瞄准目标。

5）下盘不动，松开上盘，转动望远镜，瞄准目标 B 读取游标读数。

6）目标 A、B 读数相减，得到水平角的角值。

7）把望远镜绕水平轴倒过来，按上述步骤再测一次，两个数值相差不超过 2t（t 为游标最小读数）时，取两次数值的平均值，作为最终数值。

（2）竖直角测量

利用固定在望远镜旋转轴一端的竖盘来进行竖直角测量，当望远镜视线水平且游标水平管气泡居中时，读取游标在竖盘上的数值，转动望远镜瞄准某一目标后，使游标水准管气泡居中，再读取游标竖盘上的数值，两个读数之差就是要测的竖直角。

二、兆欧表

兆欧表又叫摇表也叫绝缘电阻测试仪，一般用来测量电路、电机绕组、电缆、电气设备等的绝缘电阻。摇表见图 6－1－6 所示。

图 6－1－6　兆欧表

（一）摇表的选择

高压电气设备绝缘电阻值高，为了提高测量精度，须选用电压高的兆欧表进行测试；低压电气设备内部绝缘电阻材料所能承受的电压较低，为了保证被测设备不被仪表损坏，应选择电压低的兆欧表。见表 6－1－1。

表 6－1－1　不同额定电压的兆欧表使用范围

测量对象		被测设备定电压/V	兆欧表的额定电压/V
绕组绝缘电阻		500 以下	500
		500 以上	1000
电力变压器	绕组绝缘电阻	500 以上	1000～2500
电　　机			
发电机绕组绝缘电阻		380 以下	1000

续表

测量对象	被测设备定电压/V	兆欧表的额定电压/V
电气设备绝缘	500以下	500～1000
	500以上	2500
绝缘子		2500～5000

（二）摇表的接线

兆欧表的接线柱共有三个：一个为“L”即线端，一个为“E”即地端，再一个“G”即屏蔽端（也叫保护环），一般被测绝缘电阻都接在“L”“E”端之间，但当被测绝缘体表面漏电严重时，必须将被测物的屏蔽环或不须测量的部分与“G”端相连接。这样漏电流就经由屏蔽端“G”直接流回发电机的负端形成回路，而不在流过兆欧表的测量机构（动圈）。这样就从根本上消除了表面漏电流的影响，特别应该注意的是测量电缆线芯和外表之间的绝缘电阻时，一定要接好屏蔽端钮“G”，因为当空气湿度大或电缆绝缘表面又不干净时，其表面的漏电流将很大，为防止被测物因漏电而对其内部绝缘测量所造成的影响，一般在电缆外表加一个金属屏蔽环，与兆欧表的“G”端相连。

当用兆欧表摇测电气设备的绝缘电阻时，一定要注意“L”和“E”端不能接反，正确的接法是：“L”线端钮接被测设备导体，“E”地端钮接地的设备外壳，“G”屏蔽端接被测设备的绝缘部分。如果将“L”和“E”接反了，流过绝缘体内及表面的漏电流经外壳汇集到地，由地经“L”流进测量线圈，使“G”失去屏蔽作用而给测量带来很大误差。另外，因为“E”端内部引线同外壳的绝缘程度比“L”端与外壳的绝缘程度要低，当兆欧表放在地上使用时，采用正确接线方式时，“E”端对仪表外壳和外壳对地的绝缘电阻，相当于短路，不会造成误差，而当“L”与“E”接反时，“E”对地的绝缘电阻同被测绝缘电阻并联，而使测量结果偏小，给测量带来较大误差。

（三）摇表的使用注意事项

1. 测量前先将兆欧表进行一次开路和短路试验，检查兆欧表是否正常。

具体操作为：将两连接线开路，摇动手柄指针应指在无穷大处，再把两连接线短接一下，指针应指在零处。

2. 被测设备必须与其他电源断开，并在测量前进行充分放电。测量完毕也一定要再将被测设备充分放电（约需2～3分钟），以保护设备及人身安全。

3. 兆欧表与被测设备之间应使用单股线分开单独连接，不能使用双股绝缘线的绞线。并保持线路表面清洁干燥，避免因线与线之间绝缘不良引起误差。

4. 摇动手柄时，应由慢渐快，均匀加速到120 r/min，读数应以指针稳定不变时为准。摇动过程中，如出现指针已指零时，就不能再继续摇动，以防表内线圈发热损坏。

5. 摇测时，将兆欧表置于水平位置，摇把转动时其端钮间不许短路。摇测电容器、电缆时，必须在摇把转动的情况下将接线拆开，否则反充电将会损坏兆欧表。

6. 为了防止被测设备表面泄漏电阻，使用兆欧表时，应将被测设备的外壳或表层（如电缆壳芯之间的内层绝缘物）接于屏蔽环。

7. 严禁在雷电天气或在邻近有带高压导体的设备处使用兆欧表测量。

三、接地电阻表

（一）用途

接地电阻表又称接地摇表，是用于测量接地装置接地电阻的专用仪表。

其表面有三个端钮（“E”“P”“C”）或有四个端钮（“C1”“C2”“P1”“P2”）两种。三个端钮的只能测量接地装置的接地电阻，而四个端钮的既能测量接地装置的接地电阻，也能测量土壤的电阻率。

（二）结构

常用的接地摇表是由手摇发电机、电流互感器、调节电位器及检流计组成。如图 6－1－7所示。

（三）工作原理

接地电阻表工作原理见图 6－1－8。

图 6－1－7　接地摇表

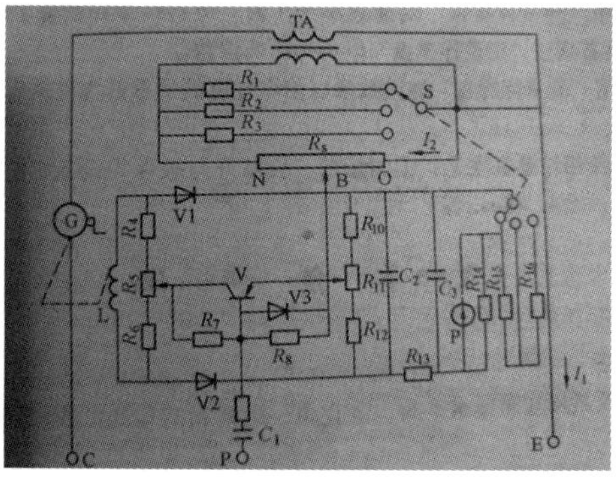

图 6－1－8　接地电阻表工作原理示意图

（四）接地摇表的接线和操作方法

1. 将仪表放置水平位置，把被测接地装置的接地引下线断开并与仪表的“E”接线柱相连；在距接地装置 E′为 20 m 处插入电位探针 P′，在距 P′为 20 m 处插入电流探针 C′，并使 E′、P′、C′在一条直线上，接线布置见图 6－1－9 所示。并用绝缘导线将电位探针 P′与 P 接线柱相连，电流探针 C′与 C 接线柱相连。

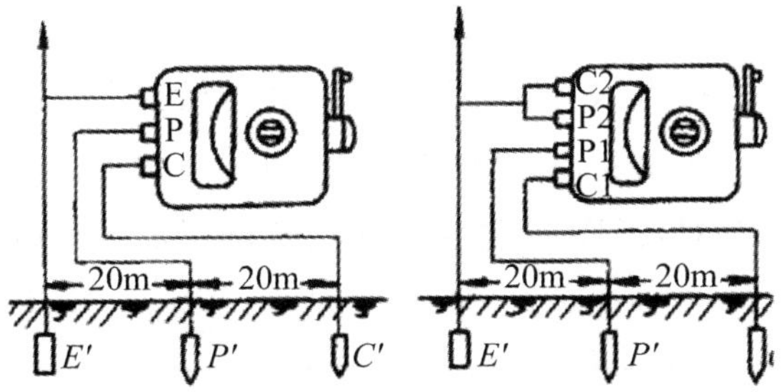

（a）三端钮式接线图　　（b）四端钮式接线图

图 6－1－9　接地摇表的接线图

2. 检查检流计的指针是否在中心线上，否则应用零位调整器将其调整于中心线上。

3. 将“倍率标度”置于最大倍数，慢慢转动发电机的摇把，同时转动“测量标度盘”使检流计的指针指于中心线上。

4. 当检流计的指针接近平衡时，加快发电机摇把的转速，使其达到 120 r/min 以上，同时调整“测量标度盘”，使指针指于中心线上。

5. 如“测量标度盘”的读数小于 1 时，应将倍率置于较小的倍数，再重新调整“测量标度盘”以得到正确的读数。

6. 用“测量标度盘”的读数乘以此时仪表的倍率即为所测的接地装置的接地电阻值。

（五）接地摇表的使用注意事项

1. 接地装置要与被保护设备断开，以保证测量结果的准确性。

2. 下雨后和土壤吸收水分太多的时候，以及气候、温度、压力等急剧变化时不能测量。

3. 探测针应远离地下水管、电缆、铁路等较大金属体，其中电流极应远离 10 m 以上，电压极应远离 50 m 以上，如上述金属体与接地网没有连接时，可缩短距离 1/2～1/3。

4. 连接线应使用绝缘良好的导线，以免有漏电现象。

5. 测量应选择土壤电阻率大的时候进行，如初冬或夏季干燥季节时进行。

6. 当检流计灵敏度过高时，可将电位探针电压极插入土壤中浅一些，当检流计灵敏度不够时，可沿探针注水使其湿润。

图 6－1－10　红外热像仪

四、红外热像仪

红外热像仪见图 6－1－10。

（一）红外热像仪工作原理

红外热像仪是通过非接触探测红外热量，并将其转换生成热图像和温度值，进而显示在显示器上，并可以对温度值进行计算的一种检测设备。红外热像仪能够将探测到的热量精确量化，能够对发热的故障区域进行准确识别和严格分析。如图 6－1－11 所示。

红外测温分析报告

线路名称	设备名称	台区名称	发热部位	操作者	报告日期
邢师2线	变压器	豫让桥市场	二次b相倒杆c相二次刀闸	王伟大	年　月　日

红外线图

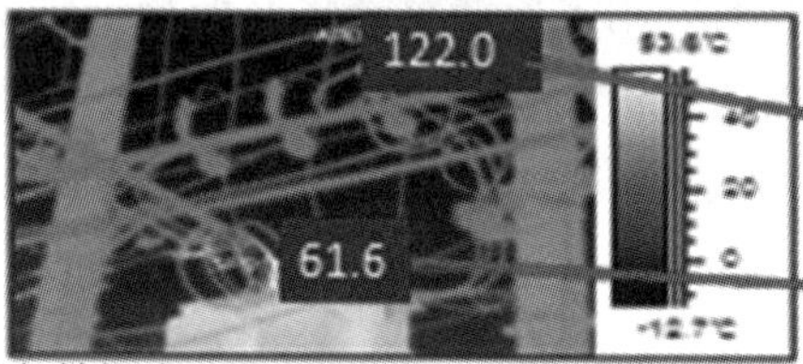

可见光图

参考数据表

红外测温内容	数据
创建日期	年　月　日
测时系数	0.96
目标测高	20.0m
环境温度	27.3℃
大气温度	24.2℃
相对湿度	0.30
参考温度	20℃

分析数据表

红外热图：最大值	＞130.20℃
红外热图：最小值	＜12.6℃
SP01	122.0℃
SP02	61.6℃
AF01 最大值	78.0℃

图 6－1－11　红外检测报告样图

（二）红外热像仪作用

红外热像仪可以十分快捷准确探测电气设备的不良接触，以及过热的机械部件，以免引起严重短路和火灾。对于所有可以直接看见的设备，红外热像仪能够确定所有连接点的热隐患。那些由于遮蔽而无法直接看到的部分，则可以根据其热量传导到外面的部件上的情况，来发现隐患。这种情况对传统的方法来说，除解体检查和清洁接头外，没有其他的办法。对于断路器、导体、母线及其他部件的运行测试，红外热像仪的作用是无法取代的。红外热像仪也可以很容易地探测到回路过载或三相负载的不平衡。

（三）红外热像仪在电力系统的应用

1. 电气装置：可发现接头松动或接触不良、不平衡负荷、过载、过热等隐患。避免造成的潜在影响是产生电弧、短路、烧毁、起火。

2. 变压器：可以发现的隐患有接头松动、套管过热、接触不良（抽头变换器）、过载、三相负载不平衡、冷却管堵塞不畅。避免这些隐患可能产生的电弧、短路、烧毁、起火而导致设备损坏。

五、钳形电流表

钳形电流表（卡表）见图 6－1－12。

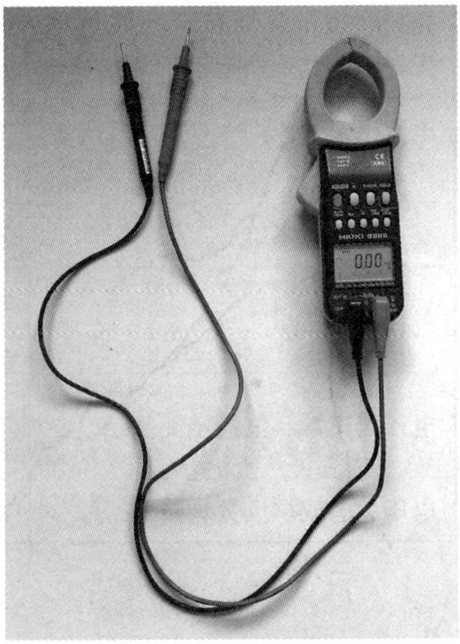

图 6－1－12　钳形电流表

（一）用途

钳形电流表又叫安培钳、卡表，是一种携带式电测仪表，用于不拆断电路而测量电流的场所，还有测量电压，直流电压，电阻等功能。

（二）结构

钳形电流表根据设计和型号由数字显示以及内部有电流互感器，电阻配置，电压配置等元器件。

（三）种类

钳形电流表有多种型号。有钳形交流电流表，钳形交直流电流表，多用途钳形电流表。多用途钳形电流表是由钳形电流表互感器和万能表组合而成。

（四）工作原理

电流互感器铁芯的活动部分与手柄相连，使用时按（捏）动手柄使活动铁芯张开，使被测电流的导线放入钳口中，放开（送）手柄后浅口铁芯闭合。此时通过电流的导线相当于一次绕组，电流互感器二次绕组出现感应电流，二次绕组的电流表指针（数字）发生偏转，从而显示出被测电流值。其余测量交流电压、直流电压、电阻等工作原理和万能表相同。

（五）使用方法

1. 估算被测值，将转换开关拨到适当量程。(不好估算把量程拨到最大)
2. 使被测导线放到钳口中央。(导线绝缘有损时要注意相间短路和触电)
3. 读取并记录指示值。
4. 测毕打开钳口，移开钳形表。(过程一定要注意相间距离)

（六）注意事项如下

1. 如无法估测被测物电流大小，应先将量程调到最大档位。
2. 每次使用后应将转换开关放置的电流最高档位。
3. 不得在测量过程中切换量程，必须切换时，应将钳口打开。

（七）故障现象、原因及处理办法

钳形电流表的故障现象、原因及处理办法见表 6-1-2

表 6-1-2　钳形表常见故障及处理办法

故障现象	故障原因	处理办法
测量电流电压时，一档或数档无指示，其他档指示正常	1. 紧固螺丝的螺栓松动 2. 分线开关上连接线扭断	1. 紧固螺栓 2. 将连接线接好
电流档读数偏小，电压档读数正常	1. 钳口接触不良 2. 线圈匝间短路	1. 修正钳口，使之接触良好 2. 重绕线圈
某一档读数不准	相应电阻值变化	调整相应电阻值
各档均无指示	1. 整流二极管、表头、开关损坏 2. 线路接线断短路	1. 更换损坏原件 2. 接好导线
电压档正常、电流档无指示	开关和二次线圈异常	用万用表检查开关、二次线圈，排除故障
电压、电流档读数均降低	内磁式钳形表磁铁退磁	充磁

六、直流电桥

（一）用途

直流电桥是用来测量电阻或与电阻有一定函数关系的参量（如温度）的比较式仪器，常用于测量变压器绕组直流电阻。

（二）种类

按线路原理分为单臂电桥、双臂电桥、单双臂电桥、三次平衡电桥等。按使用条件分为实验室型和携带型两种，在工作中主要使用携带型单臂电桥、双臂电桥。常用直流电桥型号规格见表 6-1-3。

表 6-1-3　常用直流电桥型号规格

名称	型号	测量范围/Ω	准确度等级	备注
携带式直流单臂电桥	QJ23 QJ43	$1\sim9999\times10^2$ $1\sim99999\times10^2$	0.2 0.1	
携带式直流双臂电桥	QJ57	$10^{-8}\sim1111.10$	0.05	

续表

名称	型号	测量范围/Ω	准确度等级	备注
单双臂两用电桥	QJ19	单臂 $10^2 \sim 10^6$ 双臂 $10^{-5} \sim 10^2$	0.05	
	QJ36	单臂 $10^2 \sim 10^5$ 双臂 $10^{-6} \sim 10^2$	0.02	
携带式单双臂两用电桥	QJ47	单臂 $10^2 \sim 10^4$ 双臂 $10^{-4} \sim 10^2$	0.5	

（三）直流单臂电桥工作使用方法及原理

图 6-1-13 为直流单臂电桥原理图。

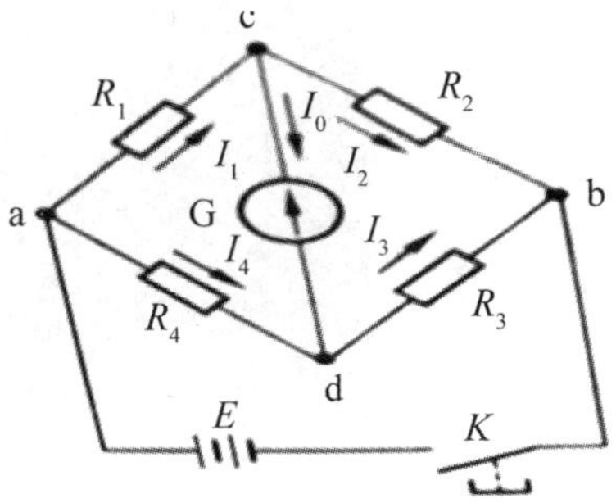

图 6-1-13　直流单臂电桥原理图

1. 工作原理

直流单臂电桥又称惠斯登电桥，其原理电路如图 6-1-13 所示，电阻 R_1、R_2、R_3、R_4 接成四边形，在一条对角线 ab 上经按钮开关 K 接入直流电源 E，在另一条对角线 cd 上接入检流计 G 作为指零仪，接通按钮开关 K 后，调整标准电阻 R_2、R_3、R_4，使检流计电流为零，指针不偏转，此时电桥平衡，说明两相对桥臂上的电阻乘积等于另外两相对桥臂上电阻的乘积，即 $R_1 \times R_3 = R_2 \times R_4$，用被测电阻 R_x 代替 R_1。则得出 $R_x = R_2 \times R_4 / R_3$。

2. 使用方法

（1）打开检流计锁扣，调节调零器使检流器的指针指在零位。

（2）将被测电阻可靠接入，估计被测电阻的阻值范围，选用合适的比较臂比率，以保证比较臂的四档电阻均充分利用。

（3）按电源按钮。

（4）按下检流计按钮，若指针向“+”偏转，应增大比较臂电阻；若指针向“-”偏转，应减小比较臂电阻。

（5）测量完毕，松开检流计按钮，断开电源按钮。

（6）锁上检流计锁扣。

（四）直流双臂电桥

直流双臂电桥工作使用方法及原理如下。

1. 工作原理

直流双臂电桥又称凯尔文电桥，其原理电路图见图 6-1-14 所示。与单臂电桥不

同之处是被测电阻 R_x 和已知电阻 R_4 串联后组成相邻的一个臂，已知电阻 R_n 和 R_3 串联后组成另一个臂，它相当于单臂电桥的比较臂。通过电路的星形、三角形等效变换后得到 $R_x = R_2 \times R_n / R_1$

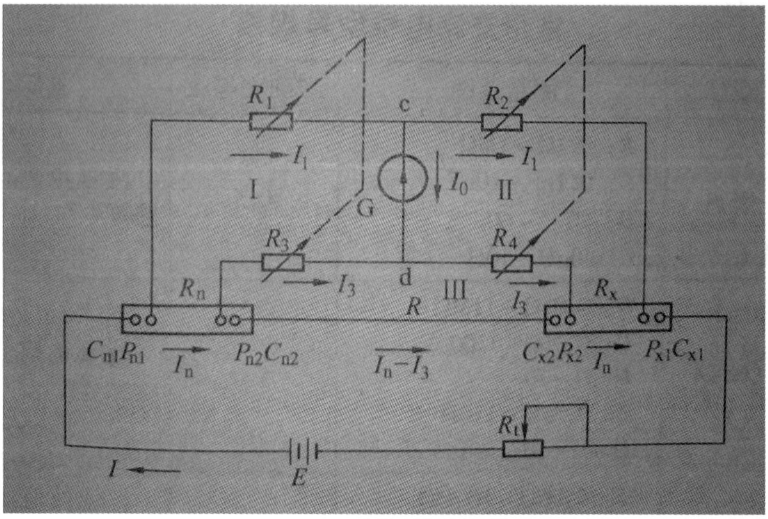

图 6-1-14　直流双臂电桥原理图

2. 使用方法

直流双臂电桥使用方法与直流单臂电桥相同。

（五）直流单、双臂电桥使用注意事项。

1. 测量时，必须先按电源按钮，再按检流计按钮；测量完毕，必须先松开检流计按钮，再断开电源按钮。

2. 调平衡过程中，不要把检流计按钮按死，待调到电桥接近平衡时，才可按死检流计按钮进行细调。

3. 若使用外接电源，电压应符合规定值。

4. 双臂电桥工作电流较大，要有足够容量的电源，测量动作要迅速，测量结束后应立即断开电源。

（1）使用双臂电桥时，被测电阻的电流端钮和电位端钮应和电桥对应端钮正确连接，连接导线尽量用短线或粗线，接头要牢靠。

（2）测量结束，须将检流计的锁扣锁上。

七、交流电桥

（一）用途

交流电桥是用来测量交流等效电阻、电容、电感和互感的一种比较仪器。

（二）种类

分为电感电桥、电容电桥、频率电桥、变比电桥等。常用交流电桥型号见表 6－1－4。

表 6－1－4　常用交流电桥型号规格

产品名称	型号	测量范围	准确度等级	主要用途
万能电桥	QS14	R：0.1Ω～1MΩ C：0.1pF～10μF D：10^{-1}～60 L：10μH～10H	0.5	测量电阻、电容、电感等参数
	QS18A	R：0.01Ω～1MΩ C：0.5pF～1100μF D：0～10 L：0.5μH～110H Q：0～10	1.0	测量电阻、电容、电感等参数
	QS23	R：0.05Ω～100MΩ C：0.1pF～100μF L：0.1μH～110H Q：0.1～1000	1.0	测量电阻、电容、电感等参数
交流电桥	QS1	C：0.3×10^{-4}～0.4μF D：0.005～0.6 测量电压 5～10 kV	5	测量各种绝缘体及高压电容的电容量和损耗角
损耗因数及电容电桥	QS27	C：9pF～10pF D：1×10^{-5}～10	0.5	测量绝缘材料及电容设备的损耗因数

（三）工作原理

1. 交流电桥与直流电桥有相同的结构形式，只是交流电桥四个臂的参数是阻抗，因而它的平衡条件和调整过程较复杂，原理图见图 6－1－15。

在正弦交流情况下，Z_1、Z_2、Z_3、Z_4 是复数阻抗的模量，φ_1、φ_2、φ_3、φ_4 是复数阻抗的幅角，交流电桥平衡条件为：

$$Z_1\times Z_3=Z_2\times Z_4$$

$$\varphi_1\times\varphi_3=\varphi_2\times\varphi_4$$

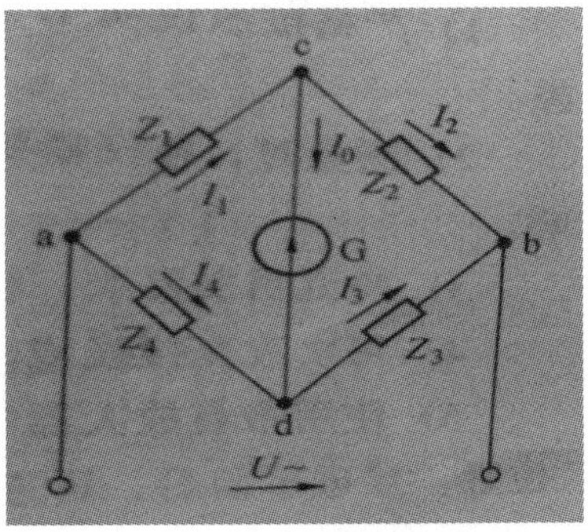

图 6－1－15　交流电桥原理图

2. 交流电桥使用方法与直流电桥相同。

（四）交流电桥使用注意事项

1. 严格按照使用说明书中对电源的数值、频率和波形的要求选择电源。

2. 测量时，各仪器要合理安放，尽可能消除各种干扰对电桥平衡的影响。

3. 按说明书要求，将电桥电路的屏蔽线连接到适当的点上。

4. 每次改变接线或改换被测原件前，必须先断开电源。

5. 使用带有放大器的平衡指示器或耳机，应把灵敏度调解在最低的位置，接近平衡后，再逐渐提高灵敏度，直到灵敏度最大时电桥平衡为止。

（五）常见故障及处理

交流电桥故障主要反映在检流计损坏和示值超差。见表 6－1－5。

表 6－1－5　交流电桥常见故障与处理办法

故障现象	产生原因	处理办法
通电时，检流计指示无偏差	张丝（或悬丝）、导线由于受震折断或过负荷烧坏	更换张丝或导线
	悬丝、导线固定销钉松落或脱焊	重新紧固或焊好
	电气线路或动圈断路或脱焊	查明线路，排除故障，更换动圈
	磁空隙内有灰尘微粒黏附，卡住动圈	用球压空气吹去灰尘，用带尖钢针迅速引出铁屑
示值超差	旋臂的活动部分接触不良，比较盘电刷极间不清洁导致零值电阻大；电刷和极板变形，接触不良导致示值变差大	对所有按钮、触点、刷形开关进行清洗，涂油； 校准形状、调节触点压力，使其接触良好

八、万用表

万用表见图 6－1－16。

（一）测量直流电阻

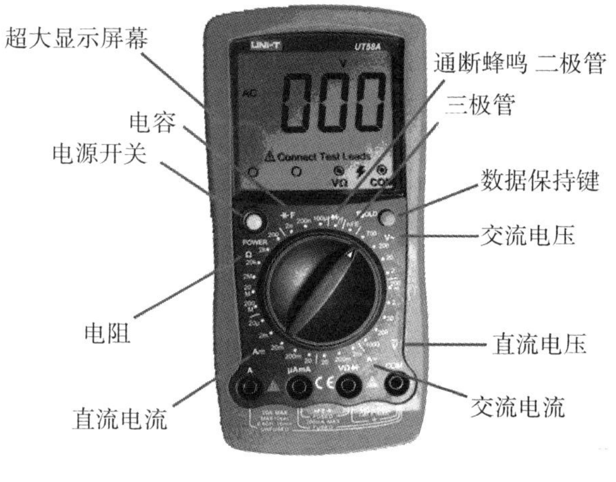

图 6－1－16　万用表

1. 测量前对万用表进行外观检查了解表的功能，扭动转换开关拨档是否灵活，机械调整指针，指针指在表盘刻度的“0”位，将两根表线插入接线孔，红色线对应插入红色（“＋”）孔内，黑色线对应插入黑色（“－”）孔内。注意事项：表盘符号，“Π”表示水平放置，“⊥”表示垂直使用。清楚刻度盘上每条刻度线所对应的被测电量。红色线与黑色线插入万用表不能插反。

2. 按估计的被测量电阻数值，旋动转换开关转使开关箭头指在标有“Ω”符号的适当量程位置上。注意事项：选择档位时，以示值尽可能在中间刻度的位置为最佳。

3. 转换开关转到标有“Ω”符号的适当量程位置后，再将两根表棒短接，看表针是否指在电阻刻度的“0”刻度上。如果不在“0”刻度上，旋转调零旋钮，使表指针指在电阻刻度的“0”刻度上。注意事项：此项调整在每次换档时均应操作一次。若将旋钮调到最大位置时，指针仍不能指到“0”刻度点（在“0”刻度左侧，即有数值一侧），则说明该表的电池电压不能满足要求，应更换电池。

4. 用两表棒分别连接被测电阻的两个端头。表针则指示出一个读数，若示值过小或过大，则应调换成更合适的档位后再重新测量。测量读数×倍数（档位）＝检测值（Ω）如选用“R×100”档测量，指针指示 50，则被测电阻值为：50×100＝5000Ω＝5kΩ。注意事项：面板上：×1、×10、×100、×1k 四个档位。不要带电测量电阻。

5. 测量完毕后，若还需接着使用，则注意防止两表笔相碰而短路，若不使用，则将旋钮扭到交流电压最高档（ACV－500，1000）处。注意事项：防止两表笔相碰短路，防止再次测量万用表烧坏。

（二）测量直流电压

1. 测量前对万用表进行外观检查了解表的功能，扭动转换开关拨档是否灵活，机械调整指针，指针指在表盘刻度的“0”位，将两根表线插入接线孔，红色线对应插入红色（“＋”）孔内，黑色线对应插入黑色（“－”）孔内。注意事项：表盘符号，“Π”表示水平放置，“⊥”表示垂直使用。清楚刻度盘上每条刻度线所对应的被测电量。红色线与黑色线插入万用表不能插反。

2. 估计被测值选择直流电压档位，将旋钮旋到 DCV（或 V～）某档上。例如测量一节干电池时，应选择 DCV－2.5V 档。注意事项：当被测电压数值范围不清楚时，可先选用较高的测量范围档，再逐步选用低档，测量的读数最好选在满刻度的 2/3 处附近。

3. 确定被测电压的正、负极。注意事项：测量直流电压，正负极不能接错，“＋”插口的表棒接至被测电压的正极，“－”插口的表棒接至被测电压的负极，不能接反。

4. 把红色表笔和黑色的表笔分别并接在正极和负极上，根据所选档次和表针稳定时指示值得出被测电压值。如档位是 2.5V，读 DCV－V 刻度线，用 125 刻度时，指针所指数为 70。被测值（2.5÷125）×70＝1.4（V）。注意事项：测量电压超出安全电压，应防人身触电措施，戴绝缘手套，穿绝缘鞋、戴护目镜等，保持与其他带电物的距离。

5. 测量完毕后，则将旋钮扭到交流电压最高档（ACV－500）处，注意事项：防止两表笔相碰短路，防止再次测量万用表烧坏。

（三）测量交流电压

1. 测量前对万用表进行外观检查了解表的功能，扭动转换开关拨档是否灵活，机械调整指针，指针指在表盘刻度的“0”位，将两根表线插入接线孔，红色线对应插入红色（“+”）孔内，黑色线对应插入黑色（“—”）孔内。注意事项：表盘符号，“Π”表示水平放置，“⊥”表示垂直使用。清楚刻度盘上每条刻度线所对应的被测电量。红色线与黑色线插入万用表不能插反。

2. 把转换开关拨到交流电压档，选择合适的量程。注意事项：如果被测电压的数值不知道，可选用表的最高测量范围 500 V，指针若偏转很小，再逐级调低到合适的测量范围，即指针在标度尺 1/2～1/3 位置最佳。

3. 将万用表两根表笔并接在被测电路的两端，不分正负极。注意事项：防人身触电措施，戴绝缘手套，穿绝缘鞋、戴护目镜等，保持与其他带电物的距离。

4. 根据所选量程指针稳定时的位置，正确读数。其读数为交流电压的有效值。

注意事项：根据所选档位和指针指示的 ACV 或（V～）线的刻度，求得被测量的数值。

5. 测量完毕后，则将旋钮扭到交流电压最高档（ACV－500）处，注意事项：防止两表笔相碰短路，防止再次测量万用表烧坏。

（四）测量直流电流

1. 测量前对万用表进行外观检查了解表的功能，扭动转换开关拨档是否灵活，机械调整指针，指针指在表盘刻度的“0”位，将两根表线插入接线孔，红色线对应插入红色（“+”）孔内，黑色线对应插入黑色（“—”）孔内。注意事项：表盘符号，“Π”表示水平放置，“⊥”表示垂直使用。清楚刻度盘上每条刻度线所对应的被测电量。红色线与黑色线插入万用表不能插反。

2. 找到转换开关转到标有“mA”或“μA”符号的量程位置，估计被测电流值的大小，再将旋钮调到选定位置。注意事项：如不清楚被测电流大小，可将量程选定在大量程位置，然后视指针偏转大小调节到适当位置。

3. 断开被测电路，并确定两断点的正、负。“+”表笔接电路正极端，“—”表笔接电路的负极端，将万用表串联在被测电路中。注意事项：断开电路，连接线时防止接线短路。

4. 按所选取档位及指针稳定后指示的 DCV－A 刻度线上的读数，求得被测电流值。注意事项：如档位是 25mA，指针指在 DCV－A 量程为 125 的刻度线的 110 格处，则被测电流为（25÷125）×110＝22（mA）。

5. 测量完毕后，则将旋钮扭到交流电压最高档（ACV－500）处。注意事项：防止两表笔相碰短路，防止再次测量万用表烧坏。

第二节　配电线路及设备的常见测量

测量是我们电力行业的一项重要而且相当关键的一种作业。保证测量数据的准确和全面是衡量一个单位和一个电网质量标准的关键。因此，测量工作是我们配电专业迈向标准化、自动化、智能化的关键步骤。

一、术语

（一）测量

指用已知的标准与未知的被测量进行直接或间接的比较，从而确定被测量数值的过程，它分为长度测量、力学测量、电磁测量、无线电测量、温度测量、光学测量、声学测量、放射性测量和化学测量。

（二）电学测量

指将被测电量或磁量单位的同类电量或磁量进行比较，以确定被测量或磁量的数值的过程。

（三）测量仪表

指测量工作所用的各种仪器、仪表的总称。

（四）度量衡

指在测量中实际使用的测量单位的复制体（实物样品）。它分为基准度量衡和标准度量器两种：

1. 基准度量器代表目前科学技术所能达到的最高精度的度量器，由国际和各国的最高的计量部门保存。

2. 标准度量器是为了满足实际工作的需要，并保证测量仪器的准确一致所建立的不同精度等级的度量器，用于检定低一级的测量仪表以便对量值准确计量。标准度量器按精度的不同，由不同等级的计量部门保存。

（五）附件

指用于作测量单位的实物样品或扩大仪表量程的装置，如度量器、分流器、互感器等。

二、测量

（一）交叉跨越测量

交叉跨越示意图见图 6－2－1。

1. 仪器在站点上调平，使塔尺刻度清晰，将照准部锁紧螺旋及望远镜锁紧螺旋锁

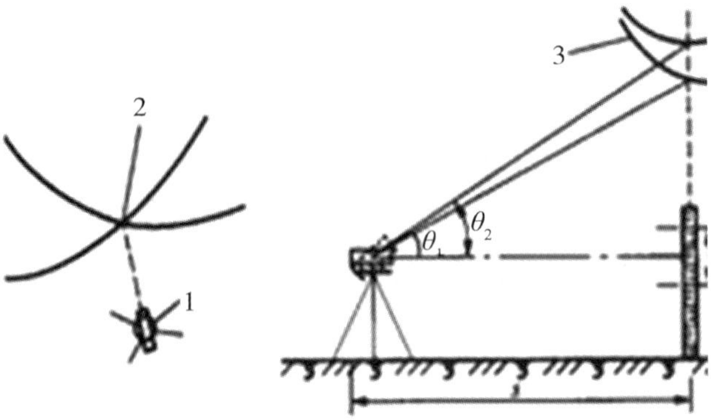

图 6-2-1　交叉跨越示意图

紧，转动照准部微动螺旋使十字丝上下丝能夹住塔尺上刻度，转动望远镜微动螺旋，使十字丝上丝与塔尺上某一起始刻度重合，读出十字丝上下丝所夹塔尺刻度长度乘以 100 得出距离 A，视距时望远镜尽量保持水平，松开望远镜锁紧螺旋将换向手轮转至竖直位置。

2. 打开仪器竖盘照明反光镜并转动或调整角度，使显微镜中读数最亮；转动显微镜目镜使读数最清晰；将望远镜瞄准上层导线，也可先测下层导线，锁紧望远镜制动手轮；转动望远镜微动手轮使十字丝与导线精确相切；旋转竖盘指标微动手轮，观察棱镜看到的竖盘水准器，水泡精确；转动测微手轮，使读数显微镜内见到有上下两部分影像相对移动，直到上下格线精确符合为止，读出度、分、秒，并做好记录；用同样方法读出下层导线的垂直角度，并做好记录。

3. 利用公式 $H=D(tg\theta_2-tg\theta_1)$ 计算交叉跨越间的距离并记录结果。

（二）绝缘子的绝缘电阻测量

绝缘子的绝缘电阻测量使用兆欧表（绝缘电阻表），见图 6-2-2。

1. 对兆欧表进行检查，将两条测试线短接，轻轻摇动手柄，观察指针是否指“0”，然后将兆欧表的两条测试线 E 和 L 开路，摇动手柄达到额定转速 120 r/min，观察指针是否指“∞”（无穷大），如果指示不对，需调整后使用。检查绝缘手套是否合格。

2. 检查绝缘子的瓷件表面是否光滑、无损伤，并将其擦拭干净，安放在支架上。

3. 连接测试线，将与仪表端钮 L 连接的测试线与被测绝缘子的瓷件部分连接，与仪表端钮 E 连接的测试线与被测绝缘子的铁脚部分连接。两条测试线不得缠绕。如图 6-2-3 所示。

4. 摇动手柄，先缓慢摇动，观察仪表指针是否指向“0”，以判断被测试品有无短路现象。如无短路，则将转速匀速增至（120 r/min）并保持不变，待指针稳定后，方

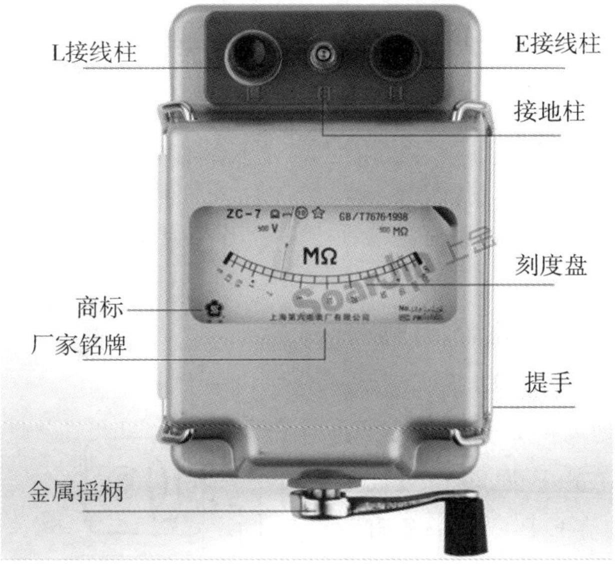

图 6-2-2　兆欧表

可读数，此数值即为被测绝缘子的绝缘电阻。

5. 继续摇动手柄，并命令辅助人员断开 L 端的测试线，在测试线断开后才能停止摇转。

6. 测量完毕，应先对被测试物放电，再拆除其余测试线。

7. 记录试品名称，规格，环境温度和测试数值。

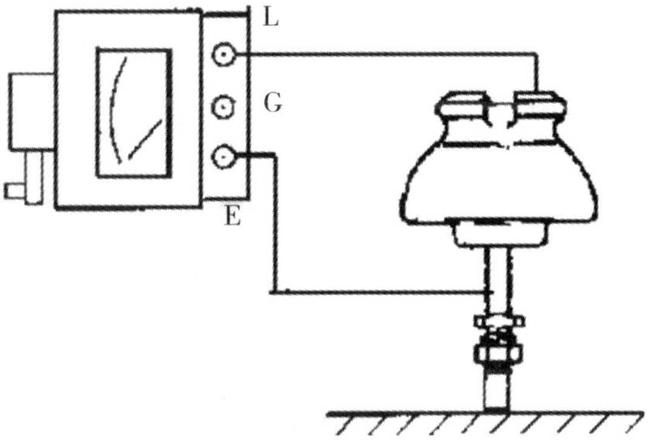

图 6-2-3　绝缘子的绝缘电阻测试接线示意图

8. 注意事项

（1）兆欧表的额定电压必须与被测物品的额定电压相适应。

（2）测试完毕后应立即对被测物品进行放电，之后再拆除测试线。

（3）在环境湿度太大时，不宜进行测量。

（4）在测量过程中，身体严禁碰触被试物品，在拆除测试线时应戴绝缘手套。

（三）接地电阻测量

接地电阻表（接地摇表）如图 6-2-4。

1. 接地极和接地装置

接地装置包括接地引下线和接地体。铁塔本身是导体，不需要另加引下线，塔身即引下线；混凝土电杆需用圆钢或钢绞线敷设引下线，或用脚钉管、爬梯做引下线，不宜用混凝土电杆中的钢筋作引下线。

接地体是指埋设于土壤中并与每基杆塔架空地线相连接的金属装置。其作用是将直击于架空地线的雷电流引入大地，以提高线路耐雷水平，减少线路雷击事故。

图 6－2－4　接地电阻表

2. 操作方法

(1) 检查绝缘手套良好，戴好绝缘手套，断开与设备连接的接地装置的引下线。

(2) 将仪表放置水平位置，把被测接地装置用测试线与仪表的“E”接线柱相连；在距接地装置 E′为 20 m 处插入电位探针 P′，在距 P′为 20 m 处插入电流探针 C′，并使 E′P′C′在一条直线上。并用绝缘导线将电位探针 P′与 P 接线柱相连，电流探针 C′与 C 接线柱相连。两根测试线须平行敷设，间距不得小于 0.5 m，且不得缠绕、打结。如图 6－2－5、6－2－6 所示。

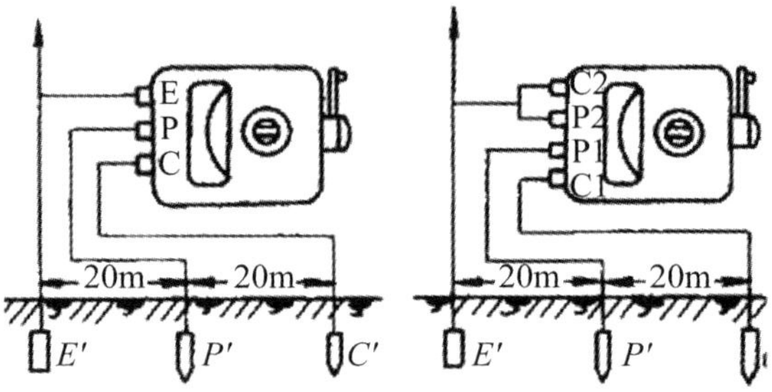

(a) 三端钮式接线图　　(b) 四端钮式接线图

图 6－2－5　接地摇表的接线图

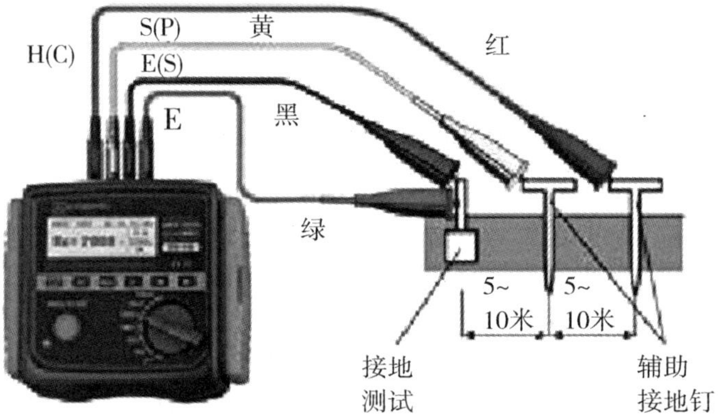

图 6－2－6　接地摇表布线图

(3) 检查接地测试仪检流计的指针是否在中心线上，否则应用零位调整器将其调整于中心线上。

(4) 将“倍率标度”置于最大倍数，慢慢转动发电机的摇把，同时转动“测量标度盘”使检流计的指针指于中心线上。

(5) 当检流计的指针接近平衡时，加快发电机摇把的转速，使其达到 120 r/min 以上，同时调整“测量标度盘”，使指针指于中心线上。

（6）如“测量标度盘”的读数小于 1 时，应将倍率置于较小的倍数，再重新调整“测量标度盘”以得到正确的读数。

（7）用“测量标度盘”的读数乘以此时仪表的倍率即为所测的接地装置的接地电阻值。

（8）拆除测试线，恢复接地引下线的连接。

3. 注意事项：

（1）接地装置要与被保护设备断开，以保证测量结果的准确性。

（2）人体严禁接触与地断开的接地引线。

（3）下雨后和土壤吸收水分太多的时候，以及气候、温度、压力等急剧变化时不能测量。

（4）探测针应远离地下水管、电缆、铁路等较大金属体，其中电流极应远离 10 m 以上，电压极应远离 50 m 以上，如上述金属体与接地网没有连接时，可缩短距离 1/2～1/3。

（5）连接线应使用绝缘良好的导线，以免有漏电现象。

（6）测量应选择土壤电阻率大的时候进行，如初冬或夏季干燥季节时进行。

（7）当检流计灵敏度过高时，可将电位探针电压极插入土壤中浅一些，当检流计灵敏度不够时，可沿探针注水使其湿润。

4. 接地电阻规范要求

根据国家规范要求：“使用同一接地装置的所有 1 kV 以下的电力设备，当总容量 ≥100 kVA 时，接地阻抗不宜大于 4 Ω；如总容量＜100 kVA 时，则接地阻抗允许大于 4 Ω，但不大于 10 Ω。”具体标准接地电阻规范要求：

（1）独立的防雷保护接地电阻应小于等于 10 欧。

（2）独立的安全保护接地电阻应小于等于 4 欧。

（3）独立的交流工作接地电阻应小于等于 4 欧。

（4）独立的直流工作接地电阻应小于等于 4 欧。

（5）防静电接地电阻一般要求小于等于 100 欧。

（6）共用接地体（联合接地）应不大于接地电阻 1 欧。

（四）架空线路的绝缘电阻测量

架空线路绝缘测量是因为架空线路出现了故障，对线路整体判断的一种手段，因此要对架空线路的绝缘程度能判断、会判断、准确判断数据，这是对整条架空线路的健康水平做出判断的重要依据。线路绝缘电阻的测量工作是线路建设、运行维护和线路故障查找中经常性的工作，也是一项必不可少非常重要的工作，目前测量线路绝缘电阻的工作，一般采用摇表（兆欧表）测量。本次任务讲解用摇表测量线路绝缘电阻，主要介绍摇表测量10千伏线路绝缘电阻方法、步骤及安全注意事项。

1. 作业准备

（1）工作负责人对摇表（兆欧表）及准备的测量现场进行检查是否合格。

（2）工作负责人检查测量人员着装、现场环境符合测量项目条件。

（3）工作负责人按测量要求履行工作手续。

（4）工作负责人召集测量人员交代工作任务，对测量成员进行危险点告知，交代安全措施和技术措施，确认每一个测量成员都已知晓，检查测量成员精神状态是否良好，人员是否合适。

（5）整理工具材料，对测量仪表（摇表）、单芯绝缘软铜线、接地针、锤子、绝缘垫子、个人作业防护用品、绝缘手套、绝缘棒、10千伏验电器等进行整理摆放，按要求定置摆放。

2. 作业步骤

（1）对兆欧表进行检查，将两条测试线短接，轻轻摇动手柄，观察指针是否指“0”，然后将兆欧表的两条测试线E和L开路，摇动手柄达到额定转速120 r/min，观察指针是否指“∞”（无穷大），如果指示不对，需调整后使用。检查绝缘手套是否合格。

（2）检查安全带、脚扣、验电器是否完好、合格，并进行冲击试验。检查杆根是否牢固、杆身无裂纹。

（3）检查线路无人工作，并确认与各连接设备的引线均已全部断开，登杆验电。

（4）连接测试线，将与仪表端钮L连接的测试线与架空线路导线连接，将仪表端钮E连接的测试线接地。两条测试线不得缠绕。如图（图6-2-7）所示。

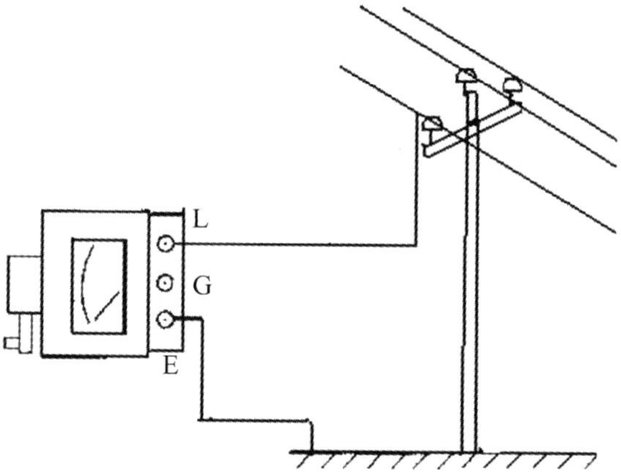

图6-2-7　架空线路导线绝缘电阻测试接线示意图

（5）摇动手柄，先缓慢摇动，观察仪表指针是否指向“0”，以判断架空线路无短路现象。如无短路，则将转速匀速增至（120 r/min）并维持5分钟后，方可读数，此数值即为该相导线对地的绝缘电阻。

（6）继续摇动手柄，并命令辅助人员断开L端的测试线，在测试线断开后才能停止摇转。

（7）用同样的方法依次测量其余两相的绝缘电阻。

（8）测量完毕，应先对被测试物放电，再拆除其余测试线。

（9）记录线路名称，规格，环境温度和测试数值。

3. 注意事项

（1）兆欧表的额定电压必须与被测物品的额定电压相适应。

（2）在测量架空线路前，必须进行验电，确认线路无电压。检查线路上无人工作，并确认架空线路与各设备的引线均已断开。

（3）测试完毕后应立即对被测物品进行放电，之后再拆除测试线。

（4）在环境湿度太大时，不宜进行测量。

（5）在测量过程中，杆上人员应时刻注意身体严禁碰触测试引线，在拆除测试线时应戴绝缘手套和使用绝缘杆。

（6）摇测人员摇测时站在绝缘垫上工作，恶劣天气，大风、大雾、雨天不宜测量工作。10 千伏线路绝缘电阻至少为 300 MΩ 才符合运行要求。

（7）将“L”线撤离线路，停止转动摇把，然后进行放电。

（8）测量工作结束后，测量人员整理测量仪表设备，按要求摆放撤离现场。注意事项：测量过程中，如果指针指向“0”位，表示被测设备短路，应立即停止转动手柄。测量完成后，工作人员切勿接近未经充分放电的线路设备。

（五）红外热成像仪的温度测量

红外热成像的测量现在已经广泛普及应用，是对配电线路以及设备的研判起着数据支撑的关键。红外热成像见图 6－2－8。

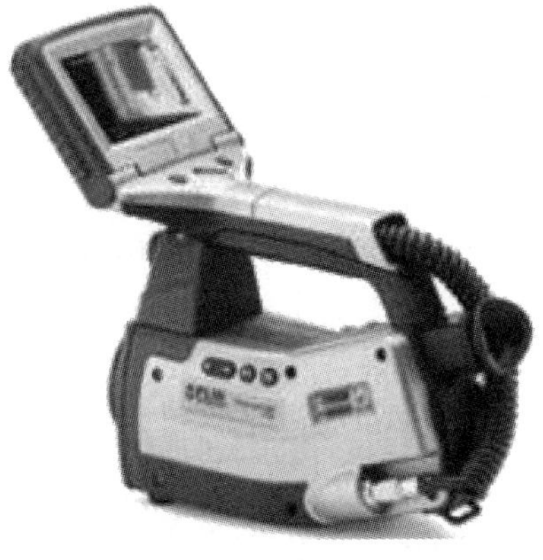

图 6－2－8　红外热像仪

1. 操作方法

（1）检查红外热成像仪工作是否正常，根据现场实际环境状况，调整红外热成像仪的各项参数。如：环境温度、观测地点到被观测设备的距离、电气设备表面的辐射率等参数。检测电气设备的辐射率一般可取 0.9。

（2）使用小焦距对所需观测的变台进行全景扫描，通过显示屏查看是否存在温度的异常变化。并保存红外图像照片，在相同的观测位置用数码相机拍摄可见光照片，用作分析报告中的对比。做好观测记录。如：时间、地点、观测设备的名称，异常的接点位置、红外图像照片的名称、可见光照片的名称。

（3）对发现的温度异常部位，调整红外热像仪的焦距，以保证红外热成像仪温度准确，图像清晰，并进行更细致的观测，保存红外照片和相同位置的可见光照片，并做好记录。在安全距离保证的条件下，红外测温仪宜尽量靠近被检测设备，使其充满整个视场。以提高红外测温仪对被检测设备表面细节的分辨能力及测温精度。

(4) 为了防止设备表面反射环境光线而造成的错觉，对发现的温度异常部位应变化观测角度，再次进行观测，以判断是否为设备本身的发热现象。若变化观测角度后，温度异常情况消失，即可认定为是设备表面反射环境光线导致的假象。

(5) 记录被检测设备的负荷电流、电压及正常相的温度。

(6) 利用专业软件对红外图像进行分析，并生成红外测温报告。

2. 注意事项

(1) 夜间工作应有足够的照明。

(2) 进行测量工作时，应设专人监护，严密注意过往车辆，防止发生交通事故。

(3) 红外热成像仪在开始工作时，应先进行预热 5 分钟，使仪器自动进行内部温度校准。

(4) 红外热成像仪在使用时，镜头严禁对着强光源工作，如：太阳、电焊弧光等。强烈的光线会造成红外感光元件烧毁。

(5) 红外热成像仪属于精密仪器，在使用中要防止磕碰，在进入温差较大的环境工作时，应在仪器适应环境后，再开机工作。

(6) 红外测温工作应选择在无日光和负荷较大的情况下开展。

(六) 核相测量

核相器是用于鉴别待连接设备、电气回路相位是否相同的装置。如图 6－2－9 所示。

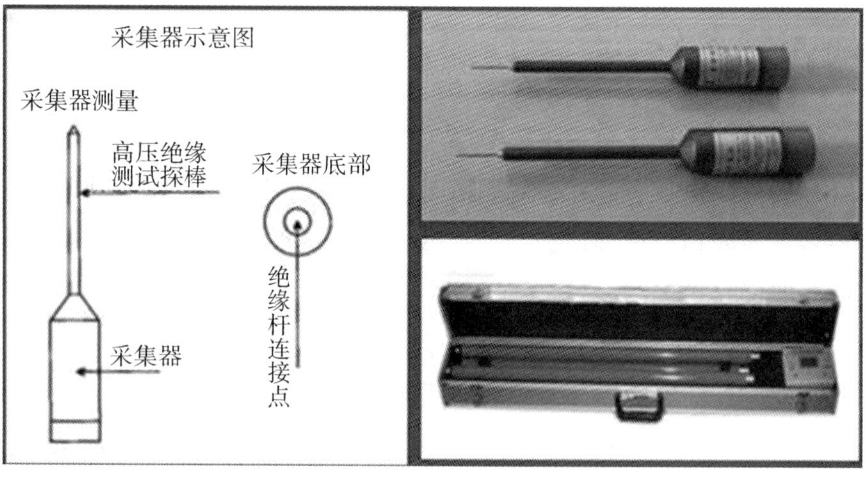

图 6－2－9　核相器

无线高压核相器（以下简称“仪器”）用于检测环网或双电源电力网闭环点断路

器两侧电源是否同相。

仪器采用无线传输技术，操作安全可靠，使用方便，克服了有线核相器的诸多缺点，符合国家电力安全工器具质量监督检验测试相关标准。

1. 工作原理

仪器由两个检测发射装置和一个接收主机组成。两个检测发射装置可以判断线路是否带电，然后发出测量的相位、频率信号。接收主机接收两个检测发射装置发回的信号，从而判断两线路是否同相。该仪器工作时通过无线发送模块将数字信号发送至接收端，从而降低了干扰，减小了误差，使仪器工作性能大幅度提高。

在使用中，先将接收装置操作于被测电网导电体，然后将接收装置操作于被测另一电网导电体，如果被测的两个电网的相位相同，语音重复提示："相位相同"，如果被测的两个电网的相位不同，语音重复提示："注意，相位不同"。

2. 安全事项

（1）现场测试时，操作人员应按电力部门高压测试安全距离标准进行操作。

（2）核相操作时，手持位置不要超过绝缘杆手柄位置。

3. 使用注意事项

（1）使用时应认真执行本单位安全规章制度，安全工作规程相关规定，仔细保管仪器，定期检查绝缘。

（2）核相操作时，手持位置不要超过绝缘杆警戒位置。本仪器设计可以不接地，为安全起见，建议可靠接地。

（3）该仪器发射、接收装置均使用电源为直流 9 V 电池，正常使用下可以使用一年半，如果使用频繁，语音音量会明显降低，此时应更换同型号电池，以免影响仪器的正常使用。

（4）本机使用的电池正负极在同一侧，因此在更换电池时要特别注意不要将电池上反，以免导致电池爆炸，给人员带来不必要的伤害。

（5）长时间不用仪器，请将电池取下，以免电池漏出腐蚀液而损坏仪器。

4. 核相前的准备

（1）检查核相器绝缘杆的绝缘性能合格。

（2）核相前应在同一电网上检测核相器是否良好，一人操作一人监护，操作人先将发射装置挂在电网导电体上，然后将接收装置与同一相导电体接触，此时语音提示："相位相同"。然后将接收装置与同一电网另一相导电体接触，此时语音提示："注意，相位不对"。若检查结果如上述所示，说明核相器完好，可以正式进行核相工作。

5. 正式核相工作

正式核相操作时，应由一人操作另一人监护，并按操作票步骤逐项操作并做好记录。

先将发射装置挂在被测电网导电体上，然后将接收装置与另一电网导电体上接触，此时语音发出“相位相同”或发出“注意，相位不同”。然后根据上述操作逐相确定两个电网的相位。

6. 无线核相仪分机（核相仪）

（1）技术性能

无线核相仪多功能采集器采用电子检测和无线传输技术。适用于架空线路、电缆线路、变电站、开闭所、配电室、箱式变压器的相位和相序校验，具有核相、测相序、验电等功能，具备很强的抗干扰性。

（2）主要优点

具有操作安全可靠、使用方便，克服了有线核相仪的诸多缺点。无线信号发射连接，核相范围在 50 米之内均可有效，不受任何地形、建筑物的限制。解决了只有外漏的电源点才能核相的弊端。

（七）经纬仪分坑测量

（1）双坑分坑

双坑分坑示意图见图 6 - 2 - 10。

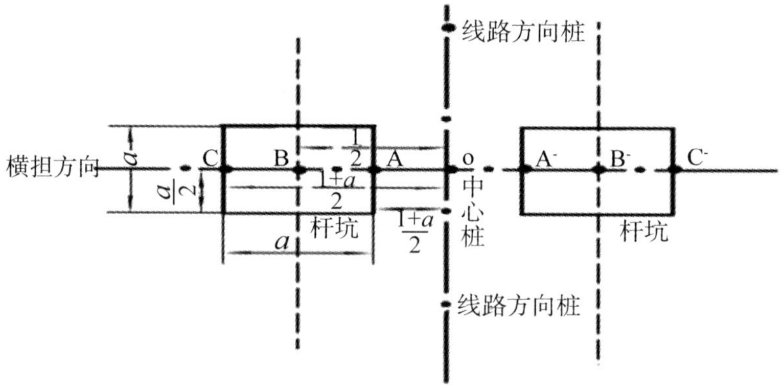

图 6 - 2 - 10　双杆分坑示意图

1）将经纬仪置于中心桩 O 点，对前后副桩进行瞄准。无前后副桩时，对准前后线路杆塔桩或直线桩，然后钉出顺线方向的副桩。如图右图所示。

2）水平旋转望远镜 90°，从 O 点垂直线路方向量 1/2（L—a）、1/2L、1/2（L+a），得 A、B、C 三点，在 B 点桩上钉圆钉，同时钉副桩。

3）取 2a 线长，两端分别置于 A、C 两点，在线中间距两端 a/2 处拉紧，目测两内角相等均成 90°，这时线形成为长方形的三边，即可沿线边用石灰粉在地面上画白线，再反向另一面同样拉紧画线，即得坑基的完整四边线。并依立杆方向画出马槽线。

4）仪器望远镜向另一侧倒转 180°，即可钉另一边同样桩位，画出另一基坑。

5）最后核对图纸无误。

（2）四脚分坑

四脚分坑示意图见图 6－2－11。

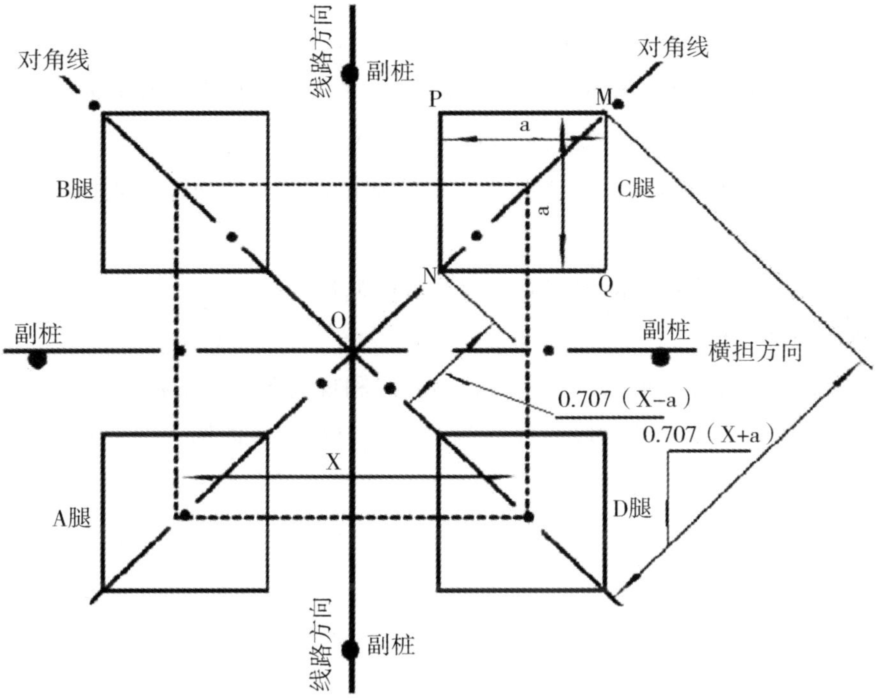

图 6－2－11　塔脚分坑（四脚）

1）将仪器置于中心桩 O 点，与双杆同样钉出顺线方向的前后副桩。如图 6－2－11 所示。

2）望远镜旋转 90°后即为横担方向并垂直线路方向，在横担方向上钉两边副桩。

3）望远镜回转到 45°后即为铁塔 A 腿和 C 腿的对角线方向。钉副桩 C，在 OC 上取 ON＝0.707×（X－a），OM＝0.707×（X＋a），得 M、N 两点。X 为铁塔两腿坑中心之间距离，a 为坑口边长。

4）取 2a 线长，将两端分别置于 M、N 两点，拉紧中心即得 P 点，反方向即得 Q 点。

5）取石灰粉沿 NPMQ 各点在地面上画白线，即得第 C 腿的坑口尺寸边缘线。

6）望远镜反转 180°，即可用同样方法得铁塔基 A 腿坑口尺寸边缘线。

7）再以望远镜右转 90°，同样可在地面上画出塔基 B 腿坑口尺寸边缘线，望远镜反转 180°即可画出塔基 D 腿坑口尺寸边缘线。

8）最后复核图纸及整个塔基尺寸完全正确无误。

（八）弧垂的测量

1. 观测档的选择原则

（1）紧线段在 5 档及以下时靠近中间选择一档。

（2）紧线段在 6～12 档时靠近两端各选择一档。

（3）紧线段在 12 档以上时靠近两端及中间各选择一档。

（4）弛度观测档的选择尽可能做到：档距大，相邻两杆塔的高差小，导线排列方式尽量一致，紧临耐张杆塔的两侧不宜选为观测档。

（5）选择弛度观测档时，选择高差较小的平坦地带。若地形特殊应适当增加观测档数目。

（6）选取连续档中最大的档距或较大的进行观测。

2. 观测点的选择

弧垂的观测点选择应根据所采用的观测方法和现场环境来确定。观测方法有两种，一种是人直接观测，一种是用经纬仪观测。当局较小的可以用人眼直接观测，档距较大时可采用经纬仪观测。使用经纬仪观测时，要求经纬仪的摆放的观测地点足够远。以保证经纬仪的仰角和俯角控制在最小值，使弧垂有微小的变化时就能引起仪器读数的明显变化。

3. 观测方法

（1）等长法。

（2）异常法。

（3）角度观测法。

4. 注意事项

（1）观测弧垂时，应用温度计测量现场温度。

（2）绑扎弛度板测量时，应从架空线的实际悬挂高度算起并垂直向下量。

（3）恶劣天气不得进行弧垂测量。

（4）孤立档观测弧垂时，应使紧线端的悬挂高度尽量靠近绝缘子的固定点，以免产生划印误差。

第三节 电缆故障测寻

电缆测量是我们配电专业的一项重要而且相当关键的一种作业。保证测量数据的准确和全面是衡量一个单位和一个电网的关键。因此，电缆测量工作是我们配电专业尽快查找故障的关键步骤。

电力电缆是在电力系统的主干线路中用以传输和分配大功率电能的电缆产品，常用于城市地下电网、发电站引出线路、工矿企业内部供电及过江海水下输电线。

电力电缆的基本结构由线芯（导体）、绝缘层、屏蔽层和保护层四部分组成。在电力线路中，电缆所占比重正逐渐增加。电力电缆是在电力系统的主干线路中用以传输和分配大功率电能的电缆产品，包括 1～500 kV 以及以上各种电压等级，各种绝缘的电力电缆。

电力电缆的使用至今已有百余年历史。1879 年，美国发明家 T. A. 爱迪生在铜棒上包绕黄麻并将其穿入铁管内，然后填充沥青混合物制成电缆。他将此电缆敷设于纽约，开创了地下输电。次年，英国人卡伦德发明沥青浸渍纸绝缘电力电缆。1889 年，英国人 S. Z. 费兰梯在伦敦与德特福德之间敷设了 10 千伏油浸纸绝缘电缆。1908 年，英国建成 20 千伏电缆网。电力电缆得到越来越广的应用。1911 年，德国敷设成 60 千伏高压电缆，开始了高压电缆的发展。1913 年，德国人 M. 霍希施泰特研制成分相屏蔽电缆，改善了电缆内部电场分布，消除了绝缘表面的正切应力，成为电力电缆发展中的里程碑。1952 年，瑞典在北部发电厂敷设了 380 千伏超高压电缆，实现了超高压电缆的应用。到 80 年代已制成 1100 千伏、1200 千伏的特高压电力电缆。

一、主要优点

（一）占地少。

一般埋设于土壤中或敷设于室内，沟道，隧道中，线间绝缘距离小，不用杆塔，占地少，基本不占地面上空间。

（二）可靠性高。

受气候条件和周围环境影响小，传输性能稳定，可靠性高。

（三）改良性好。

具有向超高压，大容量发展的更为有利的条件，如低温，超导电力电缆等。

（四）分布电容较大。

（五）维护工作量少。

（六）电击可能性小。

二、常见的故障

（一）短路性故障

分为两相短路和三相短路，多为制造过程中留下的隐患造成。

（二）接地性故障

电缆某一芯或数芯对地击穿，绝缘电阻低于 10 kΩ 称低阻接地，高于 10 kΩ 称为高阻接地。主要由于电缆腐蚀、铅皮裂纹、绝缘干枯、接头工艺和材料等造成。

（三）断线性故障

电缆某一芯或数芯全断或不完全断。电缆受机械损伤、地形变化的影响或发生过短路，都能造成断线情况。

（四）混合性故障

上述两种以上的故障。

三、电力电缆线路故障原因及对策

（一）外力损伤

在电缆的保管、运输、敷设和运行过程中都可能遭受外力损伤，特别是已运行的直埋电缆，在其他工程的地面施工中易遭损伤。这类事故往往占电缆事故的50%。为避免这类事故，除加强电缆保管、运输、敷设等各环节的工作质量外，更重要的是严格执行动土制度。

（二）保护层腐蚀

地下杂散电流的电化腐蚀或非中性土壤的化学腐蚀使保护层失效，失去对绝缘的保护作用。解决办法是，在杂散电流密集区安装排流设备；当电缆线路上的局部土壤含有损害电缆铅包的化学物质时，应将这段电缆装于管内，并用中性土壤作电缆的衬垫及覆盖，还要在电缆上涂以沥青。

（三）过电压、过负荷运行

电缆电压选择不当、在运行中突然有高压窜入或长期超负荷，都可能使电缆绝缘强度遭破坏，将电缆击穿。这需要过加强巡视检查、改善运行条件来及时解决。

（四）户外终端头浸水

因施工不良，绝缘胶未灌满，致终端头浸水，最终发生爆炸。因此要严格执行施工工艺规程，认真验收；加强检查和及时维修。终端头漏油，破坏了密封结构，使电缆端部浸渍剂流失干枯，热阻增加，绝缘加速老化，易吸收潮气，造成热击穿。发现终端头渗漏油时应加强巡视，严重时应停电重做。

四、电缆故障形成的原因

（一）机械损伤

机械损伤引起的电缆故障占电缆事故很大的比例。有些机械损伤很轻微，当时并没有造成故障，但在几个月甚至几年后损伤部位才发展成故障。

1. 安装时损伤：在安装时不小心碰伤电缆，机械牵引力过大而拉伤电缆，或电缆过度弯曲而损伤电缆。

2. 直接受外力损坏：在安装后电缆路径上或电缆附近进行城建施工，使电缆受到直接的外力损伤；行驶车辆的震动或冲击性负荷会造成地下电缆的铅（铝）包裂损。

（二）绝缘受潮

绝缘受潮后引起故障。造成电缆受潮的主要原因有：因接头盒或终端盒结构不密封或安装不良而导致进水；电缆制造不良，金属护套有小孔或裂缝；金属护套因被外物刺伤或腐蚀穿孔。

（三）绝缘老化变质

电缆绝缘介质内部气隙在电场作用下产生游离使绝缘下降。当绝缘介质电离时，气隙中产生臭氧、硝酸等化学生成物，腐蚀绝缘；绝缘中的水分使绝缘纤维产生水解，造成绝缘下降。过热会引起绝缘老化变质。电缆内部气隙产生电游离造成局部过热，使绝缘碳化。

（四）过电压击穿

大气过电压与内部过电压使电缆绝缘层击穿，形成故障。

（五）护层的腐蚀

由于地下酸碱腐蚀、杂散电流的影响，使电缆铅包外皮受腐蚀出现麻点、开裂或穿孔，造成故障。

（六）中间接头和终端头的设计和制作工艺问题

中间接头和终端头的设计不周密，材料选用不当、电场分布考虑不合理，机械强度不够是设计的主要薄弱点，工艺不良、不按规程要求制作等，容易造成电缆头故障。

（七）材料缺陷

主要表现在电缆制造的问题、电缆附件制造上的缺陷、绝缘材料的维护管理不善三个方面。

五、电缆故障性质的诊断

所谓诊断电缆故障的性质，就是指确定：故障电阻是高阻还是低阻；是闪络还是封闭性故障；是接地、短路、断线，还是它们的混合；是单相、两相，还是三相故障。

（一）电桥法

将被测电缆终端故障相与非故障相端接，电桥两臂分别接故障相和非故障相，通过调节电阻使得电桥达到平衡，通过公式计算出故障点的距离。

（二）低压脉冲反射法

测试时向电力电缆的故障相注入低压脉冲。该脉冲沿电缆传播到阻抗不匹配点即故障点时，脉冲产生反射回送到测试点由仪器记录下来，根据发射脉冲与反射脉冲的往返时间差和脉冲在电缆中传播的波速度，便可计算出故障点离测试点的距离。

（三）脉冲电流法

脉冲电流法是将电缆故障点用高压击穿，使用仪器采集并记录下故障点击穿产生的电流行波信号，通过分析判断电流行波信号在测量端和故障点往返一趟的时间来计算故障距离。脉冲电流法采用线性电流耦合器采集电缆中的电流行波信号。

六、电缆故障性质分类

根据电缆故障电阻与线芯通断情况可把电缆的故障性质分为以下四类。

（一）低阻（短路）故障

电缆导体一芯（或数芯）对地绝缘电阻或导体芯与芯之间的绝缘电阻低于 10Z0（约 200 Ω），而导体连续性良好。Z0 为电缆的特性波阻抗。一般常见的故障有单相、两相或三相短路或接地。

说明：现在高低阻故障的分界点是以用低压脉冲法测试时，在故障点处有没有肉眼能分辨出的波形反射为判据，而在 20 世纪 80 年代以前，则是以用电桥法能不能测试为判据的，当时高低阻的分界点约为 100 kΩ。实际测试时，故障点处低压脉冲波反射形的大小，主要取决于阻抗在该处的变化，而阻抗则主要与电容、电感有关，200 Ω为高低、阻分界点只是理论数据，不是绝对的。

（二）高阻故障

电缆导体有一芯（或数芯）对地绝缘电阻或导体与导体芯与芯之间的绝缘电阻大大低于正常值但高于 200 Ω，而导体连续性良好。一般常见的有单相接地、两相或三相高阻短路并接地。

（三）开路（断线）故障

电缆导体有一芯（或数芯）不连续。在实际测量中发现，除电缆的全长开路外，开路故障一般同时伴随着高阻或低阻接地现象，单纯开路而不接地的现象几乎没有。

（四）闪络性故障

这类故障绝缘电阻很高，用绝缘兆欧表不能被发现，大多数在预防性耐压试验时发生，并多出现于电缆中间接头或终端头内，有时在接近所要求的试验电压时击穿，然后又恢复，有时会连续击穿，间隔时间数秒至数分钟不等。

七、常用的电缆故障定点方法

（一）声测定点法

声测定点法是电缆故障的主要定点方法，主要用于测量高阻与闪络性故障，测量时使用高压设备使故障点击穿放电，故障间隙放电时产生的机械振动，传到地面，便听到“啪、啪”的声音，利用这种现象可以十分准确地对电缆故障进行定点，缺点是受外界干扰较大。

（二）声磁法

在向电缆施加冲击高压信号使故障点放电时，会在电缆的外皮与大地形成的回路中感应出环流来，这一环流在电缆周围产生脉冲磁场，在监听到声音信号的同时，接收到脉冲磁场信号，即可判断该声音是由故障点放电产生的，故障点就在附近。

（三）音频感应法

音频感应法一般用于探测故障电阻小于 10 Ω 的低阻故障，探测时，用 1 kHz 的音频信号发生器向待测电缆通音频电流，发出电磁波；然后在地面上用探头沿被测电缆路径接收电磁场信号，并将之送入放大器进行放大。

在电力电缆故障检测中，应认真、冷静的分析故障的类型和性质，正确应用查找方法和仪器，多积累故障查找经验。目前，电力电缆故障检测的方法中还存在着一些局限性，国内外的电力电缆故障诊断仪器和技术还有一定的差距，随着科技的进步，电力电缆故障诊断技术正在不断提高。

八、电缆故障探测步骤

电缆发生故障后，一般需经过诊断、测距、定点三个大的基本探测步骤，其详细步骤如下：

（一）了解电缆情况

包括电缆全长、电压等级、绝缘性质、电缆路径、多芯统包电缆还是单芯电缆、有无金属护层、运行中发生的故障还是试验时发现的故障等。同时巡查电缆路径上有无施工动土现象与两个终端头及其相关设备情况，了解中间接头数量及大致位置、两个终端头的位置，哪端有电源？哪端更便于测试等。实际查找时发现，一半以上的电缆故障是由外力破坏引起的，其中的大部分又是在电缆受破坏的同时，电缆线路就发生了停电事故，在电缆路径上巡查时就可以发现这些破坏点，不需要动用测试设备。电缆线路故障的另一大因素为接头出现故障，如果能知道接头的具体位置，对故障的查找会非常有利。

对于小电流接地系统的电缆线路，如在运行时发生故障，电缆受破坏的一般比较严重，通常表现为开放性的故障，加高压击穿故障点时，放电声音较大，易于故障的精确定位，并挖出电缆时，故障点肉眼可见。而耐压试验时发现的故障，一般则为封闭性，故障精确定点时可能会比较困难。

（二）诊断故障性质

对于经路径巡查不能发现的电缆故障，需把电缆从系统中拆除，使电缆彻底独立出来，两终端不要连接任何其他设备，用测试仪器探测故障点。首先进行故障性质诊断，确定故障性质。

故障性质诊断需用的设备主要有兆欧表、万用表及耐压试验设备。通过这些设备对电缆进行导通试验、绝缘电阻测量、耐压试验后，诊断电缆是否发生了开路、低阻短路、高阻还是闪络性故障，确定故障性质。

（三）选择探测方法

故障性质不同，故障探测方法亦不相同。一般依表 6－3－1 进行选择：

表 6－3－1　电缆故障探测方法选择

故障性质	测距方法	精确定点方法
开路断线	低压脉冲反射法	这类故障一般同时伴随经电阻接地现象存在，所以精确定点时一般选用声磁同步法与声测法。
低阻短路	低压脉冲反射法	这类故障一般先选用声磁同步法与声测法进行精确定位，在电缆确实发生了用声磁同步法与声测法无法找到的金属性短路或死接地时，再选用音频信号感应法或跨步电压法进行精确定位。
高阻故障	高压闪络法（含脉冲电压法、脉冲电流法）或二次脉冲法	声磁同步法与声测法
闪络性故障	高压闪络法（含脉冲电压法、脉冲电流法）或二次脉冲法	声磁同步法与声测法

20 世纪 90 年代以前，断线故障距离的测量主要选择电容电桥法，绝缘电阻在 100 kΩ以下的故障距离测量主要选择阻抗法（电桥法、压降比较法与直流电阻法），而后随着行波反射法的出现与推广，上述测距方法逐渐淡出市场。目前，阻抗法主要用于单芯电缆护层故障的测距与无金属护层电缆的特殊的主绝缘故障的测距。

在 20 年前，故障精确定点主要依靠声测法，当时故障探测对测试人员的要求特别高，现在声测法已逐步被更可靠、精度更高、对人的经验性要求较低的声磁同步法所替代，目前声测法只是电缆故障精确定点的辅助手段。对于直埋电缆的开放性故障还可以选择跨步电压法进行精确定位，但由于这种方法在所有的外皮破损处都有反应，用其探测主绝缘故障不是特别可靠，现在这种方法主要被用于单芯电缆护层故障的精确定位与金属性短路接地故障辅助性定位。

（四）故障测距

又叫粗测，个别技术人员称之为预定位，是指在电缆的一端使用故障测距仪器测量故障距离的过程。如表 6－3－1 所示，现在电力电缆主绝缘故障的测距方法主要为低压脉冲反射法、脉冲电流法、脉冲电压法与二次脉冲法等行波反射法，其中由于脉冲电压法由于存在安全隐患已逐渐不再使用。

（五）路径探测

对于路径不明的电缆，需要先探测电缆的路径，再进行故障精确定点。常用的路径探测方法一般有音频信号感应法、脉冲磁场方向法与脉冲磁场幅值法三种，市场上单独的电缆路径仪，包括的金属管线探测仪，选用都是音频信号感应法，而脉冲磁场方向法与脉冲磁场幅值法探测电缆路径的设备，一般是和故障定点仪组合在一起的。

实际工作时，电缆的路径探测是一个相对独立的过程，可以在故障测距后进行，也可以提前到与了解电缆情况的步骤同时进行，这样会节省探测时间。

（六）故障精确定点

在测得电缆的故障距离后，根据电缆的路径走向，判断出故障点大致方位，然后通过故障定点仪器到该方位处精确探测故障点的具体位置。故障定点首选声磁同步法，这种方法的可靠性与精度是目前最高的，在出现用声磁同步法确实探测不到的金属性短路或接地故障时，再选用音频信号感应法或跨步电压法等其他故障定点方法。

上述过程只是一般的探测步骤，实际探测时，可根据具体情况省略一些步骤。例如，电缆敷设路径较准确时可不必探测路径，对于非直埋电缆，在粗测到的故障距离与接头距离相近时，可直接到该接头处查看。

第七章　状态检修

随着配网规模的发展以及配电设备质量的迅速提升，配网设备定期检修模式已不能适应现代电网及设备的管理要求。为提高配网的供电可靠性，发挥设备的潜能，通过在安全、可靠性、环境、成本基础上，通过设备状态评价、风险评估、检修决策，达到设备运行安全可靠，检修成本合理的一种检修策略。是实现从定期检修到状态检修的根本性转变。配网状态检修是以配网状态评价体系为核心，利用多种状态监测手段，对配网进行综合评价，实现了配网状态的定量管理；根据配网设备的重要性、用户供电可靠性的不同要求，加强设备的运行、维护，分别制定特别重要设备、重要设备、一般设备的状态检修策略；遵循全面性、适用性、先进性和差异性的原则。配网设备检修应优先采取不停电作业方式。

第一节　状态检修评价

开展状态检修，首先要对设备状态进行评价，同时根据状态检修评价的结果，决定采用何种状态检修。因此开展状态检修首先从状态检修评价入手。

一、评价原则

设备状态的评价应基于巡检及例行试验、诊断性试验、带电检测、在线监测、家族缺陷、不良工况等状态信息，包括其现象强度、量值大小以及发展趋势，结合与同类设备的比较，做出综合判断。

状态检修评价首先要对线路和设备进行检修单元的划分，便于进行分类评价，单元的划分一般以下列方法进行单元的划分。

（一）架空线路

按主干线线段和分支线（小分支可归并到上一级线路）、柱上设备单元进行状态评价。各单元按相应的评价标准进行状态评价，在各单元评价的基础上，架空线路宜作为一个整体设备进行综合评价。

（二）中压开关站

按开关柜、构筑物及外壳单元进行状态评价，各个单元的评分按相应的评价标准进行状态评价，在各单元评价的基础上，中压开关站宜作为一个整体设备进行综合评价。

（三）环网单元

按开关柜、构筑物及外壳单元进行状态评价，各个单元的评分按相应的评价标准进行状态评价，在各单元评价的基础上，环网单元宜作为一个整体设备进行综合评价。

（四）配电室（箱式变电站）

按开关柜、配电变压器、构筑物及外壳单元进行状态评价，各个单元的评分按相应的评价标准进行状态评价，在各单元评价的基础上，配电室（箱式变电站）宜作为一个整体设备进行综合评价。

（五）电力电缆线路

按电缆线段（线路）、电缆分支箱单元进行状态评价，各个单元的评分按相应的评价标准进行状态评价，在各单元评价的基础上，电力电缆线路宜作为一个整体设备进行综合评价。

二、状态检修评价常用的术语

开展配电线路的状态评价，首先要掌握在状态评价中常用的专业术语，以便准确的理解状态检修评价中各种状态，为状态检修策略的制定打下基础。

（一）状态量

直接或间接表征设备状况的各种技术指标、性能和运行情况等参数的总称。

（二）正常状态

设备运行数据稳定，所有状态量符合标准。

（三）注意状态

设备的几个状态量不符合标准，但不影响设备运行。

（四）异常状态

设备的几个状态量明显异常，已影响设备的性能指标或可能发展成严重状态，仍能继续运行。

（五）严重状态

设备状态量严重超出标准或严重异常，设备只能短期运行或立即停役。

三、状态检修所需资料

资料的收集是做好状态检修评价的基础，没有基本的设备原始资料和运行资料，就不能很好的开展设备状态的评价。资料信息的收集主要有以下几方面的信息。

（一）投运前信息

设备技术台账、安装验收记录、试验报告、图纸等。

（二）运行信息

巡视、操作维护、缺陷、故障跳闸、单相接地、带电检测、在线监测数据等。

（三）检修试验信息

不良工况、检修试验报告等。不良工况是指设备在运行中经受的可能导致设备状态劣化的异常或特殊工况。

（四）家族缺陷信息

家族缺陷信息是指由设计、材质、工艺共性因素导致的设备缺陷。

因此，要做好状态检修，必须按照配网设备运行管理的有关规定，做好日常的资料收集、存档工作，为状态检修工作的开展打下牢固的基础。

四、评价方法

（一）部件评价

根据状态检修单元的划分，各单元按照评价标准以量化的方式进行，进行状态评价，各部件起评分为100分，各部件的最大扣分值为100分。根据规定的各部件得分权重，设备（部件）的状态量和最大扣分标准，按照公式

MP（P=1，n）=mP（P=1，n）×KF×KT。

式中：mP　基础得分

KF　家族缺陷系数

KT　部件寿命系数

计算出某一部件的最后得分。某一部件基础得分mP（P=1，n）=100－相应部件状态量中的最大扣分值，对存在家族缺陷的部件，取家族缺陷系数KF=0.95，无家族缺陷的部件KF=1。寿命系数KT=（100－设备运行年数×0.5）/10。

某类部件都在正常状态时，该类部件得分取算数平均值；有一个及以上部件得分在正常状态以下时，该类部件得分与最低的部件一致。

各部件的评价结果按量化分值的大小分为“正常状态”“注意状态”“异常状态”和“严重状态”四个状态。分值与状态的关系按照《配网设备状态评价导则》给出的关系进行确定。

（二）整体评价

当所有部件的得分在正常状态时，该设备（部件）的状态为正常状态，最后得分=$\sum$（KP×MP（P=1，7））；一个及以上部件得分在正常状态以下时，该设备

（部件）的状态为最差部件的状态，最后得分＝min（MP（P＝1，7））。KP 为部件的权重代号，MP 为某一部件的最后得分。评价报告格式参见下表。

设备状态评价报告

单位名称：________________　　　　设备所属班组：________________

设备名称：________________　　　　评价时间：________年____月____日

一、设备概况

<table>
<tr><td>设备规模</td><td colspan="3"></td></tr>
<tr><td>投运时间</td><td colspan="3"></td></tr>
<tr><td>地理位置</td><td colspan="3"></td></tr>
<tr><td>地区特征</td><td colspan="3"></td></tr>
<tr><td>重要程度</td><td colspan="3"></td></tr>
<tr><td>历年检修改造情况</td><td colspan="3"></td></tr>
<tr><td>历年故障（障碍）简况</td><td colspan="3"></td></tr>
<tr><td colspan="4">评价单元数量</td></tr>
<tr><td>×××单元</td><td>个</td><td>×××单元</td><td>个</td></tr>
<tr><td>×××单元</td><td>个</td><td>×××单元</td><td>个</td></tr>
<tr><td>×××单元</td><td>个</td><td>×××单元</td><td>个</td></tr>
<tr><td>×××单元</td><td>个</td><td>×××单元</td><td>个</td></tr>
<tr><td>……</td><td></td><td></td><td></td></tr>
</table>

二、评价结果

（一）各单元状态明细表

<table>
<tr><th>序号</th><th>单元分类</th><th>单元名称</th><th>型号（规格）</th><th>规模</th><th>得分</th><th>状态</th></tr>
<tr><td>1</td><td rowspan="3">×××单元</td><td></td><td></td><td></td><td></td><td></td></tr>
<tr><td>2</td><td></td><td></td><td></td><td></td><td></td></tr>
<tr><td>3</td><td></td><td></td><td></td><td></td><td></td></tr>
<tr><td>4</td><td rowspan="3">×××单元</td><td></td><td></td><td></td><td></td><td></td></tr>
<tr><td>5</td><td></td><td></td><td></td><td></td><td></td></tr>
<tr><td>6</td><td></td><td></td><td></td><td></td><td></td></tr>
<tr><td>7</td><td rowspan="3">×××单元</td><td></td><td></td><td></td><td></td><td></td></tr>
<tr><td>8</td><td></td><td></td><td></td><td></td><td></td></tr>
<tr><td>9</td><td></td><td></td><td></td><td></td><td></td></tr>
<tr><td>10</td><td></td><td></td><td></td><td></td><td></td><td></td></tr>
</table>

续表

序号	单元分类	单元名称	型号（规格）	规模	得分	状态

（二）各单元状态汇总表

单元名称	单元总数	正常状态数量	注意状态数量	异常状态数量	严重状态数量
×××单元					
×××单元					
×××单元					
×××单元					
小计					

三、扣分状态量描述

序号	单元名称	缺陷图文信息	扣分情况	状态
1				
2				

四、检修策略

班组检修建议	1）严重状态设备： …… 2）异常状态设备： …… 3）注意状态设备： …… 4）正常状态设备按规定周期开展C类检修：

续表

配电运检单位（工区） 审核意见	1）严重状态设备： …… 2）异常状态设备： …… 3）注意状态设备： …… 4）正常状态设备按规定周期开展C类检修：

第二节　状态检修试验

配网状态检修试验是开展配网状态检修的重要手段之一，通过对设备的试验可以准确地帮助人们对设备的状况进行判断，从而为设备状态检修评价提供技术支撑。

配网状态检修试验分为巡检、例行试验和诊断性试验三类。巡检是定期进行的为获取设备状态量的巡视、检查和带电检测；例行试验是为获取设备状态量而定期进行的各种停电试验，巡检、例行试验通常按周期进行；诊断性试验是巡检、例行试验等发现设备状态不良，或经受了不良工况，或受家族缺陷警示，或连续运行了较长时间，为进一步评估设备状态进行的试验。诊断性试验只在诊断设备状态时有选择地进行。

设备巡检应严格按照《配电网运行规程》规定的周期以及本规程规定的巡检内容对各类设备进行巡检，巡检内容还应包括设备技术文件特别提示的其他巡检要求。

一、试验的原则

（一）现场备用设备应视同运行设备进行例行试验；备用设备投运前应对其进行例行试验。

（二）在进行与环境温度、湿度有关的试验时，除有特殊规定外，环境相对湿度不宜大于80%，环境温度不宜低于5 ℃，绝缘表面应清洁、干燥。

（三）进行耐压试验时，应尽量将连在一起的各种设备分离开来单独试验（制造厂装配的成套设备不在此限），但同一试验电压的设备可以连在一起进行试验。已有单独试验记录的若干不同试验电压的电力设备，在单独试验有困难时，也可以连在一起进行试验，此时，试验电压应采用所连接设备中的最低试验电压。

（四）当电力设备的额定电压与实际使用的额定工作电压不同时，应根据下列原则确定试验电压：

1. 当采用额定电压较高的设备以加强绝缘时，应按照设备的额定电压确定其试验电压。

2. 当采用额定电压较高的设备作为代用设备时，应按照实际使用的额定工作电压确定其试验电压。

（五）同一电压等级，不同绝缘水平的设备，其试验电压按该设备实际所处系统中性点接地方式规定的绝缘水平确定试验电压。

（六）交流耐压试验时若无特殊说明，试验频率范围宜为 45 Hz～65 Hz。

二、状态检修的量值

状态检修根据巡视、检测、试验等数值，进行综合分析得出的设备的基本状况的量值，即状态量，它能直接或间接表征设备状况的各种技术指标、性能和运行情况等参数的总称。状态量的值可分为初值、注意值、警示值。初值是指能够代表状态量原始值的试验值。初值可以是出厂值、交接试验值、早期试验值、大修后首次试验值等。注意值是状态量达到该数值时，设备可能存在或可能发展为缺陷。警示值是状态量达到该数值时，设备已存在缺陷并有可能发展为故障。

针对试验结果的数值，如达到注意值要求的状态量，若当前试验值超过注意值要求或接近注意值的趋势明显，应加强跟踪分析；如达到警示值要求的状态量，若当前试验值超过警示值或接近警示值的趋势明显，对于运行设备应尽快安排停电试验；对于停电设备，隐患未消除前不宜投入运行。

三、配网状态检修试验周期

配网状态检修试验的周期可根据状态检修评价的结果，确定状态检修的时间是按周期、延迟或提前。一般的试验周期按《配网设备状态检修试验规程》确定的周期进行；通过的设备的状态评价，评价结果状态等级为正常，并符合以下各项条件的设备，需要停电才能进行的例行试验，在规定周期的基础上，最多可以再延迟 1 年，在延迟期间应加强巡检及带电检测：

a）巡检中未发现可能危及人身和设备安全运行的任何异常。

b）带电检测（如有）显示设备状态良好。

c）上次例行试验与其前次例行（或交接）试验结果相比无明显差异。

d）上次例行试验以来，没有经受严重的不良工况。

设备状态检修的评价为状态等级为异常、严重，或有下列情形之一的设备，应提前或尽快进行试验：

a）巡检中发现有异常，此异常可能是重大隐患所致。

b）带电检测（如有）显示设备状态不良。

c）以往的例行试验结果有朝着注意值或警示值方向发展的明显趋势，或者接近注意值或警示值。

d）经受了较为严重不良工况，需要通过试验才能确定其健康状况的设备。

表7－2－1、表7－2－2、表7－2－3、表7－2－4、表7－2－5是根据《配网设备状态检修试验规程》列举的线路和真空开关巡视、例行试验和诊断性试验的周期及要求。

表7－2－1　架空线路的巡检项目见表

<table>
<tr><th>巡视项目</th><th>周期</th><th>要求</th><th>说明</th></tr>
<tr><td>通道巡检</td><td rowspan="2">市区线路一个月，郊区农村一个季度</td><td>1）民房、厂房、猪（鸭）棚、易随风飘起的宣传带（球）、塑料薄膜、广告牌以及原建、新建、扩（升）建物、所处位置等情况。
2）岩、土、沙等开挖，采石放炮、机械挖掘、起吊、航道、公路、铁路、桥梁、水利设施、市政工程等施工情况。
3）山体崩塌、射击、易燃（易爆）场所，杆塔位处水产养殖、钓鱼、污染源（如废气、废水、废渣及一些有害化学物品）的分布、威胁情况。
4）植物生长速度、与带电体净空距离、植树造林等情况。
5）新（改）建、升建、穿越位置及交叉净空距离等情况。</td><td rowspan="2">特殊地段
正在建设的开发区、树木生长区、易受洪水冲刷地区等，特殊时期应适当缩短巡视周期；根据情况安排特殊性巡视、夜间巡视监察性巡视等。</td></tr>
<tr><td>杆塔巡视</td><td>1）杆塔无倾斜变形，铁塔构件无弯曲、变形、锈蚀，螺栓无松动或残缺。
2）砼杆无裂纹、酥松、钢筋外露，焊接处无开裂、锈蚀。
3）杆塔上无鸟窝及其他杂物，塔基周围无过高杂草及在杆塔上无蔓藤类植物附生。
4）基础无损坏、开裂、下沉或上拔，周围土壤无挖掘、沉陷和流失现象。
5）杆塔位置合适，无被碰撞的痕迹和可能，保护设施完好，标志清晰。
6）杆塔基础没有被水淹、水冲的可能，防洪设施没有损坏、坍塌。
7）寒冷地区砼杆无鼓冻情况。
8）无不同电源的低压线路同杆架设，通道内无未经批准擅自搭挂的弱电线路。</td></tr>
</table>

续表

巡视项目	周期	要求	说明
导线巡视		1）没有断股、损伤或闪络烧伤的痕迹。 2）各相导线弛度平衡，无过松、过紧现象，弛度正常，与交叉设施及其他物体间的距离符合规定。 3）导线无严重腐蚀和锈蚀（导线表面、钢芯线） 4）线夹、连接器上无锈蚀或过热现象（如：接头变色、熔化痕迹等），连接线夹弹簧垫齐全，螺栓紧固。 5）导线在线夹内无松动，在连接器处无拔出痕迹，绝缘子上的绑线无松弛或断落现象。 6）过（跳）引线无损伤、断股、歪扭、松动，与杆塔、构件及其他引线间的距离符合规定。 7）导线上无风筝等抛挂物。 8）架空绝缘导线的绝缘层无损伤，接地环完好。各类绝缘护套无脱落、无损伤。	
铁件、金具巡视		1）线路上各种铁件和金具无锈蚀、变形，螺栓紧固，无缺帽，无缺螺栓及垫片，开口销（销扣）无锈蚀、断裂、脱落。 2）铁横担无锈蚀、歪斜、变形、移位。	
……		……	

表 7-2-2　架空配电线路例行试验项目

例行试验项目	周期	要求	说明
杆塔拉线检查	一般每 5 年 1 次，发现问题后每年 1 次。	1）铁塔（钢管塔）金属基础正常。 2）盐、碱、低洼地区砼杆根部正常。 3）镀锌拉线棒检查正常。	运行工况基本相同的可抽样开挖检查。
接地装置试验及验查	4 年	接地电阻符合规定，按 DL/T 5220《10 kV 及以下架空配电线路设计技术规程》执行。	发现接地装置腐蚀或接地电阻增大时，通过分析决定是否开挖检查。
导线检查	运行环境发生较大变化时	导线弧垂在允许值范围内。	1）过负荷后； 2）覆冰、大风后； 3）温度急剧变化后。

表 7－2－3　柱上真空开关巡视项目

巡视项目	周期	要求	说明
外观检查	市区线路一个月，郊区及农村一个季度。	1）外观无异常，高压引线、接地线连接正常，瓷件无残损、无异物挂接。 2）声音无异常。 3）标识规范。 4）套管外绝缘无污秽及放电痕迹。 5）开关固定牢固，无下倾，支架无歪斜、松动。线间和对地距离符合规定。	包括开关及电压互感器、闸刀等附件。
操作机构状态检查		1）操作机构状态正常 2）记录动作次数 3）合、分指示正确	判断时，应考虑测量时及前3小时负荷电流的变化情况。分析方法参考DL/T664有关条款。
红外测温		引线接头、开关本体、电压互感器本体及闸刀触头温升、温差无异常。	
接地装置检查		接地引下线连接正常，接地装置完整、正常	

表 7－2－4　柱上真空开关例行试验项目见表

例行试验项目	周期	要求	说明
接地电阻测试	2 年	不大于 10 Ω	
开关本体、隔离闸刀及套管绝缘电阻	特别重要设备 6 年；重要设备 10 年。一般设备必要时	20 ℃时绝缘电阻不低于 300 MΩ	一次采用 2500 V 兆欧表，二次采用 1000 V 兆欧表。A、B 类检修后必须重新测量。
电压互感器绝缘电阻		20 ℃时一次绝缘电阻不低于 1000 MΩ 二次绝缘电阻不低于 10 MΩ	
检查和维护		各部件外观机械正常 1）就地进行 2 次操作，传动部件灵活 2）螺栓、螺母无松动，部件无磨损或腐蚀 3）支柱绝缘子表面和胶合面无破损、裂纹 4）触头等主要部件没有因电弧、机械负荷等作用出现的破损或烧损 5）联锁装置功能正常 6）对操作机构机械轴承等部件进行润滑	

表 7-2-5　柱上真空开关诊断性试验项目

诊断性试验项目	要求	说明
接地电阻测试交流耐压试验	采用工频交流耐压，相间及相对地 42 kV。断口间的试验电压按产品技术条件的规定执行。	A、B类检修后或检验主绝缘可靠性时进行。
主回路电阻值测试	≤1.2 倍初值（注意值）	测量电流≥100A，在以下情况时进行测量： 1）红外热像发现异常； 2）有此类家族缺陷，且该设备隐患尚未消除； 3）上一年度测量结果呈现明显增长趋势，或自上次测量之后又进行了 100 次以上分、合闸操作； 4）A、B类检修之后。

第三节　状态检修的策略

一、状态检修策略的制定遵循原则

根据状态检修评价的结果，制定相应的状态检修的检修策略，适时做好配网设备的检修工作，做到“应修必修，修必修好”。状态检修的策略的制定要遵循以下原则。

（一）配网设备状态定期评价周期为：特别重要设备 1 年一次，重要设备 2 年一次，一般设备 3 年一次。评价结果为注意、异常、严重状态的设备应缩短巡视周期并及时进行动态评价。

（二）配网设备状态评价（检修）单元划分按可单独停电或可隔离的设备、线段划分。

（三）配网设备应积极采用免维护、少维护设备，加强带电检测和在线监测工作，不断探索状态检修新技术、新工艺、新方法的应用。

（四）应加强配网设备的运行监视，做好设备运行记录，为设备评价提供依据。

（五）配网设备检修应优先采取不停电作业方式。

（六）户外柱上设备的 A 类、B 类检修宜采用更换方式。金属氧化物避雷器、跌落式熔断器的检修结合所保护的设备同步进行，金属氧化物避雷器检修宜采用轮换方式开展。

二、状态检修的分类：

配网的状态检修，依据评价结果，可以讲状态检修分为五类检修。

A类检修：指整体性检修，对配网设备进行较全面、整体性的解体修理、更换。

B类检修：指局部性检修，对配网设备部分功能部件进行局部的分解、检查、修理、更换。

C类检修：指一般性检修，对设备在停电状态下进行的例行试验、一般性消缺、检查、维护和清扫。

D类检修：指维护性检修和巡检，对设备在不停电状态下进行的带电测试和设备外观检查、维护、保养。

E类检修：指设备带电情况下采用绝缘手套作业法、绝缘杆作业法进行的检修、消缺、维护。

表 7－3－1　不同的评价状态量配网设备的检修原则

序号	评价结果	检修策略
1	正常状态设备	正常状态设备的停电检修按C类检修项目执行，试验按《配网设备状态检修试验规程》例行试验项目执行。
2	注意状态	注意状态设备的停电检修按《配网设备状态检修导则》附录A执行，试验按《配网设备状态检修试验规程》例行试验项目执行，必要时增做部分诊断性试验项目。
3	异常状态、严重状态设备	异常状态、严重状态设备的停电检修按附录《配网设备状态检修导则》A执行，试验项目除按《配网设备状态检修试验规程》例行试验项目执行外，还应根据异常的程度增做诊断性试验项目，必要时进行设备更换。

同时配网设备状态检修应遵循同步原则，配网同一停电范围中某个设备需要进行停电检修时，相应其他的设备宜同时安排停电检修；因故提前检修，且需相应配网设备陪停时，如检修时间提前不超过2年的，配网设备及相关设备宜同时安排检修。不同的评价状态量配网设备的检修原则见表7－3－1。

根据评价状态量确定配网设备的检修原则后，针对10 kV架空线路和设备检修分类确定检修项目。以架空线路和配电变压器为例，掌握检修分类和检修项目的确定。其余项目见《配网设备状态检修导则》附录B（资料性附录）设备检修项目及分类。10 kV架空线路检修项目分类见表7－3－2，配电变压器检修项目分类见表7－3－3。

表 7-3-2　10 kV 架空线路检修项目分类

检修分类	检修项目
A 类检修	A. 1 杆塔更换、移位、升高（五基及以上） A. 2 导线、地线更换（一个耐张段以上）
B 类检修	B. 1 主要部件更换及加装 B. 1.1 导线、地线 B. 1.2 杆塔 B. 2 其他部件批量更换及加装 B. 2.1 横担或主材更换 B. 2.2 绝缘子更换 B. 2.3 避雷器更换 B. 2.4 金具更换 B. 2.5 其他 B. 3 主要部件处理 B. 3.1 基础加固 B. 3.2 杆塔加固 B. 3.3 调整导线、地线驰度 B. 3.4 其他
C 类检修	C. 1 设备清扫、维护、检查、修理等工作 C. 2 设备例行试验
D 类检修	D. 1 线路巡视，带电测试 D. 2 接地装置更换 D. 3 杆塔拉线（拉棒）更换
D 类检修	D. 4 斜材更换 D. 5 铁塔防腐处理 D. 6 通道清障（交叉跨越、树竹砍伐等） D. 7 维护、保养等其他工作
E 类检修	E. 1 带电检修、消缺和维护

表 7-3-3　配电变压器检修项目分类表

检修分类	检修项目
A 类检修	A. 1 返厂检修 A. 2 整体更换
B 类检修	B. 1 零部件更换及处理
C 类检修	C. 1 设备清扫、维护、检查、修理等工作 C. 2 设备例行试验

续表

检修分类	检修项目
D类检修	D. 1带电测试（在线和离线） D. 2维护、保养 D. 3检修人员专业巡视
E类检修	E. 1带电检修、消缺和维护

三、停电检修周期的调整

根据状态检修的评价结果，周期性的停电检修做适当的调整。正常状态设备的C类检修原则上特别重要设备6年1次，重要设备10年1次。满足《配网设备状态检修试验规程》4.5.1条中延长试验时间条件的设备可推迟1个年度进行检修；注意状态设备的C类检修宜按基准周期适当提前安排；异常状态设备的停电检修应按具体情况及时安排；严重状态设备的停电检修应按具体情况限时安排，必要时立即安排。

第八章　配电线路带电检修

第一节　带电作业基本知识

一、配网不停电作业基本概念

（一）Q/GDW 10520—2016《10 kV 配网不停电作业规范》相关规定

不停电作业是指以实现用户的不停电或短时停电为目的，采用多种方式对设备进行检修的作业。10 kV 配网不停电作业可分为绝缘杆作业法、绝缘手套作业法、综合不停电作业法。

常用配网不停电作业项目按照作业难易程度，可分为四类（33 项）：第一类为简单绝缘杆作业法项目（4 项），包括普通消缺及装拆附件、带电更换避雷器等；第二类为简单绝缘手套作业法项目（10 项），包括带电断接引流线、更换直线杆绝缘子及横担、更换柱上开关或隔离开关等；第三类为复杂绝缘杆作业法和复杂绝缘手套作业法项目（13 项），包括绝缘杆作业法更换直线杆绝缘子及横担、绝缘杆作业法带电断接空载电缆线路与架空线路连接引线、绝缘手套作业法带负荷更换柱上开关或隔离开关、绝缘手套作业法直线杆改耐张杆等；第四类为综合不停电作业项目（6 项），包括不停电更换柱上变压器、旁路作业检修架空线路、从环网箱（架空线路）等设备临时取电给环网箱（移动箱变）供电等。

10 kV 配网不停电作业从业人员必须参加资质培训，并取得资质证书方可参加工作。配网不停电作业资质证书分为《配网不停电作业（简单项目）资质证书》《配网不停电作业（复杂项目）资质证书》两类。取得简单项目资质证书人员允许参加第一类和第二类项目的工作，取得复杂项目资质证书人员可参加第三类和第四类项目的工作，也可参加第一类和第二类项目的工作。

（二）配网不停电作业相关概念

1. 绝缘防护用具：由绝缘材料制成，在带电作业时对人体进行安全防护的用具。

包括绝缘安全帽、绝缘袖套、绝缘披肩、绝缘服、绝缘裤、绝缘手套、绝缘鞋（靴）等。

2. 绝缘遮蔽用具：由绝缘材料制成，用来遮蔽或隔离带电体和邻近的接地部件的硬质或软质用具。

3. 绝缘操作工具：用绝缘材料制成的操作工具，包括以绝缘管、棒、板为主绝缘材料，端部装配金属工具的硬质绝缘工具和以绝缘绳为主绝缘材料制成的软质绝缘工具。

4. 绝缘承载工具：承载作业人员进入带电作业位置的固定式或移动式绝缘承载工具，包括绝缘斗臂车、绝缘梯、绝缘平台等。

5. 绝缘斗臂车：绝缘斗臂车是带电作业中用来把操作人员和设备送到指定位置的有绝缘斗臂的高空作业装置。它可以安装在一个固定地点或拖车上或在带底盘的机动车上。

二、带电作业基本方法

根据作业人员与带电体的相互位置关系，也就是作业人员是否直接接触带电部位，带电作业可分为间接作业法与直接作业法两种方式。根据作业人员的人体电位情况来划分，可以分为地电位作业法、中间电位作业法、等电位作业法。根据作业人员使用工器具，可以分为绝缘杆作业法和绝缘手套作业法。

（一）按照人体作业所处电位情况划分

1. 地电位作业法

地电位作业法是指作业人员始终保持与大地（或杆塔）在相同电位（地电位），通过绝缘工具接触带电体的作业。这时，人体与带电体的关系是：大地（杆塔）→人体→绝缘工具→带电体。地电位作业法示意图如图 8-1-1。地电位作业使用绝缘杆类工具及绝缘绳索类工具，采用“支、拉、紧、吊”的操作方式。地电位作业关键的安全要求是在作业过程中保证作业人员与带电体之间有足够的安全距离，防止带电体通过人体对地电位放电，同时，作业过程中使用的绝缘工具也应满足相应电压等级的有效绝缘长度。

2. 中间电位作业法

中间电位作业法是指在作业过程中，作业人员一直处于带电体和接地体之间的中间电位状态，通过绝缘工具间接接触带电体的作业。中间电位作业时，作业人员既要保持对带电体有一定的距离，又要保持对地有一定的距离。这时，人体与带电体的关系是：大地（杆塔）→绝缘体→人体→绝缘工具→带电体。中间电位作业法示意图如图 8-1-2。作业人员采用中间电位作业法作业时，人体和带电体之间通过绝缘工具进

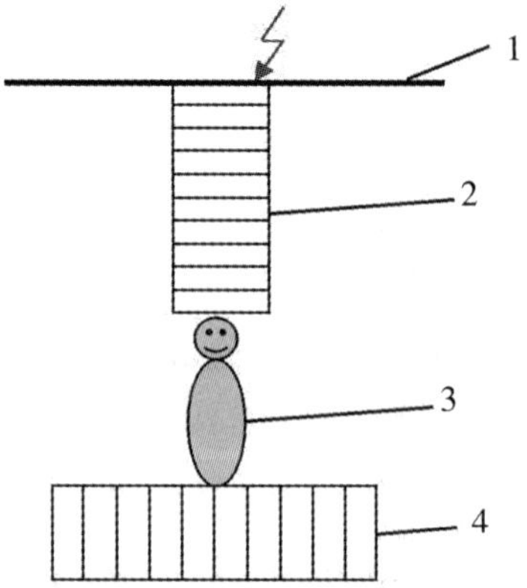

1.带电体 2.绝缘体 3.人体 4.地电位

图 8－1－1 地电位作业示意图

行有限绝缘隔离，人体和地电位之间通过绝缘体进行有限绝缘隔离，同时，人体和带电体、人体和接地体之间还有足够的空气间隙，防止带电体通过人体对接地体产生放电。

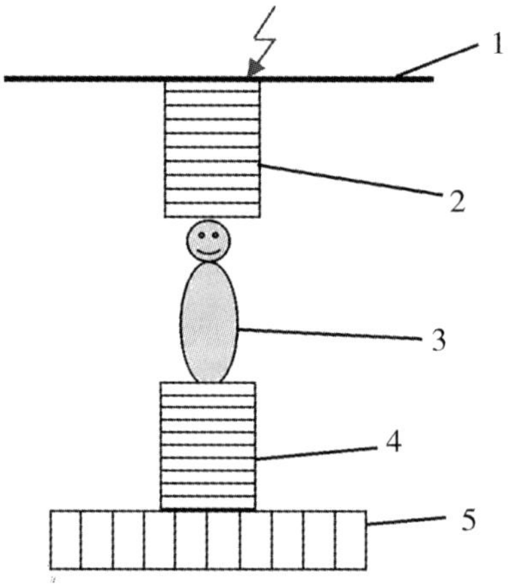

1.带电体 2.绝缘体 3.人体 4.绝缘体 5.地电位

图 8－1－2 中间电位作业示意图

3. 等电位作业

等电位作业是指在作业过程中，作业人员直接接触带电体，作业人员的体表电位与带电体（导线）保持相同的作业。此时，人体与带电体的关系是：带电体（人体）→绝缘体→大地（杆塔）。等电位作业是一种直接作业法，示意图如图 8－1－3。采用等电位作业时，作业人员与接地体之间要有足够的空气间隙，防止带电体通过人体对接地体产生放电。

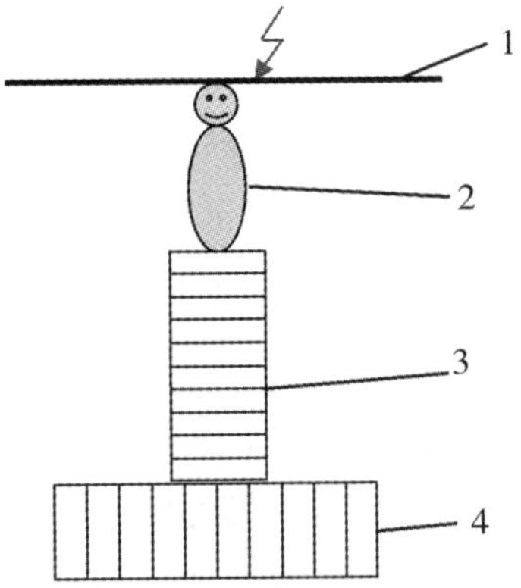

1.带电体 2.人体 3.绝缘体 4.地电位

图 8-1-3 等电位作业示意图

（二）按照作业人员作业方法情况划分

1. 绝缘杆作业法

（1）基本概况

根据国标 GB/T 18857—2019《配电线路带电作业技术导则》6.1 条款规定，绝缘杆作业法是指作业人员与带电体保持规定的安全距离，穿戴绝缘防护用具，通过绝缘杆进行作业的方式。

传统的绝缘杆作业法是作业人员使用登杆工具登上电杆，使用绝缘杆工具对线路或设备进行操作。随着技术条件的发展，近年来，绝缘杆作业法也开始在绝缘斗臂车的工作斗或绝缘平台上应用，作业人员站在绝缘斗臂车的斗内或绝缘平台上，持绝缘杆工具进行操作，绝缘杆和绝缘臂（或绝缘平台）形成组合绝缘，更有效地保证了作业安全。

（2）安全要求

在 10 kV 配电线路上采用绝缘杆作业法时，人体与带电体之间应保证足够的安全距离。按 GB/T18857—2019《配电线路带电作业技术导则》7.1. 1 条款规定，人体与带电体的最小安全距离（不包括人体活动范围）应为 0.4 m，此距离没有考虑作业人员的活动范围。

绝缘杆作业法中，绝缘杆为相地之间主绝缘，绝缘防护用具为辅助绝缘。按 GB/T18857—2019《配电线路带电作业技术导则》7.2.2 条款规定，10 kV 配网不停电作业中，绝缘操作工具的最小有效绝缘长度应为 0.7 m。按 GB/T18857—2019《配电线路带电作业技术导则》7.2. 1 条款规定，10 kV 配网不停电作业中，绝缘承力工具的最小有效绝缘长度应为 0.4 m。

绝缘操作工具和绝缘承力工具在使用过程中要注意沿面放电的问题，如果绝缘工具表面长期在有光照、热源加热、化学品腐蚀、受潮等环境下保存或使用，再加上绝缘工具自身的老化问题，绝缘工具的绝缘电阻将下降。为保证绝缘操作工具及绝缘承力工具有良好的绝缘性能，在使用前，应用 2500 V 及以上绝缘电阻表进行分段检测，电极宽 2 cm，极间宽 2 cm，绝缘电阻值不应低于 700 MΩ。

（3）作业过程中注意事项

采用登杆用具（如脚扣）采用绝缘杆作业法进行作业时，金属材料的脚扣是导体，电杆根相当于地电位，一旦发生安全距离不足的情况，存在极大的安全隐患。由于配电线路线间距离小，架构紧密，作业人员的活动空间小，可能会发生作业人员离带电体距离小的情况。如带电接分支引线项目中，当完成一相引线接引作业后，此相带电，在另两相上会有感应电，会给作业人员造成极大的安全威胁。在采用绝缘杆作业法作业时，除了保证绝缘工具的有效绝缘长度外，作业人员还需正确穿戴必备的个人防护用具，可有效防止作业人员同时接触异电位物体造成危险。

采用登杆用具（如脚扣）采用绝缘杆作业法进行作业时，作业人员如在杆上站位过高，或因绝缘杆长度短、受架构限制等原因离带电导线过近，可能会造成安全距离不足使作业人员产生触电伤害。同时，在带电接引项目中，可能会因引线摆动或作业人员操作失误导致引线误接到异电位物体。因此，为了确保作业人员安全和线路设备安全，需要对必要的带电体和接地体进行绝缘遮蔽或用硬质绝缘档板进行绝缘隔离。

2. 绝缘手套作业法

（1）基本概况

根据国标 GB/T18857—2019《配电线路带电作业技术导则》6.2 条款规定，绝缘手套作业法是指作业人员使用绝缘斗臂车、绝缘梯、绝缘平台等绝缘承载工具与大地保持规定的安全距离，穿戴绝缘防护用具，与周围物体保持绝缘隔离，通过绝缘手套对带电体直接作业的方式。

使用绝缘斗臂车时采用绝缘手套作业法是最常见的作业方式，作业方法灵活、可靠，作业效率高，相对于绝缘杆作业法，能有效减少作业人员的劳动强度。对于某些绝缘斗臂车无法到达的作业地点，如水田、狭小的道路、坡地等，可采用绝缘平台作为绝缘承载工具进行作业。

（2）安全要求

绝缘手套作业法中，绝缘承载工具为相地主绝缘。对于伸缩臂式斗臂车或混合式（折叠臂加伸缩臂）斗臂车，必须确保绝缘臂上节的伸出长度在 1 m 以上。按照《国家电网公司电力安全工作规程（配电部分）》9.7.7 条款规定，工作中车体应使用大于等于 16 mm^2 的软铜线良好接地。根据 GB/T18857—2019《配电线路带电作业技术导则》7.1.2 条款规定，10 kV 配网不停电作业过程中，斗臂车的臂上金属部分在仰起、回转运动中，与带电体间的最小安全距离为 0.9 m。

当采用绝缘手套法作业时，作业人员离异电位物体的距离可能会很小，甚至会发生作业人员人体串入电路的情况。为了防止因空气间隙过小或人体串入电路对作业人员产生的伤害，作业人员在作业过程中必须保证足够的安全距离。按 GB/T18857—2019《配电线路带电作业技术导则》7.1.1 条款规定，人体与带电体的最小安全距离（不包括人体活动范围）应为 0.4 m，即相地间安全距离为 0.4 m。

（3）作业过程中注意事项

采用绝缘手套法作业时，人体直接与带电体接触，安全风险高，需要做好充足的防护措施。作业人员应正确穿戴必需的绝缘防护用具，养成良好的作业习惯，在整个作业过程中，绝不能脱下绝缘防护用具。在天气炎热的夏天，穿戴绝缘防护用具工作对作业人员的体力要求较高，如果体力不支应及时下斗休息，不能贪图凉爽脱下防护用具。穿戴绝缘手套工作时，手指动作不灵活，手上出汗后更影响到动作的发挥，但绝不能贪图快速作业而脱下绝缘手套。

根据 GB/T18857—2019《配电线路带电作业技术导则》6.2.2 条款规定，采用绝缘手套作业法时无论作业人员与接地体和相邻带电体的空气间隙是否满足规定的安全距离，作业前均应对人体可能触及范围内的带电体和接地体进行绝缘遮蔽。绝缘遮蔽会增加工作的难度，加长工作的时间，作业人员应杜绝侥幸心理，做好足够的绝缘遮蔽措施。对带电体设置绝缘遮蔽时，应按照从近到远的原则，从离身体最近的带电体依次设置；对上下多回分布的带电导线设置绝缘遮蔽用具时，应按照从下到上的原则，从下层导线开始依次向上层设置；对导线、绝缘子、横担的设置次序应按照从带电体到接地体的原则，先放导线遮蔽用具，再放绝缘子遮蔽用具，然后对横担进行遮蔽。遮蔽用具之间的接合处的重合长度应不小于 150 mm。

如遮蔽罩有脱落的可能时，应采用绝缘夹或绝缘绳绑扎，以防脱落。作业位置周围如有接地拉线和低压线等设施，也应使用绝缘挡板、绝缘毯、绝缘罩等对周边物体进行绝缘隔离。另外，无论导线是裸导线还是绝缘导线，在作业中均应进行绝缘遮蔽。对绝缘子等设备进行遮蔽时，应避免人为短接绝缘子片。绝缘子一侧是带电导线，另一侧是地电位，易发生人体同时接触不同电位情况。在对绝缘子进行绝缘遮蔽时，可采用绝缘档板；如果采用绝缘毯进行遮蔽，最好采用抛掷的方式先将绝缘毯放置在绝缘子上，避免双手接触不同电位。

三、配电线路带电作业一般要求

（一）**作业人员的要求**。

1. 配电线路带电作业人员应身体健康，无妨碍作业的生理和心理障碍。应具有电工原理和电力线路的基本知识，掌握配电线路带电作业的基本原理和操作方法，熟悉作业工具的适用范围和使用方法。通过专门培训，考试合格并具有上岗证。

2. 熟悉《国家电网公司电力安全工作规程》和《配电线路带电作业技术导则》，掌握紧急救护法、触电急救法和人工呼吸法，熟悉绝缘斗臂车的操作要领及安全注意事项。

3. 工作负责人（或安全监护人）应具有 3 年以上的配电线路带电作业实际工作经验，熟悉设备状况，具有一定组织能力和事故处理能力，经专门培训，考试合格并具有上岗证，经本单位总工程师批准后，负责现场的安全监护。

（二）**作业气象条件的要求**。

1. 作业应在良好的天气下进行。如遇雷、雨、雪、雾天气，不得进行带电作业。风力大于 10 m/s（5 级）以上时，不宜进行作业。

2. 相对湿度大于 80%的天气，若需进行带电作业，应采用具有防潮性能的绝缘工具。

3. 在特殊或紧急条件下，必须在恶劣气候下进行带电抢修时，应针对现场气候和工作条件，组织有关工程技术人员和全体作业人员充分讨论，制定可靠的安全措施，经本单位总工程师或主管生产的领导批准后方可进行。夜间抢修作业应有足够的照明设施。

4. 带电作业过程中若遇天气突然变化，有可能危及人身或设备安全时，应立即停止工作；在保证人身安全的情况下，尽快恢复设备正常状况，或采取其他措施。

（三）**其他要求**。

1. 对于比较复杂、难度较大的带电作业新项目和研制的新工具，应进行试验论证，确认安全可靠，制订操作工艺方案和安全措施，并经本单位总工程师或主管生产的领导批准后方可使用。

2. 带电作业工作票签发人和工作负责人对带电作业现场情况不熟悉时，应组织有经验的人员到现场查勘。根据查勘结果做出能否进行带电作业的判断，并确定作业方法和所需工具以及应采取的措施。

3. 带电作业工作负责人在工作开始之前应与调度联系：需要停用自动重合闸装置时，应履行许可手续。工作结束后应及时向调度汇报。严禁约时停用或恢复重合闸。

4. 在带电作业过程中如设备突然停电，作业人员应视设备仍然带电。工作负责人应尽快与调度联系，调度未与工作负责人取得联系前不得强送电。

（四）工作制度。

1. 工作票制度。

（1）配电线路带电作业应按现行《国家电网公司电力安全工作规程》规定填写带电作业工作票。工作票由工作负责人按票面要求逐项填写。字迹应正确清楚，不得任意涂改。

（2）工作票的有效时间以批准检修期为限，已结束的工作票，应存档 3 个月备查。

（3）工作票签发人应由熟悉人员技术水平、熟悉设备情况、熟悉本规程并具有带电作业工作经验的生产领导人、技术人员或经本单位主管生产的领导或总工批准的人员担任。工作票签发人名单应书面公布。

（4）工作票签发人不得同时兼任该项工作的工作负责人。

（5）每次作业前，全体作业人员应在现场列队，由工作负责人布置工作任务，进行人员分工，交代安全技术措施、现场施工作业程序及配合等，并认真检查有关的工具、材料，备齐合格后开始工作。

2. 工作监护制度。

（1）配电线路带电作业必须设专人监护，工作负责人（监护人）必须始终在工作现场，对作业人员的安全进行认真监护，及时纠正违反安全的动作。

（2）工作负责人（监护人）不得擅离岗位或兼任其他工作。

（3）监护的范围不得超过一个作业点；复杂的或高杆塔上的作业应增设（塔上）监护人。

3. 工作间断和终结制度。

（1）配电线路带电作业过程中，可能因故需临时间断，在间断期间，工作现场的带电工具和器材应可靠固定，并保持安全隔离和派专人看守。

（2）间断工作恢复以前，必须检查一切工具、器材和设备，经查明确定安全可靠后才能重新工作。

（3）每项作业结束后，应仔细清理工作现场，工作负责人应严格检查设备上有无工具和材料遗留，设备是否恢复工作状态。全部工作结束后，应向调度部门汇报。

第二节　带电作业工具和试验

一、带电作业工具

（一）常用绝缘材料

1. 绝缘材料基本概念

绝缘材料，又称电介质。它与导电材料相反，在一定电压作用下，只有极微的泄漏电流通过，可以认为是不导电的。

绝缘材料的好坏，直接关系到带电作业的安全，因此制作带电作业工具的绝缘材料必须是电气性能优良、机械强度高、重量轻、吸水性低、耐老化且易于加工。

由于绝缘材料在不同温度下的绝缘性能会有很大差异，所以国际电工委员会（简称 IEC）按电气设备正常运行所允许的最高工作温度（即耐热等级），把绝缘材料分为 Y、A、Z、B、F、H、C 七个耐热等级，其允许工作温度分别为 900 ℃、1050 ℃、1200 ℃、1300 ℃、1550 ℃、1800 ℃及 1800 ℃以上。

2. 我国目前带电作业使用的绝缘材料种类

（1）绝缘板材：包括硬板和软板。其种类有层压制品，如 3240 环氧酚醛玻璃布板和工程塑料中的聚氯乙烯板、聚乙烯板等。

（2）绝缘管材：包括硬管和软管。种类有层压制品，如 3640 环氧酚醛玻璃布管、带或丝的卷制品。

（3）塑料薄膜：如聚丙烯、聚乙烯、聚氯乙烯、聚酯等塑料薄膜。

（4）橡胶：天然橡胶、人造橡胶、硅橡胶等。

（5）绝缘绳：天然蚕丝、人工化纤丝编织的，如尼龙绳、绵纶绳和蚕丝绳（分生蚕丝绳和熟蚕丝绳两种），其中包括绞制、编织圆形绳及带状编织绳。

（6）绝缘油、绝缘漆、绝缘黏合剂等。

3. 按绝缘材料的属性分类

按绝缘材料的属性，可分为绝缘层压制品、新型绝缘材料、塑料、绝缘黏结剂和涂料、绝缘绳索等。

其中层压制品包括各种层压板、管、棒及有关层压件，由于这类材料具有良好的电气绝缘性能、机械及理化性能，因而广泛用于电机电器和带电作业中，特别是 3240 型环氧酚醛玻璃布板、3640 型环氧酚醛玻璃布管和 3840 型环氧酚醛玻璃布棒在带电作业中应用最为广泛。

带电作业中常用的塑料有聚氯乙烯，聚乙烯、聚丙烯、尼龙 1010、聚碳酸酯、有机玻璃、聚四氟乙烯等。

绝缘绳索在我国带电作业中应用得十分广泛。带电作业工具向绳索化方向发展可以说是中国带电作业的一大特色。目前绝缘绳已被广泛用于承担机械荷重、运载工具、攀登工具、吊拉绳、连接套以及保安绳等。

新型绝缘材料、新工艺在带电作业工作中的应用，对促进带电作业工具的轻型化、防潮化和减轻作业人员的劳动强度具有重要意义。目前已有泡沫充填绝缘管、防潮绝缘绳、防潮防水绝缘毯等材料。

具体标准参见GB—13398、GB/T—13035和DL/T803。

（二）配电线路带电作业工具

1. 配电线路带电作业工具概述

我国配电线路带电作业方式主要分为操作杆法和绝缘手套法，其相应的工具各有不同。操作杆法所用工具大部分是国产工具，绝缘手套法所用工具大部分是近几年引进的国外工具。根据工具的工作性质和内容主要可以分为：遮蔽用工具、个人防护用工具、操作工具、绝缘斗臂车、绝缘平台。

2. 遮蔽用工具

用于遮蔽带电体和接地部件的保护用具。一般不起主绝缘作用，只适用于带电作业人员发生意外短暂触碰时，起绝缘遮蔽、隔离的保护作用，只适用于配电线路以下电力设备。但是它有一定的保护范围，与带电体直接接触的遮蔽用具的边缘是有可能发生沿面闪络的。图8-2-1为部分遮蔽罩。

图8-2-1 遮蔽罩

（1）导线遮蔽罩（含绝缘软管）

主要遮蔽包覆带电导线，使其与其他物体绝缘起来。目前绝缘等级最大2级，即10 kV以下使用。常用工具中以进口为主，国产为辅。图8-2-2为几种导线遮蔽罩。

（2）耐张装置遮蔽罩

主要遮蔽带电耐张装置，使其与其他物体绝缘起来。目前绝缘等级最大2级，即

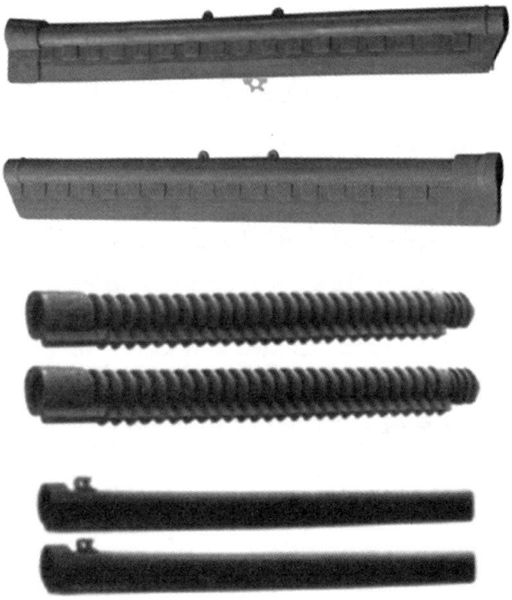

图 8-2-2　导线遮蔽罩

10 kV 以下使用。常用工具中以进口为主，国产为辅。

（3）针式绝缘子遮蔽罩

主要遮蔽针式绝缘子，使其与其他物体绝缘起来。目前绝缘等级最大 2 级，即 10 kV以下使用。常用工具中进口、国产均有。图 8-2-3 为针式绝缘子遮蔽罩。

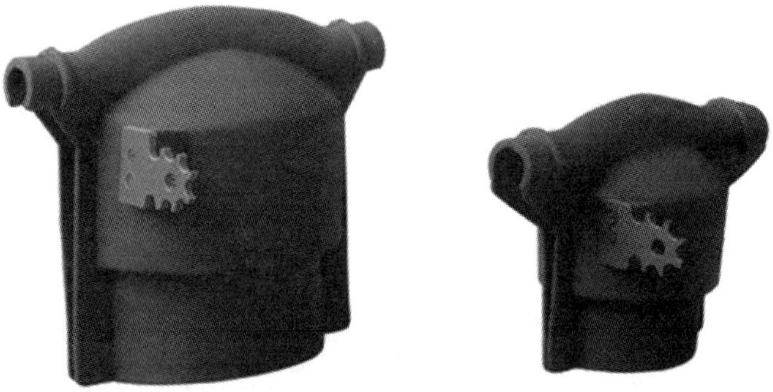

图 8-2-3 针式绝缘子遮蔽罩

（4）棒型绝缘子遮蔽罩

主要遮蔽棒型绝缘子，使其与其他物体绝缘起来。目前绝缘等级最大 2 级，即 10 kV以下使用。常用工具中进口、国产均有。

（5）横担遮蔽罩

主要遮蔽横担，使其与其他物体绝缘起来。目前绝缘等级最大 2 级，即 10 kV 以下使用。常用工具中进口、国产均有。图 8－2－4 为横担遮蔽罩。

a

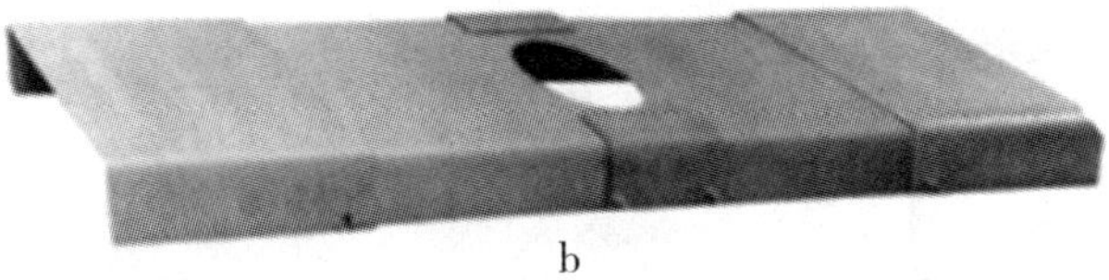

b

图 8－2－4　a 单横担遮蔽罩　b 双横担遮蔽罩

（6）电杆遮蔽罩

主要遮蔽电杆，使其与其他物体绝缘起来。目前绝缘等级最大 2 级，即 10 kV 以下使用。常用工具中以进口为主、国产少之。图 8－2－5 为电杆遮蔽罩。

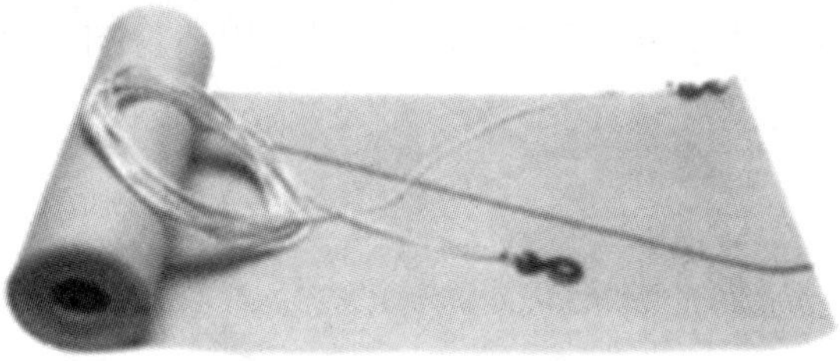

图 8－2－5　电杆遮蔽罩

（7）套管遮蔽罩

主要遮蔽套管，使其与其他物体绝缘起来。目前绝缘等级最大 2 级，即 10 kV 以下使用。常用工具中以进口为主、国产少之。

（8）跌落式开关遮蔽罩

主要遮蔽跌落式开关，使其与其他物体绝缘起来。目前绝缘等级最大 2 级，即 10 kV以下使用。常用工具中以进口为主、国产少之。图 8－2－6 为跌落式开关遮蔽罩。

图 8－2－6　跌落式开关遮蔽罩

（9）绝缘隔板

绝缘隔板主要隔离各种设备，使其与其他物体相互绝缘。常用工具中以国产为主、进口少之。图 8-2-7 为几种隔板。

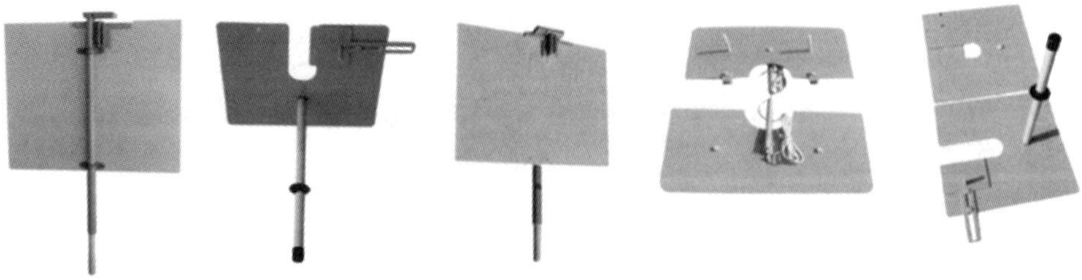

图 8-2-7　绝缘隔板

（10）绝缘毯

主要遮蔽包裹各种设备，使其与其他物体绝缘起来。是遮蔽用具中最为方便随意的工具。目前绝缘等级最大 2 级，即 10 kV 以下使用。常用工具中以进口为主、国产少之。图 8-2-8 为绝缘毯。

图 8-2-8　绝缘毯

其中美国进口的为橡胶绝缘毯，性能较好，达到 IEC 及中国电力行业标准 DL/T803《带电作业用绝缘毯》要求，但其较厚（3.8 mm），弹性较大、柔软随意性差，越来越不被广大用户使用。日本进口的是以塑料薄膜制成的树脂绝缘毯，其厚度为 2.0 mm，柔软性好，适宜包裹各类设备，受到广大用户喜爱，目前广泛使用。但其存在致命缺陷就是防潮性能极差，并且达不到 IEC 及中国电力行业标准 DL/T803《带电作业用绝缘毯》中关于浸水（16 h，耐压试验）防潮试验要求，使用中一旦受潮或突遇小雨，将给现场工作留有安全隐患。由于以前没有达到标准的树脂绝缘毯，致使广大用户不得已而采用。

目前国内科研单位根据国家标准要求和现场工作使用情况，研制出防水（防潮）树脂（塑料薄膜）绝缘毯，其柔软性好、2 级厚度小于 2.0 mm，3 级厚度小于 2.5 mm，达到超过 IEC 及中国电力行业标准 DL/T803《带电作业用绝缘毯》中关于浸水（16 h，耐压试验）防潮试验要求，确保配电线路带电作业更为安全可靠。该产品实现国产化生产，目前已生产绝缘等级 2 级、3 级，即 10 kV、20 kV 已生产使用（图 8－2－9）。4 级 35 kV 等级的也在研发中。

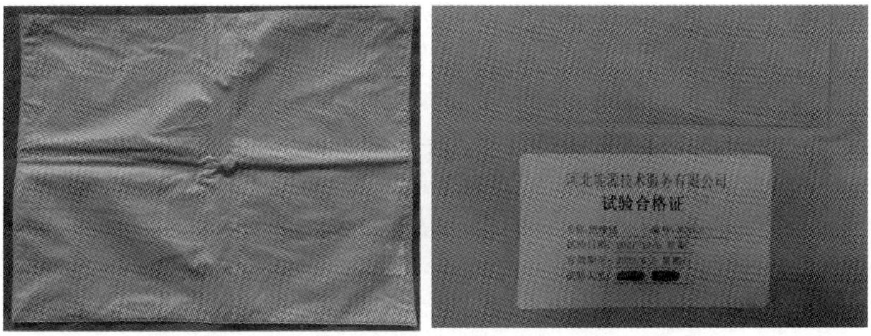

图 8－2－9　10 kV 防水绝缘毯

3. 个人防护工具

保护作业人员在接触带电体时免受伤害的绝缘防护用具。

（1）绝缘袖套

防护作业人员臂、肘、肩，塑料薄膜制成。目前绝缘等级最大 2 级，即 10 kV 以下使用。常用工具中以进口为主、国产防潮型绝缘袖套正在研制中。图 8－2－10 为绝缘袖套。

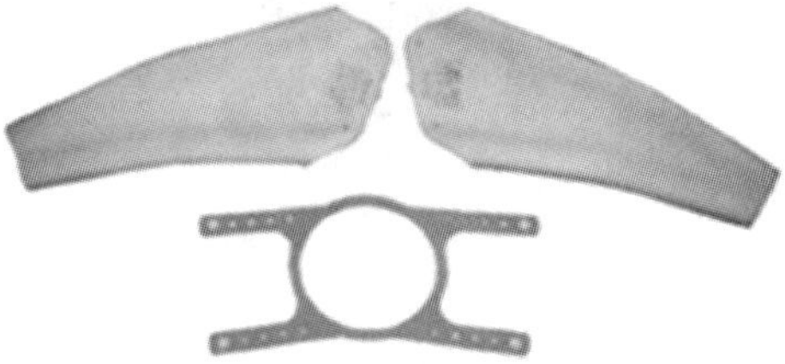

图 8－2－10　绝缘袖套

（2）绝缘服

防护作业人员臂、肘、肩、胸、背，塑料薄膜制成。目前绝缘等级最大 2 级，即 10 kV 以下使用。常用工具中以进口为主、国产防潮型绝缘服正在研制中。图 8－2－11 为绝缘服。

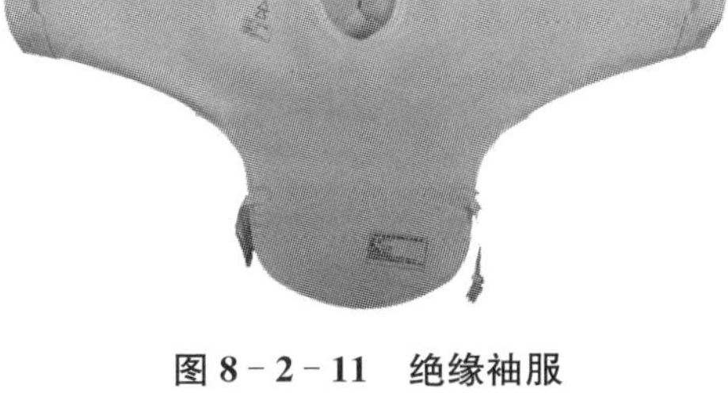

图 8－2－11　绝缘袖服

（3）绝缘披肩

防护作业人员臂、肘、肩，塑料薄膜制成。目前绝缘等级最大 2 级，即 10 kV 以下使用。常用工具中以进口为主、国产防潮型绝缘披肩正在研制中。图 8－2－12 为绝缘披肩。

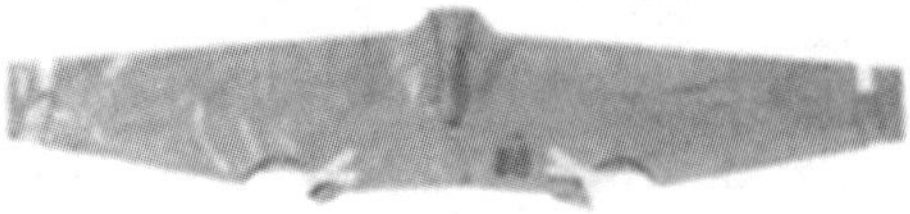

图 8－2－12　绝缘披肩

（4）绝缘套鞋（靴）

防护作业人员小腿、脚，橡胶制成。目前绝缘等级最大 2 级，即 10 kV 以下使用。常用工具中以进口为主、国产较少。图 8－2－13 为绝缘靴。

图 8－2－13　绝缘靴

（5）绝缘安全帽

防护作业人员头部，塑料制成。目前绝缘等级最大 2 级，即 10 kV 以下使用。常用工具中以进口为主、国产较少。图 8－2－14 为绝缘安全帽。

图 8－2－14　绝缘安全帽

（6）带电作业用绝缘手套

防护作业人员手部，并兼备操作功能，橡胶制成。与一般劳保用的安全手套不同，具有良好的电气性能和较高的机械性能，同时还具有良好的服用性能。目前绝缘等级最大 2 级，即 10 kV 以下使用。常用工具中以进口为主、国产较少。图 8－2－15 为绝缘手套。

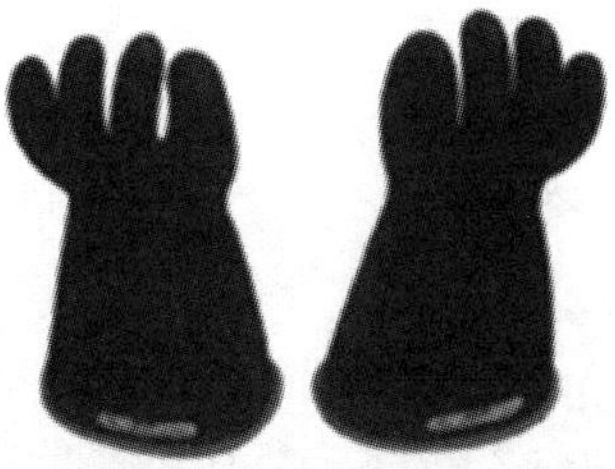

图 8－2－15　绝缘手套

4. 操作用绝缘工具

在高压电气设备上进行带电操作的绝缘用具。

绝缘钳、绝缘操作杆、支杆、拉杆等，用环氧玻璃丝棒、管制成，绝缘等级可根据有效绝缘长度而确定，适用范围很广，基本上均为国产。图 8－2－16 为绝缘操作杆。

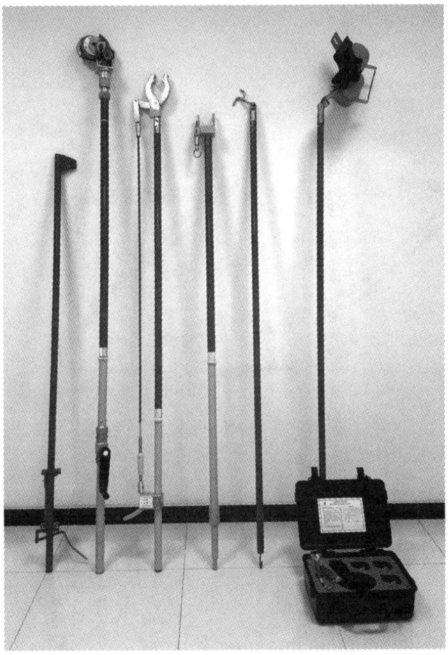

图 8－2－16　绝缘操作杆

5. 绝缘斗臂车、绝缘平台

（1）绝缘斗臂车是带绝缘斗及绝缘臂的移动机动平台（图 8－2－17）。目前广泛使用的有：

直伸缩臂绝缘斗臂车，代表车辆为杭州爱知生产的10～35 kV等级绝缘斗臂车；

折叠臂绝缘斗臂车，代表车辆为美国阿尔泰克公司生产的35 kV等级绝缘斗臂车；

折叠加伸缩臂绝缘斗臂车，代表车辆为美国时代公司生产的35 kV等级绝缘斗臂车。

图8-2-17　绝缘斗臂车

(2) 绝缘平台是将绝缘台捆绑在电杆上供工作人员的操作的一种工作平台。它可以围绕电杆进行旋转，也可进行小范围上下移动。仅限于10 kV等级以下使用，进口、国产均有。图8-2-18为绝缘平台。

图8-2-18　绝缘平台

二、配网不停电作业工器具试验

（一）带电作业绝缘工具的试验标准

带电作业绝缘工具的试验标准主要依据有GB13398《带电作业用空心绝缘管、泡沫填充绝缘管和实心绝缘棒》、GB/T13035《带电作业用绝缘绳索》和DL409《电力安全工作规程》、DL/T878《带电作业用绝缘工具试验导则》、DL/T976《带电作业工具、装置和设备预防性试验规程》、国家电网公司2014年《电力安全工作规程》。

各电压等级的绝缘工具试验项目和标准列于表8-2-1。

表 8-2-1　绝缘工具的试验项目和标准

额定电压/kV	试验长度/m	1 min 工频耐压/kV		3 min 工频耐压/kV		15 次操作冲击耐压/kV（正极性）	
		出厂及型式试验	预防性试验	出厂及型式试验	预防性试验	出厂及型式试验	预防性试验
10	0.4	100	45	/	/	/	/
35	0.6	150	95	/	/	/	/

电作业工具预防性试验不得分段进行，必须按有效绝缘长度整根进行。检查性试验可以分段进行。

（二）带电作业工具的试验内容

1. 35 kV 及以下绝缘工具试验电压

35 kV 及以下带电作业工具只采用工频短时间 1 min 耐压试验，不做操作冲击试验，这样完全可以满足操作过电压水平的要求。

预防性试验电压应按最大运行相电压乘以过电压倍数得来的，对尾数做适当处理，其计算公式为：$U=Uxg\cdot K1$

式中：Uxg——系统运行最高相电压（有效值）。

K1——过电压倍数。(35～63 kV，K1 取 4.0)

如：额定电压 35 kV：则 $U=\frac{3.5\times1.15}{\sqrt{3}}\times4=96$ kV 故取 95 kV。

以上为预防性试验电压规定的原则。

型式及出厂试验电压则按另一种方式考虑，即按绝缘材料平均电位梯度 250 kV/m 乘以试验有效长度计算得来的。

如 35 kV 绝缘承力工具试验长度 0.6 m，则试验电压 $U=250$ kV/m・0.6 m＝150 kV。

工频耐压试验 1 min，以无击穿、闪络及过热为合格。

2. 绝缘工具电气试验方法

（1）试品布置：

试品应垂直悬挂，高压电极用直径不小于 30 mm 的金属管做模拟导线，模拟导线两端应设置均压球（或均压环），其直径不小于 200 mm，均压球距试品不小于 1.5 m。高压试验电极和接地极间的距离应按试验有效长度规定进行。如试品内有金属部件连接时，其两电极间的距离还应在试验长度数值上加上金属部件的长度。接地极的对地距离应不小于 1 m，接地极和高压电极（无金属时）用宽 50 mm 的金属箔或导线包绕。

对多个试品同时进行试验时，试品间距离不小于 500 mm。

(2) 电气试验接线和试验注意事项：

工频耐压试验接线如图 8－2－19 所示。

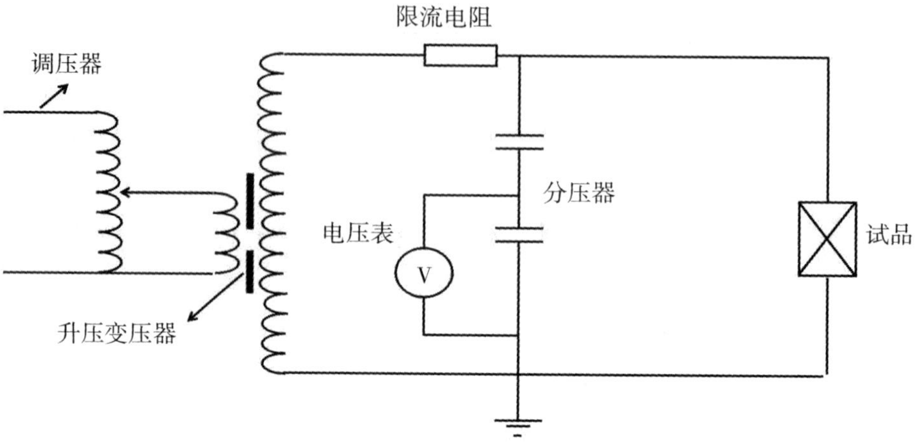

图 8－2－19　工频耐压试验

操作冲击耐受试验接线如图 8－2－20 所示。

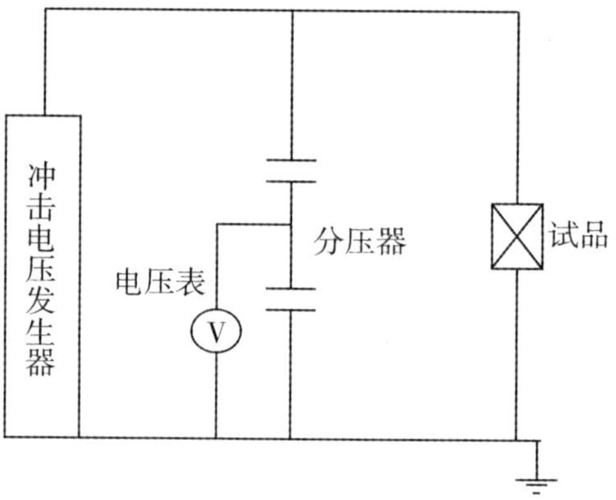

图 8－2－20　操作冲击耐受试验

注意事项：

1）试验带电作业工具要求天气晴，空气相对湿度应在 80％以下，气温在＋5 ℃以上。

2）试验前要求将工具擦拭干净，必要时进行干燥后再进行试验。

3）被试物与邻近接地体距离要保持试品长度的 1.5 倍以上。

4）试品接线布置完毕，必须经第二人复查后方可升压进行试验。

5）试验时，派专人在安全位置对试品进行观察，有无放电或击穿现象，随时记录。

6）试验时间到达以后，迅速降压，切除电源不得有误；然后立即用手摸拭工具有无发热现象，特别是加电压的端部，更应详细检查。

7）试验不允许分段。

3. 带电作业工具检查性试验

带电作业绝缘工具检查性试验条件是：将绝缘工具分成若干段进行工频耐压试验，每 300 mm 耐压 75 kV，时间为 1 min，以无击穿、闪络及过热为合格。试验要求、试验布置同电气预防行试验。

检查性试验不得代替预防性试验，预防行试验可以代替检查性试验。

4. 带电作业绝缘工具现场检查试验

带电作业工具使用前，仔细检查确认没有损坏、受潮、变形、失灵，否则禁止使用。并用 2500 V 及以上绝缘电阻表或绝缘检测仪进行分段绝缘检测（电极宽 2 cm，极间宽 2 cm），阻值应不低于 700 MΩ。操作绝缘工具时应戴清洁、干燥的手套。

5. 带电作业工具机械试验

带电作业工具除保证电气强度外，还应有足够的机械强度，才能保证带电作业时安全可靠。“电力安全工作规程”中规定的带电作业工具机械试验标准为：

（1）静荷重试验：2.5 倍允许工作负荷下持续 5 min，工具无变形及损坏者为合格。

（2）动荷重试验：1.5 倍允许工作负荷实际操作 3 次，工具灵活、轻便、无卡住现象者为合格。

标准还规定：绝缘工具机械试验每年 1 次，金属工具两年 1 次。

此标准已沿用了多年，但是就工具的设计与试验标准等问题仍存在着不同的看法。如：不少标准规定，工具设计破坏荷载应不小于允许荷载的 3.0 倍，这一规定与 2.5 倍试验荷载已很接近，安全系数太小。这样，在试验时，工具表面虽然没有损坏，但是很有可能受到一定损伤。往往把缺陷带到使用当中去。有人认为，在工具设计时，取 4 倍安全系数是比较合理的，但这又加大工具的重量。2004 年在 DL878《带电作业绝缘工具试验导则》和 2017 年的 DL976《带电作业工具、装置和设备预防性试验规程》标准中都对带电作业工具的预防性机械试验重新作出规定：

（1）静荷重试验：1.2 倍允许工作负荷下持续 5 min，工具无变形及损坏者为合格。

（2）动荷重试验：1.0 倍允许工作负荷实际操作 3 次，工具灵活、轻便、无卡住现象者为合格。

6. 绝缘工具的原材料试验

（1）硬质绝缘材料的技术性能：

用以制造绝缘工具的环氧绝缘材料其物理、机械及介电性能应满足相应标准的要求：

检验方法按 GB1304、GB/T1303.2—2009、GB5132 的规定进行。

(2) 环氧绝缘材料的工频耐压及泄漏电流试验：

制作带电作业工具的环氧绝缘材料应进行工频耐压及泄漏电流试验，并且在 168 小时受潮（93%湿度下）后，其电气性能不超标，具体要求见表 8－2－2。

检验方法按 GB13398 的规定进行。

表 8－2－2　环氧绝缘材料的工频耐压及泄漏电流指标

试品规格			试验电极距离/mm	1 min 工频耐受电压/kV (r. m. s)	泄漏电流 干试验 (I_1)	泄漏电流 受潮后试验 (I_2)
					不大于 μA	
空心管	标称外径/mm	30 及以下	300	100	10	30
填充管		大于 30			15	35
		30～60			20	40
绝缘板	标称截面/mm^2	600 及以下			20	40

工频耐压及泄漏电流试验接线按图 8－2－21 进行。

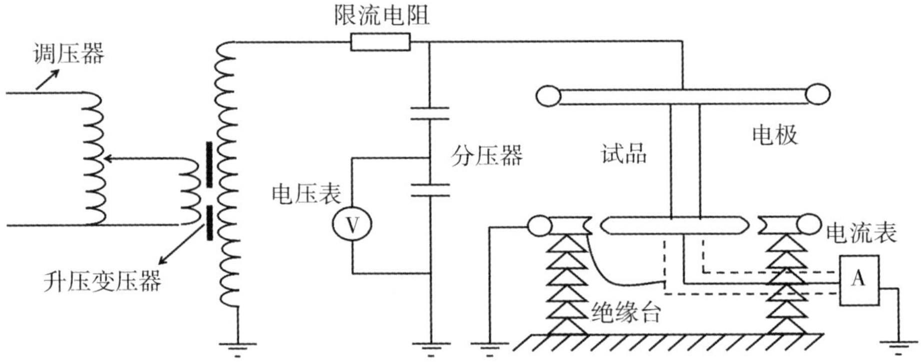

图 8－2－21　工频耐压及泄漏电流试验

1）试品在干燥状态下试验：在三根用来做该试验的绝缘管和绝缘板上分别截取 300 mm 长作试品，将试品安装于试验电极上，试验电极安装在离地约 1 m 的绝缘支架上。在试验电极间施加工频试验电压 100 kV，持续 1 min，并测量试品的泄漏电流 I_1。在试验过程中如试品的泄漏电流在规定范围内，且试品未发生闪格或击穿，各部分无灼伤，不发热，则该试品通过本项试验。

2）试品受潮后试验：将已通过干试验的试品置于温度为 23 ℃，相对湿度为 93% 的环境中 168 h，然后取出用干抹布将试品内外表面轻轻擦拭干净，在与干试验相同的条件下测量试品的泄漏电流 I_2，如所测之值在规定范围之内，且试品未发生闪络或击穿，各部分无灼伤，不发热，则该试品通过本项试验。

（3）绝缘绳索电气性能试验

绝缘绳索电气性能检验方法按 GB/T13035—2008 的规定进行。常规型绝缘绳电气性能指标见表 8-2-3，防潮型绝缘绳电气性能指标见表 8-2-4。

表 8-2-3　常规型绝缘绳电气性能指标

序号	试验项目	标准	试品有效长度	布置方式
1	高湿度下交流泄漏电流（相对湿度 90%，温度 20 ℃24 h）	100 kV 时不大于 300 μA	0.5 m	垂直布置
2	工频干闪电压	不小于 170 kV	0.5 m	垂直布置

表 8-2-4　防潮型绝缘绳电气性能指标

序号	试验项目	标准	试品有效长度	布置方式
1	工频干闪电压	不小于 170 kV	0.5 m	垂直布置
2	持续高湿度下工频泄漏电流（相对湿度 90%，温度 20 ℃168 h 施加工频电压 100 kV）	不大于 100 μA	0.5 m	垂直布置
3	浸水后工频泄漏电流（水电阻率 100Ω·m，浸泡 15 min，抖落表面附着水珠，加压 100 kV）	不大于 500 μA	0.5 m	垂直布置
4	淋雨工频闪络电压（雨量 1～1.5 mm/min，水阻率 100 Ω·m）	不小于 60 kV	0.5 m	垂直布置
5	50%断裂负荷拉伸后，高湿度下工频泄漏电流（相对湿度 90%，温度 20 ℃168h 加压 100 kV）	不大于 100 μA	0.5 m	垂直布置
6	经漂洗后，高湿度下工频泄漏电流（相对湿度 90%，温度 20 ℃168h 加压 100 kV）	不大于 100 μA	0.5 m	垂直布置
7	经磨损后，高湿度下工频泄漏电流（相对湿度 90%，温度 20 ℃168h 加压 100 kV）	不大于 100 μA	0.5 m	垂直布置

电气试验方法及要求：试验前，应将试样放在 50 ℃干燥箱里进行 1 h 的烘干，然后，在标准大气条件下保持 1h 再试验。采用直径 1.0 mm 铜线缠绕作为试验电极。试样应垂直挂在绝缘支架上，下端悬吊 4.5 kg 的重物。工频干闪电压试验应在环境温度 10 ℃～40 ℃，相对湿度不大于 80%的条件下进行。高湿度下交流泄漏电流测量是在将

试品置相对湿度 90%、温度 20 ℃条件下处理 24 h 后，在试验环境中测量泄漏电流值，整个试验过程不得超过 10 min；防潮绳高湿度下交流泄漏电流测量是在将试品置相对湿度 90%、温度 20 ℃条件下处理 168 h 后，在试验环境中测量泄漏电流值。

防潮绳在使用和验收时尤其应重点做浸水后工频泄漏电流，这一试验既简单又能很好地检验其防潮性能。绝缘绳试验结线按图 8-2-22 进行。

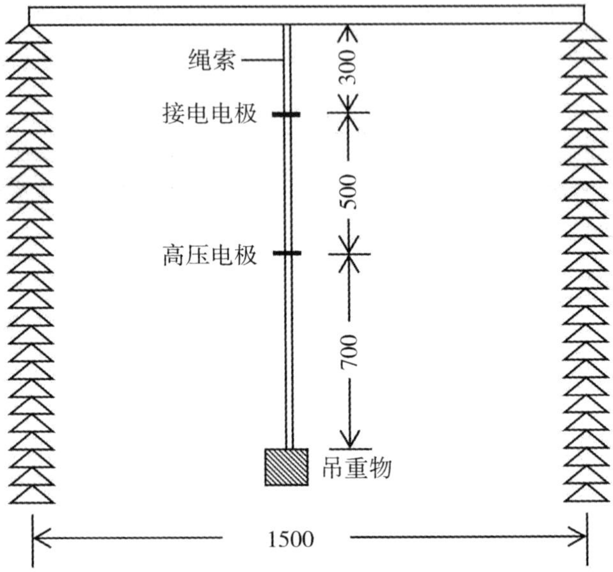

图 8-2-22　绝缘绳电气试验布置

（4）绝缘材料的机械试验

1）带电作业绝缘杆的机械试验

带电作业用操作杆需做弯曲试验、扭曲试验、拉伸试验。支杆需做压缩试验，拉吊杆需作拉伸试验，其最小破坏力矩和最小破坏荷载应分别满足表 8-2-5 中的要求。

表 8-2-5　绝缘杆机械性能指标

试品	D	拉伸试验荷载 /kN	压缩试验荷载 /kN	弯曲试验荷载 /（N·m）	扭曲试验荷载 /（N·m）
操作杆	28 mm 以下 28 mm 以上	1.50 1.50		225 275	75 75
支杆	1 kN 级 3kN 级 5kN 级		2.50 7.50 12.5		
拉（吊）杆	10 kN 级 30 kN 级 50kN 级	25.0 75.0 125			

拉伸试验：取同一规格的绝缘杆三根作试品，在试品绝缘部分的顶端和距其 2 m 处的另一端用夹具进行两端固定，并用牵引机具和测试设备中心接成一直线，随后施加拉力直至规定值或直至破坏。

压缩试验：对支杆进行压缩试验的试品长 2 m，试验时，将支杆固定牢固，在支杆的自由端沿轴向施加荷载直至规定值或直至破坏。

对于操作杆进行扭曲试验时，将操作杆的手持端固定，在其另一端距固定点 2 m 处施加扭矩直至规定值或直至破坏。

弯曲试验：对绝缘杆进行弯曲试验时，将绝缘杆放在两端的滑轮上，在其中间加荷载直至规定值或直至破坏。

2）带电作业用绝缘绳的机械试验：

抗拉断裂强度试验：取同一规格的绝缘绳三根作为试品，用具有伸长装置的强度试验机进行试验，强度试验机的两夹钳之间的试品为合成纤维绳时，长度应大于 600 mm，天然纤维长度应大于 1800 mm，强度试验机刻度盘使用范围的选用应在全刻度盘的 20%～75%以内，在 50%的断裂负荷以内时以 300 mm/min 的速度拉伸，以后速度改为 250 mm/min 直至拉断。在试验中应克服打滑并防止钳口夹伤试品，还应注意让试品在中部左右断裂，若试样在夹钳处断裂则试验无效，应另取试样复试，各种不同直径的蚕丝绳、锦纶绳的抗拉断裂强度和伸长率应不小于表 8-2-6 的规定值。

表 8-2-6　抗拉断裂强度和伸长率

直径/mm	断裂强度/kN（不小于）		伸长率/%（不大于）	
	天然纤维绳	合成纤维绳	天然纤维绳	合成纤维绳
4	2.0	3.1	20	40
6	4.0	5.4	20	40
8	6.2	8.0	20	40
10	8.3	11.0	35	48
12	11.2	15.0	35	48
14	14.4	20.0	35	48
16	18.0	26.0	35	48
18	22.5	32.0	44	58
20	27.0	38.0	44	58
22	32.4	44.0	44	58
24	37.3	50.0	44	58

高机械强度绝缘绳是指采用高强度合成纤维制成，较常规强度绝缘绳索的断裂强

度增高1倍以上的绝缘绳索。

伸长率测量：启动强度试验机，当拉力值到达测量强力时，停止拉伸，量取试品中部500 mm长距离，并在两端做好记号，再次启动强度试验机，以300 mm/min的速度拉伸至断裂负荷的50%，改变拉伸速度为250 mm/min继续拉伸至绳索断裂强度的75%，测量两标记之间绳样的长度，并计算伸长率，伸长度按下式计算：

$$A=\frac{L_a-L_p}{L_p}\times 100\%$$

式中：A——伸长率。

L_a——拉力为最低断裂负荷的75%时的绳索长度（单位：mm）。

L_p——拉力为测量张力时的绳索长度（单位：mm）。

三、带电作业工具的试验周期

带电作业工具应定期进行电气试验及机械预防性试验，试验周期为：

电气试验：预防性试验每年一次，检查性试验每年一次，两次试验间隔为半年。

机械预防性试验：绝缘工具每年一次，金属工具两年一次。

四、配网不停电工器具使用、保管及运输

（一）带电作业工具的使用

带电作业工具在使用前必须检查，发现绝缘工具受潮或表面损伤、脏污时，应及时处理并经试验合格后方可使用，不合格的带电作业工具应及时检修或报废，不得继续使用。

绝缘工具在使用前，应用绝缘电阻表（兆欧表、2500 V～5000 V）、绝缘工具检测仪进行分段检测，每2 cm测量电极间的绝缘电阻值不低于700 MΩ。

屏蔽服装应无破损和孔洞，各部分应连接完好，屏蔽服装衣裤最远端点之间的电阻值均不大于20 Ω。

使用带电作业工具的每一个人，都应掌握以下基本要点：工具的使用范围，在何种电气装备上使用及限制，以及有关环境或作业方法；工具使用前的检查，以确保工具（电气和机械性能）完好；工具使用期的预防措施。

1. 绝缘杆件的使用

绝缘杆件使用前必须进行外观检查，外观上不能有裂纹等外部损伤；绝缘杆件必须经试验合格后方可使用，严禁使用不合格的绝缘杆件；绝缘杆件必须适用于所操作设备的电压等级，且核对无误后才能使用；绝缘杆使用时要尽量减少对绝缘杆的弯曲力，以防损坏杆体。

2. 检测设备的使用

检测前，应详细阅读检测读设备说明书，熟练掌握检测设备的操作方法，保证操作灵活，检测时首先对检测设备进行检查，以保证检测设备的完好性，从而保证测量的准确性。

3. 防护设备的使用

使用前必须进行外观检查，外观上不能有破损、划伤或变质，检查是否在试验周期内，且检验合格，否则不得使用。

4. 绝缘遮蔽、防护用具的使用

使用前必须进行外观检查，外观上不能有破损、划伤或变质，检查是否在试验周期内，且检验合格，否则不得使用。

5. 绝缘手套的使用

使用前必须进行外观检查，外观上不能有破损、划伤或变质，检查是否在试验周期内且检验合格，并还须用充气法进行检查，否则不得使用。

6. 绝缘斗臂车的使用

使用前必须进行外观检查，外观上不能有破损、划伤，检查是否在试验周期内且检验合格，并还须用干燥洁净抹布擦拭绝缘臂、绝缘斗外表面进行检查，然后在工作位置固定好，用操作系统空升操作绝缘臂等一次后方可使用，否则不得使用。

（二）常用带电作业工具的保管

带电作业工具必须在合格的带电作业工具专用库房内长期保管，库房标准按《带电作业用工具库房》（DL/T974—2018）执行。

带电作业工具库房应配有通风、干燥、除湿设施。库房内应备有温度、湿度自动控制装置，输变电硬质绝缘工具、软质绝缘工具、检测工具、屏蔽用具的存放区，温度宜控制在 5 ℃～40 ℃内；配电带电作业用绝缘遮蔽用具、绝缘防护用具的存放区的温度，宜控制在 10 ℃～28 ℃之间；库房最高气温不超过 40 ℃，并具备超限保护及报警功能。烘烤装置与绝缘工具表面保持 50～100 cm 距离，烘烤设备宜采用低温热风循环加热设备，烘干加热设备安装高度以距地面 1.5 m 以下为宜，库房内的相对湿度不大于 60%。

1. 绝缘杆件的保管

绝缘杆件的存放设施应设计成垂直吊放的排列架，每个杆件相距 10～15 cm，每排相距 50 cm，绝缘硬梯、托瓶架的存放设施应设计成能水平摆放的多层式构架，每层间隔 25～30 cm。最低层离开地面不小于 50 cm。绝缘绳索及其滑车组的存放设施应设计成垂直吊挂的构架，每个挂钩放一组滑车组，挂钩间距 20～25 cm，绳索下端距地面不小于 50 cm。

2. 检测工具的保管

验电器、相位检测仪、分布电压测试仪、绝缘子检测仪、干湿温度仪、风速仪、兆欧表等检测用具应分件摆放，防止碰撞，可采用多层水平不锈钢构架存放。

3. 绝缘遮蔽用具的保管

绝缘遮蔽用具，如导线遮蔽罩、绝缘子遮蔽罩、横担遮蔽罩、电杆遮蔽罩等应贮存在有足够强度袋内或箱内，再置放在多层式水平构架上。禁止贮存在蒸汽管、散热管和其他人造热源附近，禁止贮存在阳光直射的环境下。

4. 绝缘防护用具的保管

绝缘防护用具，如绝缘服、绝缘袖套、绝缘披肩、绝缘手套、绝缘靴等应分件包装，要注意防止阳光直射或存放在人造热源附近，尤其要避免直接碰触尖锐物体，造成刺破或划伤。

5. 绝缘斗臂车的保管

绝缘斗臂车必须停放在专用车库内，车库具有自动除湿、烘干设备，烘干设备必须安装在绝缘臂高度，车辆不需加热。长时间停放须使用支腿支撑。绝缘斗臂车绝缘臂液压部分每两年必须检修、换油一次，行走车辆部分保养按厂家要求执行。

（三）带电作业工具的运输

带电作业工具运输必须使用专用带电作业工程（具）车，避免碰撞、踩踏、污损。潮湿地区或潮湿季节带电作业工具需外出超过 24 小时，需配备专用带电作业工具库房车，专用带电作业工具库房车必须带有烘干除湿设备、温湿度自动控制系统，并按带电作业库房标准执行。带电作业工具库房车必须专用，车载发电机、温湿控制系统必须处于良好状态，随时随地可以进行烘干除湿工作。

第三节　配电线路带电作业现场标准化作业流程

标准化作业，就是在作业系统调查分析的基础上，将现行作业方法的每一操作程序和每一动作进行分解，以科学技术、规章制度和实践经验为依据，以安全、质量效益为目标，对作业过程进行改善，从而形成一种优化作业程序，逐步达到安全、准确、高效、省力的作业效果。作为一种现代化安全生产管理的科学实用方法，标准化作业不但弥补了作业人员缺乏对工作原理深度理解而造成的违章和安全操作规程本身的不足，而且可以有效地防止人为的失误和各种违章行为的出现，有效地防止各类安全和质量事故的发生，给做好安全质量管理带来许多方便，应该重点推广和使用。

开展配电线路带电作业工作，同样应该有效地落实和规范现场标准化作业，对每一操作流程和每一动作进行分解，以科学技术、规章制度和实践经验为依据，以安全控制、质量标准为目标，加强现场作业关键环节、关键点安全风险管控，以“工作票（操作票）、安全交底会（班前会、站班会）、标准化作业指导书（卡）、班后会”等为依据来指导其作业全过程，包括作业前的准备阶段、现场作业实施阶段、作业后的终结阶段。

一、作业前的准备阶段

（一）填报带电作业任务申请单

运行单位根据实际工作需要填报配电线路带电作业任务申请单。

（二）下达工作任务通知单后组织相关人员现场勘察

按照《配电安规》9.1.6 的规定：带电作业项目，应勘察配电线路是否符合带电作业条件、同杆（塔）架设线路及其方位和电气间距、作业现场条件和环境及其他影响作业的危险点，并根据勘察结果确定带电作业方法、所需工具以及应采取的措施。

配电线路带电作业工作票签发人或工作负责人应组织有经验的人员到现场勘察，履行配电线路带电作业现场勘察制度。现场勘察时，对作业过程中可能影响到的线路、设备、设施仔细观察，以察看其运行状态是否良好，如果发现设备设施的缺陷应做好记录，研究解决方案，做好危险点的安全预防措施。勘察配电线路是否符合配电线路带电作业条件，杜绝作业人员串入相间、相地之间的情况发生，避免线路出现相间短路或对地短路现象，防止出现电弧伤人情况发生。并对作业现场的周边环境进行认真查看，发现是否有影响作业的不利因素，如果有不利因素，应采取相应的解决办法。

（三）编制《现场标准化作业指导书（卡）》并履行相关审批手续

《现场标准化作业指导书（卡）》是对作业全过程控制指导的约束性文件，明确具体操作方法、操作步骤、作业过程中的危险点预控措施、作业质量标准和人员分工及职责等，依据工作流程组合成的执行文件。

填写、签发工作票以及办理停用重合闸计划。

1. 填写、签发工作票

填写、签发工作票并履行工作票制度，属于保证带电作业安全的组织措施之一。工作票的填写与使用应严格执行《配电安规》的规定：

（1）工作票由工作负责人填写，也可由工作票签发人填写。

（2）一张工作票中，工作票签发人、工作许可人和工作负责人三者不得为同一人。工作许可人中只有现场工作许可人（作为工作班成员之一，进行该工作任务所需现场操作及做安全措施者）可与工作负责人相互兼任。若相互兼任，应具备相应的资质，并履行相应的安全责任。

（3）参加带电作业的人员，应经专门培训，考试合格取得资格、单位批准后，方可参加相应的作业。带电作业工作票签发人和工作负责人、专责监护人应由具有带电作业资格和实践经验的人员担任。

(4) 用计算机生成或打印的工作票应使用统一的票面格式。

(5) 工作票应由工作票签发人审核，手工或电子签发后方可执行。

(6) 工作票一般由设备运维管理单位签发，也可由经设备运维管理单位审核合格且经批准的检修（施工）单位签发。检修（施工）单位的工作票签发人、工作负责人名单应事先送设备运维管理单位、调度控制中心备案。

(7) 承、发包工程，工作票可实行“双签发”。签发工作票时，双方工作票签发人在工作票上分别签名，各自承担相应的安全责任。

(8) 工作票一份交工作负责人，一份留存工作票签发人或工作许可人。工作负责人应提前知晓工作票内容，并做好工作准备。

(9) 工作许可时，工作票一份由工作负责人收执，其余留存工作票签发人或工作许可人处。工作期间，工作票应始终保留在工作负责人手中。

(10) 工作票的有效时间已批准检修期为限，已结束的工作票应保存一年。

(11) 带电作业工作票不得延期。

(12) 填用《配电线路带电作业工作票》的工作：

1) 高压配电线路带电作业，目前以 10 kV 电压等级配电线路为主；

2) 与邻近带电高压线路或设备的距离大于《配电安规》表 3-2（见表 8-3-1）中规定（10 kV 为 0.4 m）、小于《配电安规》表 3-1（见表 8-3-2）中规定（10 kV 为 0.7 m）的不停电作业。

2. 办理停用重合闸

办理停用重合闸，属于保证带电作业安全的技术措施之一。按照《配电安规》的规定：

带电作业有下列情况之一者，应停用重合闸，并不得强送电：

(1) 中性点有效接地的系统中有可能引起单相接地的作业。

(2) 中性点非有效接地的系统中有可能引起相间短路的作业。

(3) 工作票签发人或工作负责人认为需要停用重合闸的作业。

禁止约时停用或恢复重合闸。

（四）召开班前会，学习作业指导书，明确作业方法、危险点分析及安全控制措施、人员组织与任务分工、责任等

开好班前会，是落实和贯彻现场标准化作业工作的关键环节。其中，在人员组织与任务分工时，应充分考虑作业班组成员技术熟练程度和工作经验，新项目应当用经验丰富的人员作为斗内电工或登杆电工，复杂项目作业应由技术技能熟练的人员完成主要操作任务。《配电安规》9.1.2 明确规定：参加带电作业的人员，应经专门培训，考试合格取得资格、单位批准后，方可参加相应的作业。带电作业工作票签发人和工作负责人、专责监护人应由具有带电作业资格和实践经验的人员担任。

作业人员应按要求着装，工作负责人或专责监护人应有明显标示或标志。

（五）工器具检查和储运

配电线路带电作业工具及带电作业车辆状况直接关系到作业人员、设备设施的安全，务必应严格管理。带电作业工具必须在合格的带电作业工具专用库房内长期存放，库房标准按 DL/T974《带电作业用工具库房》执行。

领用绝缘工具、安全用具及辅助器具，应核对工器具的使用电压等级和试验周期，并检查外观完好无损，做好工器具出入库信息记录。

带电作业工具在运输过程中，带电绝缘工具应装在专用工具袋、工具箱或专用工具车内，以防受潮和损伤。发现绝缘工具受潮或表面损伤、脏污时，应及时处理并经试验或检测合格后方可使用。

进入作业现场应将使用的带电作业工具放置在防潮的帆布或绝缘垫上，以防脏污和受潮。

绝缘斗臂车应根据《带电作业用绝缘斗臂车的保养维护及在使用中的试验》（DL/T854—2004）定期检查。

二、现场作业实施阶段

工作负责人依据本项目的《配电线路带电作业工作票》和《现场标准化作业指导书（卡）》中的要求及操作步骤，组织和实施现场标准化作业工作。

（一）现场复勘

工作负责人组织作业人员进行作业前现场复勘，是履行工作许可的先决条件。作业人员现场核对线路名称和杆号，确认线路、设备状态，检查现场作业环境是否满足带电作业条件等，并向工作负责人汇报。检查内容包括：现场的温度、湿度，工作电杆的线路名称及杆号，工作点的地形、地貌，工作区间内电杆、基础、导线及拉线的情况，工作点附件是否有妨碍工作的情况，等等。检查完毕后向工作负责人汇报。

（二）履行工作许可手续和停用重合闸工作许可

履行工作许可制度、停用重合闸，以及工作终结和恢复重合闸（制度），是保证带电作业安全的重要组织、技术措施。

工作负责人按工作票内容与值班调控人员联系（用标准化语言）获得工作许可，停用重合闸的确认线路、重合闸装置已退出，工作负责人在工作票上签字并记录许可时间。

按照《配电安规》的相关规定：9.1.4 工作负责人在带电作业开始前，应与值班调控人员或运维人员联系。需要停用重合闸的作业和带电断、接引线工作应由值班调控人员履行许可手续。带电作业结束后，工作负责人应及时向值班调控人员或运维人员汇报。

（三）布置工作现场，装设遮栏（围栏）和警告标志（标示牌）

工作负责人组织班组成员布置工作现场，装设遮栏（围栏）和警告标志（标示牌），属于保证带电作业安全的技术措施之一。

安全围栏和出入口的设置应合理和规范，其范围应不小于高空落物、绝缘斗臂车作业范围；警告标志应齐全和明显，应设置在出入口和道路处，如“在此工作”“从此进出”“施工现场”“车辆慢行”“车辆绕行”等标示牌。

（四）召开现场站班会、宣读工作票并履行确认手续

开好现场安全交底会（站班会），是落实和贯彻现场标准化作业工作的重要关键环节之一。

工作负责人召集工作人员召开现场站班会，依据本作业项目的《配电线路带电作业工作票》和《现场标准化作业指导书（卡）》，对工作班成员进行危险点告知，交代工作任务，交代安全措施和技术措施，检查工作班成员精神状态是否良好，作业人员是否合适，确认每一个工作班成员都已知晓后，履行确认手续并在工作票上签名。

（五）现场检查工器具，空斗试操作斗臂车，做好作业前的准备工作

工器具现场检查，属于保证带电作业安全的技术措施之一。

进入作业现场应将使用的带电作业工具放置在防潮的帆布或绝缘垫上，以防脏污和受潮。放置时应按照定置定位的要求，不同的工具、材料按不同的位置区域摆放。带电作业装备、工具使用前，应仔细检查确认没有损坏、受潮、变形、失灵，否则禁止使用。操作绝缘工具时应戴清洁、干燥的手套。对绝缘杆类工具应使用绝缘检测仪进行分段绝缘检测，绝缘电阻值不低于 700 MΩ 等。

绝缘斗臂车应选择适当的工作位置，支撑应稳固可靠；机身倾斜度不得超过制造厂的规定，必要时应有防倾覆措施。绝缘斗臂车的金属部分在仰起、回转运动中，与带电体间的安全距离不得小于 0.9 m（10 kV）或 1.0 m（20 kV）。工作中车体应使用不小于 16 mm^2 的软铜线良好接地。绝缘斗臂车使用前应在预定位置空斗试操作一次，确认液压传动、回转升降、伸缩系统工作正常、操作灵活，制动装置可靠。

（六）斗内作业人员进入绝缘斗，准备开始现场作业

斗内作业人员穿戴好绝缘防护用具，经工作负责人检查合格后，进入绝缘斗并将安全带保险钩系挂在斗内专用挂钩上，准备开始现场作业。

1. 带电作业人员正确使用个人绝缘防护用具

按照《配电安规》9.2.6 的规定：

带电作业，应穿戴绝缘防护用具（绝缘服或绝缘披肩、绝缘袖套、绝缘手套、绝缘鞋、绝缘安全帽等）。带电断、接引线作业应戴护目镜，使用的安全带应有良好的绝缘性能。带电作业过程中，禁止摘下绝缘防护用具。

2. 带电作业人员按规定正确验电

按照 GB/T18857—2019《配电线路带电作业技术导则》的规定：

9.12 在接近带电体的过程中，要从下方依次验电，对人体可能触及范围内的低压线支承件、金属紧固件、横担、金属支承件、带电导体亦应验电，确认无漏电现象。

9.13 验电时人应处于与带电导体保持安全距离的位置。在低压带电导线或漏电的金属紧固件未采取绝缘遮蔽或隔离措施时，作业人员不得穿越或碰触。验电前应对验电器进行自检，并在带电体上检验。验电人员必须戴绝缘手套。

（七）进入带电作业区域，开始现场作业工作

获得工作负责人许可后，斗内作业人员操作绝缘斗臂车进入带电作业区域，开始现场作业，工作负责人或专责监护人应履行工作监护制度。其中，作业中的关键环节、关键点安全风险管控如下：

1. 工作负责人或专责监护人履行工作监护制度

工作负责人（或专责监护人）必须在工作现场行使监护职责，对作业人员的作业步骤进行监护，及时纠正不安全的动作，有效实施作业中的危险点、程序、质量和行为规范控制等。

按照《配电安规》9.1.3 的规定：

带电作业应有人监护。监护人不得直接操作，监护的范围不得超过一个作业点。复杂或高杆塔作业，必要时应增设专责监护人。

2. 设置绝缘遮蔽或绝缘隔离措施

为了保证带电作业人员和设备的安全，带电作业人员除正确穿戴个人绝缘防护用具外，作业中应保持足够的安全距离和设置有效的绝缘遮蔽（隔离）措施。

1）配电线路带电作业应强调：由主绝缘工具、辅助绝缘用具以及人体对非接触的带电体、接地体保持的空气间隙（安全距离）组成“多层后备防护”的安全作业理念。

2）进入作业区域的人员，必须与带电体（或接地体）要保持规定的安全距离。为了防止作业人员串入两相之间或相地之间，应对作业范围内可以触及或接近的设备设施可靠有效的绝缘遮蔽，对于难以进行绝缘遮蔽的部件，应进行有效的绝缘隔离。

3）为了营造一个安全的作业环境，进入作业区域的人员，必须对作业范围内的带电体、接地体设置有效的绝缘遮蔽（隔离）措施。其中：

遮蔽隔离的原则是“从近到远、从下到上、从带电体到接地体”（拆除时顺序相反）。

遮蔽考虑的问题是何处需要遮蔽（位置），为何要遮蔽（目的），如何遮蔽（方法）。

遮蔽动作的要求是动作轻缓、坚定、又规范，控制动作幅度，动作之间无缝衔接。

遮蔽效果的要求是绝缘遮蔽严密且牢固，用具之间的搭接部分应有大于 15 cm 的重合。

遮蔽注意的事项是，保持规定的安全距离，严禁人体串入电路，严禁人体同时接触两个不同的电位体；绝缘斗内双人作业时，禁止同时在不同相或不同电位作业。

3. 工作任务完成，拆除绝缘遮蔽（隔离）措施。

拆除绝缘遮蔽（隔离）用具时，同样应动作轻缓和规范，并保持规定的安全距离，按照“从远到近、从上到下、先接地体后带电体”的原则依次拆除。检查无遗留物后，转移绝缘斗退出带电作业工作区域，返回地面。

这里需要强调的是，开展配电线路带电作业工作，必须以强化作业人员规范化训练和现场作业安全风险管控为主。其中，如何保证杆上电工与带电体保持足够的安全距离（0.4 m）和斗内电工安全有效地设置绝缘遮蔽（隔离）措施是重中之重。

三、作业后的终结阶段

（一）清理工具及现场

工作负责人组织工作人员清理工具及现场，做到工完料尽场地清。

（二）召开收工会

工作负责人对完成的工作进行全面检查，符合验收规范要求后，记录在册并召开现场收工班后会进行工作点评，宣布工作结束。

（三）工作终结和恢复重合闸

工作负责人向值班调控人员汇报工作已结束，停用重合闸需申请恢复线路重合闸，办理工作终结（已终结的工作票应保存一年），工作班撤离现场。

四、保障安全的技术措施

在配电线路带电作业中，通过一些技术手段，有效规避了安全风险。采用绝缘斗臂车，利用绝缘臂的绝缘斗防止人员触电。使用绝缘遮蔽用具，将作业范围内的带电体、接地体进行绝缘遮蔽，有效防止作业人员同时接触不同电位物体，以及防止线路相间短路或相地短路。使用个人绝缘防护用具，防止作业人员误碰带电体或接地体，引发触电事故。除了这些措施外，还需要考虑其他措施。

（一）提升作业人员的安全理念

应当注意的是，在配电线路带电作业中，虽然采用了绝缘斗臂车、绝缘遮蔽用具、个人绝缘防护用具，使作业的安全性得到提高。但由于其作业的过程是采用绝缘遮蔽用具和利用空气间隙来隔离人体的作业，出现动作失误或工具故障可能直接造成人身事故，真正的安全是要建立正确的安全思想意识、行为意识和严谨的制度管理去体现，而规范和落实现场标准化作业是促进带电作业安全开展的重要保证。

（二）加强合作

开展配网不停电作业，包括配网架空线路带电作业和电缆线路不停电作业，必须以降低配网设备计划停运率、持续提升供电可靠性和优质服务水平为目标，不断拓展作业项目，最大限度地减少停电时户数，实现“能停不带”到“能带不停”的转变，加强区域合作与协作，促使市县一体化不停电作业，助推“作业方法组合化，遮蔽用具硬质化、承载工具多元化”，持续拓展配网不停电作业新项目，推动不停电作业工作向“更安全、更高效、更简单”方向发展，打造配电网检修升级版，为电力用户提供最优质的供电服务。

第四节　常用配电线路带电作业项目

一、绝缘杆作业法带电断引流线（包括：熔断器上引线、分支线路引线、耐张杆引流线）

（一）人员组合及分工

本项目需 4 人，具体分工见表 8-4-1。

表 8-4-1　人员分工

人员分工	人　　数
工作负责人（兼工作监护人）	1 人
杆上电工	2 人
地面电工	1 人

（二）作业方法

本项目采用绝缘杆作业法（登杆作业或使用移动作业平台）。

（三）主要工器具配备

主要工器具配备一览表见表 8-4-2。

表 8-4-2　主要工器具配备一览表

序号	工器具名称		规格、型号	数量	备注
1	绝缘防护用具	绝缘手套	10 kV	2 双	带防护手套
2		绝缘安全帽	10 kV	2 顶	
3		双重保护绝缘安全带	10 kV	2 副	
4	绝缘工具	绝缘传递绳	12 mm	1 根	15 m
5		绝缘锁杆	10 kV	1 副	
6		绝缘杆套筒扳手	10 kV	1 副	
7		线夹安装工具	10 kV	1 副	
8		绝缘操作杆	10 kV	1 副	设置绝缘遮蔽罩用
9		绝缘杆断线剪	10 kV	1 把	
10	其他	绝缘测试仪	2500V 及以上	1 套	
11		电流检测仪	2500V 及以上	1 套	
12		验电器	10 kV	1 套	
13		护目镜	—	2 副	

（四）作业步骤

1. 工具储运和检测

领用绝缘工具、安全用具及辅助器具，应核对工器具的使用电压等级和试验周期，并检查外观完好无损。

工器具在运输过程中，应存放在专用工具袋、工具箱或工具车内，以防受潮和损伤。

2. 现场操作前的准备

工作负责人核对线路名称、杆号。

工作负责人检查作业装置和现场环境符合带电作业条件：a）断跌落式熔断器上引线：熔断器确已断开，熔管已取下；b）断分支杆引线、耐张杆引流线：待断引流线确已空载，负荷侧变压器、电压互感器确已退出。

工作负责人按配电带电作业工作票内容与值班调控人员联系，履行工作许可手续。

根据道路情况设置安全围栏、警告标志或路障。

工作负责人召集工作人员交待工作任务，对工作班成员进行危险点告知，交代安全措施和技术措施，确认每一个工作班成员都已知晓，检查工作班成员精神状态是否良好，人员是否合适。

整理材料，检查安全用具、绝缘工具，应使用绝缘测试仪分段检测绝缘工具绝缘电阻，绝缘电阻值不低于 700 MΩ。

杆上电工检查电杆根部、基础和拉线是否牢固。

3. 操作步骤

（1）断熔断器上引线

断熔断器上引线的操作步骤为：

1）杆上电工穿戴好绝缘防护用具，携带绝缘传递绳，登杆至适当位置。

2）杆上电工使用验电器对绝缘子、横担进行验电，确认无漏电现象。

3）杆上电工在地面电工的配合下，用绝缘操作杆按照“从近到远、从下到上、先带电体后接地体”的遮蔽原则对不能满足安全距离的带电体和接地体进行绝缘遮蔽。

4）杆上电工使用绝缘锁杆夹紧待断的上引线，并用线夹安装工具固定线夹。

5）杆上电工使用绝缘套筒扳手拧松线夹。

6）杆上电工使用线夹安装工具使线夹脱离主导线。

7）杆上电工使用绝缘锁杆将上引线缓缓放下，用绝缘断线剪在熔断器上接线柱处剪断上引线。

8）其余两相引线拆除按相同的方法进行，三相引线拆除的顺序按先两边相，再中间相的顺序进行。如上引线与主导线由于安装方式和锈蚀等原因不易拆除，可直接在主导线搭接位置处剪断。

9）杆上电工按照“从远到近、从上到下、先接地体后带电体”的原则拆除绝缘遮蔽。检查杆上无遗留物，作业人员返回地面。

（2）断分支线路引线

断分支线路引线的操作步骤为：

1）杆上电工穿戴好绝缘防护用具，携带绝缘传递绳，登杆至适当位置。

2）杆上电工使用验电器对绝缘子、横担进行验电，确认无漏电现象。用高压电流检测仪检测分支线路电流确认空载。

3）杆上电工用绝缘操作杆按照“从近到远、从下到上、先带电体后接地体”的遮蔽原则对不能满足安全距离的带电体和接地体进行绝缘遮蔽。

4）杆上电工使用绝缘锁杆将待断线路引线固定。

5）杆上电工使用绝缘杆断线剪在分支线路引线与主导线的连接处将引线剪断。

6）杆上电工使用绝缘锁杆将分支线路引线平稳地移离主导线。

7）杆上电工使用绝缘杆断线剪在分支线路耐张线夹处将引线剪断并取下。

8）其余两相引线拆除按相同的方法进行，三相引线拆除的顺序按先两边相，再中间相的顺序进行。

9）杆上电工按照“从远到近、从上到下、先接地体后带电体”的原则拆除绝缘遮蔽。检查杆上无遗留物，作业人员返回地面。

（3）断耐张杆引流线

断耐张杆引流线的操作步骤为：

1）杆上电工穿戴好绝缘防护用具，携带绝缘传递绳，登杆至适当位置。

2）杆上电工使用验电器对绝缘子、横担进行验电，确认无漏电现象。用高压电流检测仪检测分支线路电流确认空载。

3）杆上电工在地面电工配合下按照“从近到远、从下到上、先带电体后接地体”的遮蔽原则对作业范围内不能满足安全距离的带电体和接地体进行绝缘遮蔽。

4）杆上电工使用绝缘锁杆将待断的耐张杆引流线固定。

5）杆上电工使用绝缘杆断线剪将耐张杆引流线在电源侧耐张线夹处剪断。

6）杆上电工使用绝缘锁杆将耐张杆引流线向下平稳地移离带电导线。

7）杆上电工使用绝缘杆断线剪将耐张杆引流线在负荷侧耐张线夹处剪断并取下。

8）其余两相引流线拆除按相同的方法进行，三相耐张杆引流线拆除的顺序可按先两边相，再中间相的顺序进行。

9）杆上电工按照“从远到近、从上到下、先接地体后带电体”的原则拆除绝缘遮蔽。检查杆上无遗留物，作业人员返回地面。

4. 工作终结

工作负责人组织工作人员清点工器具，并清理施工现场。

工作负责人对完成的工作进行全面检查，符合验收规范要求后，记录在册并召开现场收工会进行工作点评后，宣布工作结束。

汇报值班调控人员工作已经结束，工作班撤离现场。

（五）安全措施及注意事项

1. 气象条件

带电作业应在良好天气下进行，风力大于5级，或湿度大于80%时，不宜带电作业。若遇雷电、雪、雹、雨、雾等不良天气，禁止带电作业。带电作业过程中若遇天气突然变化，有可能危及人身及设备安全时，应立即停止工作，撤离人员，恢复设备正常状况，或采取临时安全措施。

2. 作业环境

如在车辆繁忙地段应与交通管理部门联系以取得配合。

3. 安全距离及有效绝缘长度

作业中，绝缘操作杆的有效绝缘长度应不小于0.7 m。

作业中，人体应保持对带电体0.4 m以上的安全距离；如不能确保该安全距离时，应采用绝缘遮蔽措施，遮蔽用具之间的重叠部分不得小于150 mm。

4. 重合闸

本项目一般无需停用线路重合闸。

5. 关键点

工作人员使用绝缘工具在接触带电导线前应得到工作监护人的许可。

断分支线路引线、耐张杆引流线，空载电流应不大于 5 A。

在作业时，要注意带电导线与横担及邻相导线的安全距离。

断引线应按先易后难的原则。

在所断线路三相引线未全部拆除前，已拆除的引线应视为有电。

6. 其他安全注意事项

杆上电工登杆作业应正确使用安全带。

杆上电工操作时动作要平稳，移动剪断后的上引线时应与带电导体保持 0.4 m 以上安全距离。

作业线路下层有低压线路同杆并架时，如妨碍作业，应对作业范围内的相关低压线路采用绝缘遮蔽措施。

在使用绝缘断线剪断引线时，应有防止断开的引线摆动碰及带电设备的措施。

在同杆架设线路上工作，与上层线路小于安全距离规定且无法采取安全措施时，不得进行该项工作。

上、下传递工具、材料均应使用绝缘绳传递，严禁抛掷。

二、绝缘杆作业法带电接引流线（包括：熔断器上引线、分支线路引线、耐张杆引流线）

（一）人员组合及分工

本项目需 4 人，具体分工见表 8－4－3。

表 8－4－3 人员分工

人员分工	人 数
工作负责人（兼工作监护人）	1 人
杆上电工（斗内电工）	2 人
地面电工	1 人

（二）作业方法

本项目采用绝缘杆作业法（登杆作业或使用移动作业平台）。

（三）主要工器具配备一览表

主要工器具配备一览表见表 8－4－4。

表 8-4-4 主要工器具配备一览表

序号	工器具名称		规格、型号	数量	备注
1	作业平台	绝缘斗臂车	10 kV	1 辆	
2	绝缘防护用具	绝缘手套	10 kV	2 双	带防护手套
3		绝缘安全帽	10 kV	2 顶	
4		绝缘安全带	10 kV	2 副	登杆应选用双重保护绝缘安全带
5	绝缘工具	绝缘杆套筒扳手	10 kV	1 副	
6		导线遮蔽罩	10 kV	若干	绝缘杆作业法用
7		专用遮蔽罩	10 kV	若干	绝缘杆作业法用
8		线夹安装工具	10 kV	1 副	绝缘杆作业法用
9		遮蔽罩操作杆	10 kV	1 根	绝缘杆作业法用
10		J 型线夹安装工具	10 kV	1 副	绝缘杆作业法用
11		绝缘线径测量仪	10 kV	1 根	绝缘杆作业法用
12		绝缘锁杆	10 kV	1 副	可同时锁定 2 根导线
13		绝缘测量杆	10 kV	1 副	
14		绝缘杆式导线清扫刷	10 kV	1 副	
15		绝缘导线剥皮器	10 kV	1 套	绝缘杆作业法用
16		绝缘护罩安装工具	10 kV	1 套	绝缘杆作业法用
17		绝缘传递绳	12 mm	1 根	15 m
18	其他	绝缘测试仪	2500V 及以上	1 套	
19		验电器	10 kV	1 套	
20		验电器	0.4 kV	1 套	
21		护目镜	—	2 副	

（四）作业步骤

1. 工具储运和检测

领用绝缘工具、安全用具及辅助器具，应核对工器具的使用电压等级和试验周期，并检查外观完好无损。

工器具在运输过程中，应存放在专用工具袋、工具箱或工具车内，以防受潮和损伤。

2. 现场操作前的准备

工作负责人核对线路名称、杆号。

工作负责人检查确认负荷侧变压器、电压互感器确已退出，熔断器确已断开，熔管已取下，待接引流线确已空载，检查作业装置和现场环境符合带电作业条件。

工作负责人按配电带电作业工作票内容与值班调控人员联系，履行工作许可手续。

根据道路情况设置安全围栏、警告标志或路障。

工作负责人召集工作人员交代工作任务，对工作班成员进行危险点告知，交代安全措施和技术措施，确认每一个工作班成员都已知晓，检查工作班成员精神状态是否良好，人员是否合适。

整理材料，对安全用具、绝缘工具进行检查，对绝缘工具应使用绝缘测试仪进行分段绝缘检测，绝缘电阻值不低于 700 MΩ。

杆上电工检查电杆根部、基础和拉线是否牢固。

3. 操作步骤

（1）接熔断器上引线

接熔断器上引线的操作步骤为：

1）杆上电工穿戴好绝缘防护用具，携带绝缘传递绳，登杆至合适工作位置。

2）杆上电工使用验电器对绝缘子、横担进行验电，确认无漏电现象。

3）杆上电工在地面电工配合下将绝缘操作杆和绝缘遮蔽用具分别传至杆上，杆上电工利用绝缘操作杆按照“从近到远、从下到上、先带电体后接地体”的遮蔽原则对作业范围内不能满足安全距离的带电体和接地体进行绝缘遮蔽。

4）杆上电工检查三相熔断器安装应符合验收规范要求。

5）杆上电工使用绝缘测量杆测量三相上引线长度，由地面电工做好上引线。

6）杆上电工将三根上引线一端安装在熔断器上接线柱，并妥善固定。

7）杆上电工先用导线清扫刷对三相导线的搭接处进行清除氧化层工作。

8）杆上电工用绝缘锁杆锁住上引线另一端后提升上引线，将其固定在距离横担 0.6～0.7 m 主导线上。

9）杆上电工使用线夹安装工具安装线夹。

10）杆上电工使用绝缘杆套筒扳手将线夹螺栓拧紧，使引线与导线可靠连接，然后撤除绝缘锁杆。

11）其余两相熔断器上引线连接按相同的方法进行。三相熔断器引线连接应可按先中间、后两侧的顺序进行。

12）杆上电工和地面电工配合将绝缘工器具吊至地面，检查杆上无遗留物后，杆上电工返回地面。

（2）接分支线路引线

接分支线路引线的操作步骤为：

1）斗内电工穿戴好绝缘防护用具，系好安全带，进入工作斗内，挂好安全带保险钩。

2）斗内电工将工作斗调整至带电导线横担下侧适当位置，使用验电器对绝缘子、横担进行验电，确认无漏电现象。

3）2 号电工将工作斗调整至合适工作位置，1 号电工用绝缘操作杆按照“从近到远、从下到上、先带电体后接地体”的遮蔽原则对不能满足安全距离的带电体和接地体进行绝缘遮蔽。

4）1 号电工用绝缘操作杆测量三相引线长度并分别在适当位置切断三相引线，同时剥除三相引线绝缘皮。

5）1 号电工使用绝缘测试仪分别检测三相待接引流线对地绝缘良好，并确认空载。

6）2 号电工调整工作斗位置后，1 号电工使用绝缘杆游标卡尺测量绝缘导线外径。根据测量结果，2 号电工选择适当的刀具安装到绝缘杆式导线剥皮器上。

7）1 号电工操作绝缘杆式导线剥皮器依次剥除三相主导线搭接位置处的绝缘层。

8）1 号电工调整 J 型线夹螺栓，使 J 型线夹连接主导线侧的开口向上，并将线夹安装到 J 型线夹安装工具上，旋紧压簧使 J 型线夹固定牢固。

9）1 号电工用钢丝刷清除导线、引线连接处导线上的氧化层。

10）2 号电工使用绝缘卡线勾卡紧中相待接引流线。

11）1 号电工操作 J 型线夹安装工具将 J 型线夹主导线开口侧安装到中相导线上。

12）2 号电工操作绝缘卡线勾将中相待接引流线安装到 J 型线夹的引线线槽内。

13）1 号电工使用电动扳手、棘轮扳手，旋紧 J 型线夹安装工具的传动杆，直至 J 型线夹两楔块紧密贴合。

14）2 号电工使用拉（合）闸操作杆旋松 J 型线夹安装工具的压簧，1 号电工取下 J 型线夹安装工具，并检查安装质量符合要求。

15）1 号电工根据绝缘导线外径测量结果，按照绝缘护罩相应的刻度去除多余部分，将绝缘护罩嵌入护罩安装工具卡槽内（注意绝缘罩卡槽方向）并揭下绝缘护罩的防粘层。

16）1 号电工操作绝缘护罩安装工具将绝缘护罩垂直安装到 J 型线夹上。

17）2 号电工使用绝缘卡线勾调整引流线角度，使其定位于护罩的引流线槽内。

18）2 号电工使用拉（合）闸操作杆向下闭合绝缘护罩安装工具的开口，并将拉（合）闸操作杆传递给 1 号电工。

19）2 号电工首先在非引流线侧的主导线下方使用绝缘夹钳按照由内至外的顺序逐点夹紧绝缘护罩的黏接口，使绝缘护罩与主导线贴合紧密，再按照由上到下的顺序将绝缘护罩非引流线侧的开口逐点夹紧。

20）2 号电工使用绝缘夹钳在引流线侧的主导线下方按照由内至外的顺序逐点夹紧，使绝缘护罩与主导线贴合紧密；再将引流线处的护罩按照由内至外的顺序逐点夹紧，使绝缘护罩与引流线贴合紧密。

21）2 号电工使用绝缘夹钳将绝缘护罩其余开口全部逐点夹紧后，1 号电工取下绝缘护罩安装工具，并检查安装质量符合要求。

22）其余两相引线连接按相同的方法进行。三相引线连接，先连接中相，其余两相连接次序根据现场情况进行。

23）工作结束后，按照“从远到近、从上到下、先接地体后带电体”的原则拆除绝缘遮蔽，作业人员返回地面。

（3）接耐张杆引流线

接耐张杆引流线的操作步骤为：

1）杆上电工穿戴好绝缘防护用具，携带绝缘传递绳，登杆至合适工作位置。

2）杆上电工使用验电器对绝缘子、横担进行验电，确认无漏电现象。

3）杆上电工在地面电工配合下将绝缘操作杆和绝缘遮蔽用具分别传至杆上，杆上电工利用绝缘操作杆按照“从近到远、从下到上、先带电体后接地体”装设遮蔽的原则对不能满足安全距离的近边相带电体和接地体进行绝缘遮蔽。其余两相绝缘遮蔽按相同方法进行。

4）杆上电工使用绝缘测量杆测量三相上引线长度。如待接引流线为绝缘线，应在引流线端头部分剥除三相待接引流线的绝缘外皮。

5）杆上电工调整位置至耐张横担下方，并与带电线路保持 0.4 m 以上安全距离，以最小范围打开中相绝缘遮蔽，用导线清扫刷清除连接处导线上的氧化层。如导线为绝缘线，应先剥除绝缘外皮再进行清除连接处导线上的氧化层。

6）杆上电工安装接续线夹，连接牢固后，迅速恢复绝缘遮蔽。如为绝缘线应恢复接续线夹处的绝缘及密封。

7）其余两相引线连接按相同方法进行。三相引线连接，可按由复杂到简单、先难后易的原则进行，先中间相、后远边相，最后近边相，也可视现场实际情况从远到近依次进行。

8）工作结束后，杆上电工按照“从远到近、从上到下、先接地体后带电体”的原则拆除绝缘遮蔽。作业人员返回地面。

4. 工作终结

工作负责人组织工作人员清点工器具，并清理施工现场。

工作负责人对完成的工作进行全面检查，符合验收规范要求后，记录在册并召开现场收工会进行工作点评，宣布工作结束。

汇报值班调控人员工作已经结束，工作班撤离现场。

（五）安全措施及注意事项

1. 气象条件

带电作业应在良好天气下进行，风力大于5级，或湿度大于80%时，不宜带电作业。若遇雷电、雪、雹、雨、雾等不良天气，禁止带电作业。带电作业过程中若遇天气突然变化，有可能危及人身及设备安全时，应立即停止工作，撤离人员，恢复设备正常状况，或采取临时安全措施。

2. 作业环境

如在车辆繁忙地段应与交通管理部门联系以取得配合。

3. 安全距离及有效绝缘长度

作业中，人体应保持对带电体0.4 m以上的安全距离；如不能确保该安全距离时，应采用绝缘遮蔽措施，遮蔽用具之间的重叠部分不得小于150 mm。

作业中，绝缘操作杆的有效绝缘长度应不小于0.7 m。

4. 重合闸

本项目一般无需停用线路重合闸。

5. 关键点

工作人员使用绝缘工具在接触带电导线前应得到工作监护人的许可。

在作业时，要注意带电上引线与横担及邻相导线的安全距离。

安装绝缘遮蔽时应按照由近及远、由低到高依次进行，拆除时与此相反。

6. 其他安全注意事项

杆上电工登杆作业应正确使用安全带。

作业线路下层有低压线路同杆并架时，如妨碍作业，应对作业范围内的相关低压线路采用绝缘遮蔽措施。

在同杆架设线路上工作，与上层线路小于安全距离规定且无法采取安全措施时，不得进行该项工作。

上、下传递工具、材料均应使用绝缘绳传递，严禁抛掷。

三、绝缘手套作业法带电断引流线（包括：熔断器上引线、分支线路引线、耐张杆引流线）

（一）人员组合及分工

本项目需4人，具体分工见表8-4-5。

表 8-4-5 人员分工

人员分工	人　　数
工作负责人（兼工作监护人）	1人
斗内电工	2人
地面电工	1人

（二）作业方法

本项目采用绝缘斗臂车绝缘手套作业法。

（三）主要工器具配备一览表

主要工器具配备一览表见表 8-4-6。

表 8-4-6 主要工器具配备一览表

序号	工器具名称		规格、型号	数量	备注
1	特种车辆	绝缘斗臂车	10 kV	1辆	
2	绝缘防护用具	绝缘手套	10 kV	2双	带防护手套
3		绝缘安全帽	10 kV	2顶	
4		绝缘服	10 kV	2套	
5		绝缘安全带	10 kV	2副	
6	绝缘遮蔽用具	导线遮蔽罩	10 kV	若干	
7		绝缘毯	10 kV	若干	
8		横担遮蔽罩	10 kV	2个	
9		熔断器遮蔽罩	10 kV	3个	
10	绝缘工具	绝缘传递绳	12 mm	1根	15 m
11		绝缘锁杆	10 kV	1副	可同时锁定2根导线
12	其他	绝缘测试仪	2500V及以上	1套	
13		电流检测仪	10 kV	1套	
14		验电器	10 kV	1套	
15		护目镜	—	2副	

（四）作业步骤

1. 工具储运和检测

领用绝缘工具、安全用具及辅助器具，应核对工器具的使用电压等级和试验周期，并检查外观完好无损。

工器具在运输过程中，应存放在专用工具袋、工具箱或工具车内，以防受潮和损伤。

2. 现场操作前的准备

工作负责人核对线路名称、杆号。

工作负责人检查作业装置和现场环境符合带电作业条件：

1）断跌落式熔断器上引线：熔断器确已断开，熔管已取下；

2）断分支杆引线、耐张杆引流线：待断引流线确已空载，负荷侧变压器、电压互感器确已退出。

工作负责人按配电带电作业工作票内容与值班调控人员联系，履行工作许可手续。

绝缘斗臂车进入合适位置，并可靠接地；根据道路情况设置安全围栏、警告标志或路障。

工作负责人召集工作人员交代工作任务，对工作班成员进行危险点告知，交代安全措施和技术措施，确认每一个工作班成员都已知晓，检查工作班成员精神状态是否良好，人员是否合适。

整理材料，对安全用具、绝缘工具进行检查，对绝缘工具应使用绝缘测试仪进行分段绝缘检测，绝缘电阻值不低于 700 MΩ。查看绝缘臂、绝缘斗良好，调试斗臂车。

3. 操作步骤

（1）断熔断器上引线

断熔断器上引线的操作步骤为：

1）斗内电工穿戴好绝缘防护用具，进入绝缘斗，挂好安全带保险钩。

2）斗内电工将工作斗调整至适当位置，使用验电器对绝缘子、横担进行验电，确认无漏电现象。

3）斗内电工将绝缘斗调整至近边相导线外侧适当位置，按照“从近到远、从下到上、先带电体后接地体”的遮蔽原则对作业范围内的所有带电体和接地体进行绝缘遮蔽。

4）其余两相绝缘遮蔽按相同方法进行。三相熔断器遮蔽顺序应先两边相、再中间相。

5）斗内电工调整工作斗至近边相合适位置，用绝缘锁杆将熔断器上引线临时固定在主导线上，然后拆除线夹。

6）斗内电工调整工作位置后，用绝缘锁杆将上引线线头脱离主导线，妥善固定。恢复主导线绝缘遮蔽。

7）其余两相断开熔断器上引线拆除工作按相同方法进行。三相熔断器上引线的拆除顺序应先两边相、再中间相。

8）如导线为绝缘线，熔断器上引线拆除后应恢复导线的绝缘。

9）工作完毕后，按照“从远到近、从上到下、先接地体后带电体”的原则拆除绝缘遮蔽，绝缘斗退出有电工作区域，作业人员返回地面。

（2）断分支线路引线

断分支线路引线的操作步骤为：

1）斗内电工穿戴好绝缘防护用具，进入绝缘斗，挂好安全带保险钩。

2）斗内电工将工作斗调整至适当位置，使用验电器对绝缘子、横担进行验电，确认无漏电现象；检测分支线路引线确已空载。

3）斗内电工将绝缘斗调整到近边相外侧适当位置，按照“从近到远、从下到上、先带电体后接地体”的遮蔽原则对作业范围内的所有带电体和接地体进行绝缘遮蔽。其余两相绝缘遮蔽按照相同方法进行。

4）斗内电工将绝缘斗调整到近边相导线外侧适当位置，使用绝缘锁杆将分支线路引线线头与主导线临时固定后，拆除接续线夹。

5）斗内电工转移绝缘斗位置，用绝缘锁杆将已断开的分支线路引线线头脱离主导线，临时固定在分支线路同相导线上。如断开支线引线不需恢复，可在支线耐张线夹处剪断。

6）其余两相引线拆除工作按相同方法进行。拆除引线次序可按照先近边相、后远边相、最后中间相，也可视现场情况由近到远依次进行。

7）如导线为绝缘线，引流线拆除后应恢复导线的绝缘。

8）断分支线路引线工作结束后，按照“从远到近、从上到下、先接地体后带电体”的原则拆除绝缘遮蔽，绝缘斗退出有电工作区域，返回地面。

（3）断耐张杆引线

断耐张杆引线的操作步骤为：

1）斗内电工穿戴好绝缘防护用具，进入绝缘斗，挂好安全带保险钩。

2）斗内电工将工作斗调整至带电导线横担下侧适当位置，使用验电器对绝缘子、横担进行验电，确认无漏电现象，检测耐张杆引流线确已空载。

3）斗内电工将绝缘斗调整到近边相外侧适当位置，按照“从近到远、从下到上、先带电体后接地体”的遮蔽原则对作业范围内的所有带电体和接地体进行绝缘遮蔽。其余两相绝缘遮蔽按照相同方法进行。

4）斗内电工将绝缘斗调整到近边相导线外侧适当位置，拆除接续线夹。

5）斗内电工调整绝缘斗位置，将已断开的耐张杆引流线线头脱离电源侧带电导线，临时固定在同相负荷侧导线上。如断开的引流线不需恢复，可在电源侧耐张线夹外 200 mm 处剪断。

6）其余两相引线拆除工作按相同方法进行。拆除引线次序可按照先近边相、后远边相、最后中间相，也可视现场情况由近到远依次进行。

7）如导线为绝缘线，拆开线夹后应恢复导线的绝缘。

8）断耐张杆引流线工作结束后，按照“从远到近、从上到下、先接地体后带电体”的原则拆除绝缘遮蔽，绝缘斗退出有电工作区域，返回地面。

4. 工作终结

工作负责人组织工作人员清点工器具，并清理施工现场。

工作负责人对完成的工作进行全面检查，符合验收规范要求后，记录在册并召开现场收工会进行工作点评，宣布工作结束。

汇报值班调控人员工作已经结束，工作班撤离现场。

（五）安全措施及注意事项

1. 气象条件

带电作业应在良好天气下进行，作业前须进行风速和湿度测量，风力大于5级或湿度大于80%时，不宜带电作业。若遇雷电、雪、雹、雨、雾等不良天气，禁止带电作业。带电作业过程中若遇天气突然变化，有可能危及人身及设备安全时，应立即停止工作撤离人员，恢复设备正常状况，或采取临时安全措施。

2. 作业环境

如在车辆繁忙地段应与交通管理部门联系以取得配合。

3. 安全距离及有效绝缘长度

作业中，绝缘斗臂车绝缘臂的有效绝缘长度应不小于1.0 m。

作业中，人体应保持对地不小于0.4 m、对邻相导线不小于0.6 m的安全距离；如不能确保该安全距离时，应采用绝缘遮蔽措施，遮蔽用具之间的重叠部分不得小于150 mm。

4. 重合闸

本项目一般无需停用线路重合闸。

5. 关键点

断分支线路引线、耐张杆引流线，空载电流应不大于5 A，大于0.1 A时应使用专用的消弧开关。

作业人员在接触带电导线和换相作业前应得到工作监护人的许可。

在作业时，要注意带电引线与横担及邻相导线的安全距离。

当三相导线三角排列时且横担较短，宜在近边相外侧拆除中间相引线；当三相导线水平排列时，作业人员宜位于中间相与遮蔽相导线之间。

在所断线路三相引线未全部拆除前，已拆除的引线应视为有电。

作业时，严禁人体同时接触两个不同的电位体；绝缘斗内双人工作时禁止两人接触不同的电位体。

6. 其他安全注意事项

作业前应进行现场勘察。

当斗臂车绝缘斗距有电线路距离较近工作转移时，应缓慢移动，动作要平稳，严禁使用快速挡；绝缘斗臂车在作业时，发动机不能熄火（电能驱动型除外），以保证液压系统处于工作状态。

作业线路下层有低压线路同杆并架时，如妨碍作业，应对作业范围内的相关低压线路采取绝缘遮蔽措施。

在同杆并架线路上工作，与上层或相邻导线小于安全距离规定且无法采取安全措施时，不得进行该项工作。

上、下传递工具、材料均应使用绝缘传递绳，严禁抛掷。

作业过程中禁止摘下绝缘防护用具。

四、绝缘手套作业法带电接引流线（包括：熔断器上引线、分支线路引线、耐张杆引流线）

（一）人员组合及分工

本项目需 4 人，具体分工见表 8－4－7。

表 8－4－7　人员分工

人员分工	人　　数
工作负责人（兼工作监护人）	1 人
斗内电工	2 人
地面电工	1 人

（二）作业方法

本项目采用绝缘斗臂车绝缘手套作业法。

（三）主要工器具配备一览表

主要工器具配备一览表见表 8－4－8。

表 8-4-8　主要工器具配备一览表

序号	工器具名称		规格、型号	数量	备注
1	特种车辆	绝缘斗臂车	10 kV	1 辆	
2	绝缘防护用具	绝缘手套	10 kV	2 双	带防护手套
3		绝缘安全帽	10 kV	2 顶	
4		绝缘服	10 kV	2 套	
5		绝缘安全带	10 kV	2 副	
6	绝缘遮蔽用具	导线遮蔽罩	10 kV	若干	
7		绝缘毯	10 kV	若干	
8		横担遮蔽罩	10 kV	2 个	
9		熔断器遮蔽罩	10 kV	3 个	
10	绝缘工具	绝缘传递绳	12 mm	1 根	15 m
11		绝缘测量杆	10 kV	1 副	
12		绝缘杆式导线清扫刷	10 kV	1 副	
13		绝缘锁杆	10 kV	1 副	可同时锁定 2 根导线
14	其他	绝缘测试仪	2500 V 及以上	1 套	
15		验电器	10 kV	1 套	
16		护目镜	—	2 副	

（四）作业步骤

1. 工具储运和检测

领用绝缘工具、安全用具及辅助器具，应核对工器具的使用电压等级和试验周期，并检查外观完好无损。

工器具在运输过程中，应存放在专用工具袋、工具箱或工具车内，以防受潮和损伤。

2. 现场操作前的准备

工作负责人核对线路名称、杆号。

工作负责人确认待接引流线下方无负荷，负荷侧变压器、电压互感器确已退出、熔断器确已断开，熔管已取下，待断引流线确已空载；检查作业装置和现场环境符合带电作业条件。

工作负责人按配电带电作业工作票内容与值班调控人员联系，履行工作许可手续。

绝缘斗臂车进入合适位置，并可靠接地；根据道路情况设置安全围栏、警告标志或路障。

工作负责人召集工作人员交代工作任务，对工作班成员进行危险点告知，交代安全措施和技术措施，确认每一个工作班成员都已知晓，检查工作班成员精神状态是否良好，人员是否合适。

整理材料，对安全用具、绝缘工具进行检查，对绝缘工具应使用绝缘测试仪进行分段绝缘检测，绝缘电阻值不低于700 MΩ。查看绝缘臂、绝缘斗良好，调试斗臂车。

3. 操作步骤

（1）接熔断器上引线

接熔断器上引线的操作步骤为：

1）斗内电工穿戴好绝缘防护用具，进入绝缘斗，挂好安全带保险钩。

2）斗内电工将工作斗调整至带电导线横担下侧适当位置，使用验电器对绝缘子、横担进行验电，确认无漏电现象。

3）斗内电工将绝缘斗调整至近边相导线外侧适当位置，按照“从近到远、从下到上、先带电体后接地体”的遮蔽原则对作业范围内的所有带电体和接地体进行绝缘遮蔽。其余两相绝缘遮蔽按相同方法进行。

4）斗内电工将绝缘斗调整至熔断器横担下方，并与有电线路保持0.4 m以上安全距离，用绝缘测量杆测量三相引线长度，根据长度做好连接的准备工作。

5）斗内电工将绝缘斗调整到中间相导线下侧适当位置，使用清扫刷清除连接处导线上的氧化层。

6）斗内电工将熔断器上引线与主导线进行可靠连接，恢复接续线夹处的绝缘及密封，并迅速恢复绝缘遮蔽。

7）其余两相引线连接按相同方法进行。三相熔断器引线连接，可按由复杂到简单、先难后易的原则进行，先中间相、后远边相，最后近边相，也可视现场实际情况从远到近依次进行。

8）工作结束后，按照“从远到近、从上到下、先接地体后带电体”的原则拆除绝缘遮蔽，绝缘斗退出有电工作区域，作业人员返回地面。

（2）接分支线路引线

接分支线路引线的操作步骤为：

1）斗内电工穿戴好绝缘防护用具，进入绝缘斗，挂好安全带保险钩。

2）斗内电工将工作斗调整至带电导线横担下侧适当位置，使用验电器对绝缘子、横担进行验电，确认无漏电现象。

3）斗内电工将绝缘斗调整至近边相导线外侧适当位置，按照“从近到远、从下到上、先带电体后接地体”的遮蔽原则对作业范围内的所有带电体和接地体进行绝缘遮蔽。其余两相绝缘遮蔽按相同方法进行。

4）斗内电工将绝缘斗调整至分支线路横担下方，测量三相待接引线长度，根据长度做好连接的准备工作。如待接引流线为绝缘线，应在引流线端头部分剥除三相待接引流线的绝缘外皮。

5）斗内电工将绝缘斗调整到中间相导线下侧适当位置，以最小范围打开中相绝缘遮蔽，用导线清扫刷清除连接处导线上的氧化层。如导线为绝缘线，应先剥除绝缘外皮再清除连接处导线上的氧化层。

6）斗内电工安装接续线夹，连接牢固后，恢复接续线夹处的绝缘及密封，并迅速恢复绝缘遮蔽。

7）其余两相引线连接按相同方法进行。三相引线连接，可按由复杂到简单、先难后易的原则进行，先中间相、后远边相，最后近边相，也可视现场实际情况从远到近依次进行。

8）工作结束后，按照“从远到近、从上到下、先接地体后带电体”的原则拆除绝缘遮蔽，绝缘斗退出有电工作区域，作业人员返回地面。

（3）接耐张杆引线

接耐张杆引线的操作步骤为：

1）斗内电工穿戴好绝缘防护用具，进入绝缘斗，挂好安全带保险钩。

2）斗内电工将工作斗调整至带电导线横担下侧适当位置，使用验电器对绝缘子、横担进行验电，确认无漏电现象。

3）斗内电工将绝缘斗调整至近边相导线外侧适当位置，按照“从近到远、从下到上、先带电体后接地体”的遮蔽原则对作业范围内的所有带电体和接地体进行绝缘遮蔽。其余两相绝缘遮蔽按相同方法进行。

4）斗内电工将绝缘斗调整至耐张横担下方，测量三相待接引线长度，根据长度做好连接的准备工作。如待接引流线为绝缘线，应在引流线端头部分剥除三相带接引流线的绝缘外皮。

5）斗内电工将绝缘斗调整到中间相导线下侧适当位置，以最小范围打开中相绝缘遮蔽，用导线清扫刷清除连接处导线上的氧化层。如导线为绝缘线，应先剥除绝缘外皮再进行清除连接处导线上的氧化层。

6）斗内电工安装接续线夹，连接牢固后，如为绝缘线应恢复接续线夹处的绝缘及密封，并迅速恢复绝缘遮蔽。

7）其余两相引线连接按相同方法进行。三相引线连接，可按由复杂到简单、先难后易的原则进行，先中间相、后远边相，最后近边相，也可视现场实际情况从远到近依次进行。

8）工作结束后，按照“从远到近、从上到下、先接地体后带电体”的原则拆除绝缘遮蔽，绝缘斗退出有电工作区域，作业人员返回地面。

4. 工作终结

工作负责人组织工作人员清点工器具，并清理施工现场。

工作负责人对完成的工作进行全面检查，符合验收规范要求后，记录在册并召开现场收工会进行工作点评，宣布工作结束。

汇报值班调控人员工作已经结束，工作班撤离现场。

（五）安全措施及注意事项

1. 气象条件

带电作业应在良好天气下进行，作业前须进行风速和湿度测量，风力大于5级或湿度大于80%时，不宜带电作业。若遇雷电、雪、雹、雨、雾等不良天气，禁止带电作业。带电作业过程中若遇天气突然变化，有可能危及人身及设备安全时，应立即停止工作撤离人员，恢复设备正常状况，或采取临时安全措施。

2. 作业环境

如在车辆繁忙地段应与交通管理部门联系以取得配合。

3. 安全距离及有效绝缘长度

作业中，绝缘斗臂车绝缘臂的有效绝缘长度应不小于1.0 m，绝缘操作杆有效绝缘距离应不小于0.7 m。

作业中，人体应保持对地不小于0.4 m、对邻相导线不小于0.6 m的安全距离；如不能确保该安全距离时，应采用绝缘遮蔽措施，遮蔽用具之间的重叠部分不得小于150 mm。

4. 重合闸

本项目一般无需停用线路重合闸。

5. 关键点

工作人员在接触带电导线和换相工作前应得到工作监护人的许可。

在作业时，要注意引线与横担及邻相导线的安全距离。

作业时，严禁人体同时接触两个不同的电位体；绝缘斗内双人工作时禁止两人接触不同的电位体。

待接引流线如为绝缘线，剥皮长度应比接续线夹长2 cm，且端头应有防止松散的措施。

6. 其他安全注意事项

作业前应进行现场勘察。

斗臂车绝缘斗在有电工作区域转移时，应缓慢移动，动作要平稳；绝缘斗臂车作业时，发动机不能熄火（电能驱动型除外），以保证液压系统处于工作状态。

作业线路下层有低压线路同杆并架时，如妨碍作业，应对作业范围内的相关低压线路采取绝缘遮蔽措施。

在同杆架设线路上工作，与上层线路小于安全距离规定且无法采取安全措施时，不得进行该项工作。

上、下传递工具、材料均应使用绝缘传递绳，严禁抛掷。

作业过程中禁止摘下绝缘防护用具。

五、绝缘手套作业法带电更换熔断器

（一）人员组合及分工

本项目需 4 人，具体分工见表 8－4－9。

表 8－4－9　人员分工

人员分工	人　　数
工作负责人（兼工作监护人）	1 人
斗内电工	2 人
地面电工	1 人

（二）作业方法

本项目采用绝缘斗臂车绝缘手套作业法。

（三）主要工器具配备一览表

主要工器具配备一览表见表 8－4－10。

表 8－4－10　主要工器具配备一览表

序号	工器具名称		规格、型号	数量	备注
1	特种车辆	绝缘斗臂车	10 kV	1 辆	
2	绝缘防护用具	绝缘手套	10 kV	2 双	带防护手套
3		绝缘安全帽	10 kV	2 顶	
4		绝缘服	10 kV	2 套	
5		绝缘安全带	10 kV	2 副	
6	绝缘遮蔽用具	导线遮蔽罩	10 kV	6 根	
7		跳线遮蔽罩	10 kV	3 根	
8		绝缘毯	10 kV	若干	
9		熔断器遮蔽罩	10 kV	3 个	
10	绝缘工具	绝缘传递绳	12 mm	1 根	15 m

续表

序号	工器具名称		规格、型号	数量	备注
11		绝缘操作杆	—	1副	拉、合熔断器用
12	其他	绝缘测试仪	2500V及以上	1套	
13		验电器	10 kV	1套	
14		护目镜	—	2副	

（四）作业步骤

1. 工具储运和检测

领用绝缘工具、安全用具及辅助器具，应核对工器具的使用电压等级和试验周期，并检查外观完好无损。

工器具在运输过程中，应存放在专用工具袋、工具箱或工具车内，以防受潮和损伤。

2. 现场操作前的准备

工作负责人核对线路名称、杆号。

工作负责人检查确认熔断器确已断开，熔管已取下；检查作业装置和现场环境符合带电作业条件。

工作负责人按配电带电作业工作票内容与值班调控人员联系，申请停用线路重合闸。

绝缘斗臂车进入合适位置，并可靠接地，根据道路情况设置安全围栏、警告标志或路障。

工作负责人召集工作人员交代工作任务，对工作班成员进行危险点告知，交代安全措施和技术措施，确认每一个工作班成员都已知晓，检查工作班成员精神状态是否良好，人员是否合适。

整理材料，对安全用具、绝缘工具进行检查，对绝缘工具应使用绝缘测试仪进行分段绝缘检测，绝缘电阻值不低于700 MΩ。查看绝缘臂、绝缘斗良好，调试斗臂车。

检查新熔断器的机电性能良好。

3. 操作步骤

（1）更换三相熔断器

更换三相熔断器的操作步骤为：

1）斗内电工穿戴好全套绝缘防护用具，进入绝缘斗内，挂好安全带保险钩。

2）斗内电工将工作斗调整至三相熔断器外侧适当位置，使用验电器对绝缘子、横担进行验电，确认无漏电现象。

3）斗内电工将绝缘斗调整至近边相熔断器上引线外侧适当位置，按照“从近到远、从下到上、先带电体后接地体”的遮蔽原则对作业范围内的所有带电体和接地体进行绝缘遮蔽。

4）其余两相绝缘遮蔽按相同方法进行。三相的绝缘遮蔽次序应先两边相、再中间相。

5）斗内电工在中相熔断器前方，以最小范围打开绝缘遮蔽，拆除熔断器上桩头引线螺栓。调整绝缘斗位置后将断开的上引线端头可靠固定在同相上引线上，并恢复绝缘遮蔽。

6）斗内电工拆除熔断器下桩头引线螺栓，更换熔断器。斗内电工对新安装熔断器进行分合情况检查，最后将熔断器置于拉开位置，连接好下引线。

7）斗内电工将绝缘斗调整到中间相上引线合适位置，打开绝缘遮蔽，将熔断器上桩头引线螺栓连接好，并迅速恢复中相绝缘遮蔽。

8）其余两相熔断器的更换按相同方法进行。拆除三相上桩头引线螺栓，可按由简单到复杂、先易后难的原则进行，根据现场情况先中间、后两侧。

（2）仅更换近边相熔断器

仅更换近边相熔断器的操作步骤为：

1）斗内电工将绝缘斗调整至近边相与中相熔断器前方适当位置，使用验电器对绝缘子、横担进行验电，确认无漏电现象。

2）在近边相与中间相之间加装隔离挡板，按照“从近到远、从下到上、先带电体后接地体”的遮蔽原则对作业范围内的所有带电体和接地体进行绝缘遮蔽。

3）以最小范围打开绝缘遮蔽，拆除近边相熔断器上桩头引线螺栓。调整绝缘斗位置后将断开的上引线端头可靠固定在同相上引线上，并迅速恢复绝缘遮蔽。

4）斗内电工拆除熔断器下桩头螺栓，更换近边相熔断器，连接好下引线并恢复绝缘遮蔽。

5）斗内电工将绝缘斗调整到近边相上引线合适位置，打开绝缘遮蔽，将熔断器上桩头引线螺栓连接好，并迅速恢复近边相绝缘遮蔽。

（3）仅更换远边相熔断器

仅更换远边相熔断器的操作步骤为：

1）斗内电工将绝缘斗调整至外边相与中相熔断器前方适当位置，使用验电器对绝缘子、横担进行验电，确认无漏电现象。

2）在外边相与中间相之间加装隔离挡板，按照“从近到远、从下到上、先带电体后接地体”的遮蔽原则对作业范围内的所有带电体和接地体进行绝缘遮蔽。

3）以最小范围打开绝缘遮蔽，拆除外边相熔断器上桩头引线螺栓。调整绝缘斗位置后将断开的上引线端头可靠固定在同相上引线上，并迅速恢复绝缘遮蔽。

4）斗内电工拆除熔断器下桩头螺栓，更换近边相熔断器，连接好下引线。

5）斗内电工将绝缘斗调整到外边相上引线合适位置，打开绝缘遮蔽，将熔断器上桩头引线螺栓连接好，并迅速恢复近边相绝缘遮蔽。

（4）仅更换中间相熔断器

仅更换中间相熔断器的操作步骤为：

1）斗内电工将绝缘斗调整至近边相与中相熔断器前方适当位置，使用验电器对绝缘子、横担进行验电，确认无漏电现象。

2）斗内电工将绝缘斗调整至近边相与中相熔断器前方适当位置，在近边相与中间相之间加装隔离挡板。

3）斗内电工将绝缘斗调整至外边相与中相熔断器前方适当位置，在外边相与中间相之间加装隔离挡板。

4）按照“从近到远、从下到上、先带电体后接地体”的遮蔽原则对作业范围内的所有带电体和接地体进行绝缘遮蔽。

5）以最小范围打开绝缘遮蔽，拆除中间相熔断器上桩头引线螺栓。调整绝缘斗位置后将断开的上引线端头可靠固定在同相上引线上，并迅速恢复绝缘遮蔽。

6）斗内电工拆除熔断器下桩头螺栓，更换近边相熔断器，连接好下引线并恢复绝缘遮蔽。

7）斗内电工将绝缘斗调整到中间相上引线合适位置，打开绝缘遮蔽，将熔断器上桩头引线螺栓连接好，并迅速恢复中间相绝缘遮蔽。

（5）拆除绝缘遮蔽

工作结束后，按照“从远到近、从上到下、先接地体后带电体”的原则拆除绝缘遮蔽，绝缘斗退出有电工作区域，返回地面。

4. 工作终结

工作负责人组织工作人员清点工器具，并清理施工现场。

工作负责人对完成的工作进行全面检查，符合验收规范要求后，记录在册并召开现场收工会进行工作点评，宣布工作结束。

汇报值班调控人员工作已经结束，恢复线路重合闸，工作班撤离现场。

（五）安全措施及注意事项

1. 气象条件

带电作业应在良好天气下进行，作业前须进行风速和湿度测量，风力大于5级或湿度大于80%时，不宜带电作业。若遇雷电、雪、雹、雨、雾等不良天气，禁止带电作业。带电作业过程中若遇天气突然变化，有可能危及人身及设备安全时，应立即停止工作撤离人员，恢复设备正常状况，或采取临时安全措施。

2. 作业环境

在车辆繁忙地段应与交通管理部门联系以取得配合。

3. 安全距离及有效绝缘长度

作业中，绝缘斗臂车绝缘臂的有效绝缘长度应不小于1.0 m，绝缘操作杆有效绝缘长度应不小于0.7 m。

作业中，人体应保持对地不小于0.4 m、对邻相导线不小于0.6 m的安全距离；如不能确保该安全距离时，应采用绝缘遮蔽措施，遮蔽用具之间的重叠部分不得小于150 mm。

4. 重合闸

本项目需停用线路重合闸。

5. 关键点

在接触带电导线和换相工作前应得到工作监护人的许可。

作业时，严禁人体同时接触两个不同的电位体；绝缘斗内双人工作时禁止两人接触不同的电位体。

6. 其他安全注意事项

作业前应进行现场勘察。

斗臂车绝缘斗在有电工作区域转移时，应缓慢移动，动作要平稳；绝缘斗臂车作业时，发动机不能熄火（电能驱动型除外），以保证液压系统处于工作状态。

作业线路下层有低压线路同杆并架时，如妨碍作业，应对作业范围内的相关低压线路采取绝缘遮蔽措施。

在同杆架设线路上工作，与上层线路小于安全距离规定且无法采取安全措施时，不得进行该项工作。

上、下传递工具、材料均应使用绝缘传递绳，严禁抛掷。

作业过程中禁止摘下绝缘防护用具。

六、绝缘手套作业法带电更换直线杆绝缘子及横担

（一）人员组合及分工

本项目需4人，具体分工见表8－4－11。

表 8-4-11　人员分工

人员分工	人　数
工作负责人（兼工作监护人）	1 人
斗内电工	2 人
地面电工	1 人

（二）作业方法

本项目采用绝缘斗臂车绝缘手套作业法。

（三）主要工器具配备一览表

主要工器具配备一览表见表 8-4-12。

表 8-4-12　主要工器具配备一览表

序号	工器具名称		规格、型号	数量	备注
1	特种车辆	绝缘斗臂车	10 kV	1 辆	
2	绝缘防护用具	绝缘手套	10 kV	2 双	带防护手套
3		绝缘安全帽	10 kV	2 顶	
4		绝缘服	10 kV	2 套	
5		绝缘安全带	10 kV	2 副	
6	绝缘遮蔽用具	导线遮蔽罩	10 kV	6 根	
7		绝缘毯	10 kV	8 块	
8		横担遮蔽罩	10 kV	2 个	
9		绝缘子遮蔽罩	10 kV	1 个	
10	绝缘工具	绝缘传递绳	12 mm	1 根	15 m
11		绝缘横担	10 kV	1 副	
12	其他	绝缘测试仪	2500V 及以上	1 套	
13		验电器	10 kV	1 套	

（四）作业步骤

1. 工具储运和检测

领用绝缘工具、安全用具及辅助器具，应核对工器具的使用电压等级和试验周期，并检查外观完好无损。

工器具在运输过程中，应存放在专用工具袋、工具箱或工具车内，以防受潮和损伤。

2. 现场操作前的准备

工作负责人核对线路名称、杆号。

工作负责人检查作业点两侧的电杆根部、基础是否牢固、导线固定是否牢固，检查作业装置和现场环境符合带电作业条件。

工作负责人按配电带电作业工作票内容与值班调控人员联系，履行工作许可手续。

绝缘斗臂车进入合适位置，并可靠接地；根据道路情况设置安全围栏、警告标志或路障。

工作负责人召集工作人员交代工作任务，对工作班成员进行危险点告知，交代安全措施和技术措施，确认每一个工作班成员都已知晓，检查工作班成员精神状态是否良好，人员是否合适。

整理材料，对安全用具、绝缘工具进行检查，对绝缘工具应使用绝缘测试仪进行分段绝缘检测，绝缘电阻值不低于 700 MΩ。查看绝缘臂、绝缘斗良好，调试斗臂车。

检查新绝缘子的机电性能良好。

3. 操作步骤

（1）待更换横担上方安装绝缘横担法操作步骤为：

1）斗内电工穿戴好全套绝缘防护用具，进入绝缘斗内，挂好安全带保险钩。

2）斗内电工将工作斗调整至带电导线横担下侧适当位置，使用验电器对绝缘子、横担进行验电，确认无漏电现象。

3）斗内电工将绝缘斗调整到近边相导线外侧适当位置，按照“从近到远、从下到上、先带电体后接地体”的遮蔽原则对作业范围内的所有带电体和接地体进行绝缘遮蔽。其余两相遮蔽按相同方法进行，绝缘遮蔽次序按照先近边相、后远边相、最后中间相。

4）斗内电工互相配合，在电杆高出横担约 0.4 m 的位置安装绝缘横担。

5）斗内电工将绝缘斗调整到近边相外侧适当位置，使用绝缘斗小吊绳固定导线，收紧小吊绳，使其受力。

6）斗内电工拆除绝缘子绑扎线，调整吊臂提升导线使近边相导线置于临时支撑横担上的固定槽内，然后扣好保险环。

7）远边相按照相同方法进行。

8）斗内电工互相配合拆除旧绝缘子及横担，安装新绝缘子及横担，并对新安装绝缘子及横担设置绝缘遮蔽。

9）斗内电工调整绝缘斗到远边相外侧适当位置，使用小吊绳将远边相导线缓缓放入已更换新绝缘子顶槽内，使用绑扎线固定，恢复绝缘遮蔽。

10）近边相按照相同方法进行。

11）斗内电工互相配合拆除杆上临时支撑横担。

（2）绝缘斗臂车配有绝缘横担组合时，且导线采用水平排列时，可采用以下方法实施本项目。

1）斗内电工穿戴好全套绝缘防护用具，进入绝缘斗内，挂好安全带保险钩。

2）斗内电工将工作斗调整至带电导线横担下侧适当位置，使用验电器对绝缘子、横担进行验电，确认无漏电现象。

3）绝缘遮蔽措施完成后，将绝缘斗返回地面，斗内电工在地面电工协助下在吊臂上组装绝缘横担后返回导线下准备支撑导线。

4）斗内电工调整吊臂使三相导线分别置于绝缘横担上的滑轮内，然后扣好保险环。

5）斗内电工操作将绝缘横担缓缓上升，使绝缘横担受力。拆除导线绑扎线，缓缓支撑起三相导线，提升高度应不少于0.4 m。

6）斗内电工在地面电工配合下更换直线横担，并安装绝缘子。恢复绝缘遮蔽措施。

7）斗内电工操作将绝缘横担缓缓下降，使中相导线下降至中相绝缘子线槽，用绑扎线固定。打开中相滑轮保险后，继续下降绝缘横担，并按相同方法分别固定两边相导线。

（3）拆除绝缘遮蔽

工作结束后，按照“从远到近、从上到下、先接地体后带电体”的原则拆除绝缘遮蔽，绝缘斗退出有电工作区域，作业人员返回地面。

4. 工作终结

工作负责人组织工作人员清点工器具，并清理施工现场。

工作负责人对完成的工作进行全面检查，符合验收规范要求后，记录在册并召开现场收工会进行工作点评，宣布工作结束。

汇报值班调控人员工作已经结束，工作班撤离现场。

（五）安全措施及注意事项

1. 气象条件

带电作业应在良好天气下进行，作业前须进行风速和湿度测量，风力大于5级或湿度大于80%时，不宜带电作业。若遇雷电、雪、雹、雨、雾等不良天气，禁止带电作业。带电作业过程中若遇天气突然变化，有可能危及人身及设备安全时，应立即停止工作撤离人员，恢复设备正常状况，或采取临时安全措施。

2. 作业环境

在车辆繁忙地段应与交通管理部门联系以取得配合。

3. 安全距离及有效绝缘长度

作业中，绝缘斗臂车绝缘臂的有效绝缘长度应不小于 1.0 m，绝缘支杆或撑竿的有效绝缘长度应不小于 0.7 m。

作业中，人体应保持对地不小于 0.4 m、对邻相导线不小于 0.6 m 的安全距离；如不能确保该安全距离时，应采用绝缘遮蔽措施，遮蔽用具之间的重叠部分不得小于 150 mm。

4. 重合闸

本项目一般无需停用线路重合闸。

5. 关键点

在接触带电导线和换相工作前应得到工作监护人的许可。

如对横担验电发现有电，禁止继续实施本项目。

提升导线前及提升过程中，应检查两侧电杆上的导线绑扎线是否牢靠，如有松动、脱线现象，应重新绑扎加固后方可进行作业。

提升和下降导线时，要缓缓进行，以防止导线晃动，避免造成相间短路；地面的绝缘绳索固定应可靠牢固，避免松动。

作业时，严禁人体同时接触两个不同的电位体；绝缘斗内双人工作时禁止两人接触不同的电位体。

6. 其他安全注意事项

作业前应进行现场勘察。

斗臂车绝缘斗在有电工作区域转移时，应缓慢移动，动作要平稳；绝缘斗臂车作业时，发动机不能熄火（电能驱动型除外），以保证液压系统处于工作状态。

作业线路下层有低压线路同杆并架时，如妨碍作业，应对作业范围内的相关低压线路采取绝缘遮蔽措施。

在同杆架设线路上工作，与上层线路小于安全距离规定且无法采取安全措施时，不得进行该项工作。

上、下传递工具、材料均应使用绝缘传递绳，严禁抛掷。

作业过程中禁止摘下绝缘防护用具。

七、绝缘手套作业法带电更换柱上开关或隔离开关

（一）人员组合及分工

本项目需 4 人，具体分工见表 8－4－13。

表 8-4-13　人员分工

人员分工	人　　数
工作负责人（兼工作监护人）	1 人
斗内电工	2 人
地面电工	1 人

（二）作业方法

本项目采用绝缘斗臂车绝缘手套作业法。

（三）主要工器具配备一览表

主要工器具配备一览表见表 8-4-14。

表 8-4-14　主要工器具配备一览表

序号	工器具名称		规格、型号	数量	备注
1	特种车辆	绝缘斗臂车	10 kV	2 辆	
2	绝缘防护用具	绝缘手套	10 kV	2 双	带防护手套
3		绝缘安全帽	10 kV	2 顶	
4		绝缘服	10 kV	2 套	
5		绝缘安全带	10 kV	2 副	
6	绝缘遮蔽用具	导线遮蔽罩	10 kV	12 个	
7		跳线遮蔽罩	10 kV	6 个	
8		绝缘挡板	10 kV	3 套	
9		绝缘隔离挡板	10 kV	3 套	隔离开关专用
10		绝缘毯	10 kV	20 块	
11	绝缘工具	绝缘传递绳	12 mm	2 根	15 m
12		绝缘绳套	14 mm	1 套	1.0 m×4，吊开关用
13		绝缘锁杆	10 kV	1 副	可同时锁定 2 根导线
14		绝缘操作杆	10 kV	1 副	拉、合开关用
15		绝缘隔板	10 kV	3 个	横向安装在隔离开关的绝缘子上
16	其他	绝缘测试仪	2500 V	1 套	
17		验电器	10 kV	1 套	
18		护目镜	—	2 副	

（四）作业步骤

1. 工具储运和检测

领用绝缘工具、安全用具及辅助器具，应核对工器具的使用电压等级和试验周期，并检查外观完好无损。

工器具在运输过程中，应存放在专用工具袋、工具箱或工具车内，以防受潮和损伤。

2. 现场操作前的准备

工作负责人核对线路名称、杆号。

工作前工作负责人检查柱上负荷开关或隔离开关应在拉开位置，具有配网自动化功能的柱上负荷开关，其电压互感器应退出运行。检查作业装置和现场环境符合带电作业条件。

工作负责人按配电带电作业工作票内容与值班调控人员联系，履行工作许可手续。

绝缘斗臂车进入合适位置，并可靠接地，根据道路情况设置安全围栏、警告标志或路障。

工作负责人召集工作人员交代工作任务，对工作班成员进行危险点告知，交代安全措施和技术措施，确认每一个工作班成员都已知晓，检查工作班成员精神状态是否良好，人员是否合适。

整理材料，对安全用具、绝缘工具进行检查，对绝缘工具应使用绝缘测试仪进行分段绝缘检测，绝缘电阻值不低于 700 MΩ。查看绝缘臂、绝缘斗良好，调试斗臂车。

检查测试新柱上负荷开关或隔离开关设备机电性能良好，符合作业要求。

3. 操作步骤

（1）验电及绝缘遮蔽

斗内电工穿戴好绝缘防护用具，进入绝缘斗内，挂好安全带保险钩。

斗内电工将工作斗调整至带电导线横担下侧适当位置，使用验电器对绝缘子、横担进行验电，确认无漏电现象。

斗内电工按照“从近到远、从下到上、先带电体后接地体”的遮蔽原则对作业范围内的所有带电体和接地体进行绝缘遮蔽，且应遵循：

1）对导线、引线、耐张线夹、隔离开关等带电设备进行绝缘遮蔽。

2）将两辆绝缘斗分别调整到柱上隔离开关桩头侧，在隔离开关支柱瓷瓶处横向加装绝缘隔板。

3）对绝缘子、横担等设备进行绝缘遮蔽。

其他两相绝缘遮蔽按照相同方法进行。

（2）带电更换柱上隔离开关（联动式）

带电更换柱上隔离开关（联动式）的操作步骤为：

1）斗内电工调整绝缘斗至近边相合适位置处，将柱上隔离开关引线从主导线上拆开，并妥善固定。恢复主导线处绝缘遮蔽措施（带有避雷器的隔离开关引线，应用绝缘锁杆临时固定引线和主导线，待拆除接续线夹后，调整绝缘斗位置后将引线脱离主导线。如隔离开关引线从耐张线夹引出，在加装遮蔽措施后，可从隔离开关接线柱拆开引线，将引线固定在同相主导线上，加装绝缘遮蔽措施）。

2）其余两相隔离开关按照相同的方法拆除引线。

3）绝缘斗臂车斗内电工将绝缘吊臂调整至柱上隔离开关上方合适位置。

4）斗内电工相互配合更换柱上隔离开关，并进行分、合试操作调试，然后将柱上隔离开关置于断开位置。

5）斗内电工调整绝缘斗，在柱上隔离开关相间、两侧各自桩头上加装绝缘挡板。

6）斗内电工相互配合恢复中间相柱上隔离开关引线（带有避雷器的隔离开关引线，应用绝缘锁杆临时将引线固定在主导线后再搭接）。恢复新安装柱上隔离开关的绝缘遮蔽措施。

7）其余两相柱上隔离开关更换按照相同方法进行。

（3）带电更换柱上隔离开关（分相安装）

带电更换柱上隔离开关（分相安装）的操作步骤为：

1）斗内电工调整绝缘斗至中间相合适位置处，将柱上隔离开关引线从接线端子上拆开，并妥善固定。

2）其余两相隔离开关按照相同的方法拆除引线。

3）斗内电工使用绝缘传递绳或循环绳在地面电工的配合下将中间相隔离开关传至地面。

4）安装新的隔离开关，并进行分、合试操作调试，确认无误后，将中间相引线接至隔离开关的接线端子上。恢复新安装柱上隔离开关的绝缘遮蔽措施。

5）其余两相柱上隔离开关更换按照相同方法进行。

（4）带电更换柱上开关

带电更换柱上开关的操作步骤为：

1）斗内电工调整绝缘斗至中间相合适位置处，将柱上负荷开关两侧引线从主导线上拆开，并妥善固定。恢复主导线处绝缘遮蔽措施。

2）其余两相隔离开关按照相同的方法拆除引线。

3）1号斗臂车内的斗内电工在负荷开关上安装绝缘绳套，使用绝缘吊臂在上方吊起柱上负荷开关。

4）2号斗臂车内的斗内电工拆除负荷开关固定螺栓，使负荷开关脱离固定支架。

5）1 号斗臂车内的斗内电工操作绝缘吊臂缓慢将柱上负荷开关放至地面。

6）安装新的柱上负荷开关，确认无误后，将中间相两侧引线接至中间相主导线上。恢复新安装柱上负荷开关的绝缘遮蔽。

7）其余两相柱上负荷开关引线按照相同方法搭接。

（5）拆除绝缘遮蔽

按照拆除“从远到近、从上到下、先接地体后带电体”拆除遮蔽的原则拆除绝缘遮蔽隔离措施。拆除杆上绝缘遮蔽时应先中间相、再远边相、最后近边相顺序依次进行。

工作结束后，将绝缘斗退出有电工作区域，作业人员返回地面。

4. 工作终结

工作负责人组织工作人员清点工器具，并清理施工现场。

工作负责人对完成的工作进行全面检查，符合验收规范要求后，记录在册并召开现场收工会进行工作点评，宣布工作结束。

汇报值班调控人员工作已经结束，工作班撤离现场。

（五）安全措施及注意事项

1. 气象条件

带电作业应在良好天气下进行，作业前须进行风速和湿度测量，风力大于 5 级或湿度大于 80％时，不宜带电作业。若遇雷电、雪、雹、雨、雾等不良天气，禁止带电作业。带电作业过程中若遇天气突然变化，有可能危及人身及设备安全时，应立即停止工作撤离人员，恢复设备正常状况，或采取临时安全措施。

2. 作业环境

在车辆繁忙地段应与交通管理部门联系以取得配合。

3. 安全距离及有效绝缘长度

作业中，绝缘斗臂车的有效绝缘长度应不小于 1.0 m。绝缘杆的有效绝缘长度应不小于 0.7 m。

作业中，人体应保持对地不小于 0.4 m、对邻相导线不小于 0.6 m 的安全距离，如不能确保该安全距离时，应采用绝缘遮蔽措施，遮蔽用具之间的重叠部分不得小于 150 mm。

4. 重合闸

本项目一般无需停用线路重合闸。

5. 关键点

在接触带电导线和换相作业前应得到工作监护人的许可。

作业时，严禁人体同时接触两个不同的电位体；绝缘斗内双人工作时禁止两人接触不同的电位体。

本项目柱上隔离开关桩头对地距离不满足要求，须进行绝缘遮蔽或加装绝缘隔离挡板。

吊装、放下柱上隔离开关、柱上负荷开关应平稳。

6. 其他安全注意事项

作业前应进行现场勘察。

斗臂车绝缘斗在有电工作区域转移时，应缓慢移动，动作要平稳；绝缘斗臂车作业时，发动机不能熄火（电能驱动型除外），以保证液压系统处于工作状态。

作业线路下层有低压线路同杆并架时，如妨碍作业，应对作业范围内的相关低压线路采取绝缘遮蔽措施。

验电发现隔离开关安装支架带电，禁止继续实施本项作业。

如隔离开关支柱绝缘子机械损伤，拆引线时应用锁杆妥善固定，并应采取防高空落物的措施。

在拆除有配网自动化的柱上负荷开关时，需将操动机构转至“OFF”位置，待更换完成后再行恢复“AUTO”位置。

在同杆架设线路上工作，与上层线路小于安全距离规定且无法采取安全措施时，不得进行该项工作。

上、下传递工具、材料均应使用绝缘传递绳，严禁抛掷。

作业过程中禁止摘下绝缘防护用具。

应查验柱上负荷开关的试验报告，并进行绝缘检测和试操作检查。

第九章　配电专业相关知识

第一节　配电线路管理

配电线路运行检修工应了解自己的职责范围和资产界定点；明白什么时候巡视，巡视哪些内容；收集设备运行状态信息，判定设备运行状态级别，制定设备状态检修策略；掌握设备存在缺陷的类别和性质，按轻、重、缓、急进行消缺；知道配电线路常见故障的形成原因和防范措施，积极参与事故抢修，尽快恢复送电；分析配电线路运行状况，提高线路运行的安全、经济、管理水平；清楚竣工验收、电压质量、规程规范、技术资料管理标准。

一、产权分界

配电线路应与发电厂、变电所或相邻的维护部门划分明确的分界点。与用户的分界点的划分，应按照《供电营业规则》执行。并按《司法解释》中的有关说明执行：谁的资产谁管理，谁的资产谁受益，谁的资产谁负责。

二、巡视管理

运行单位应结合设备运行状况和气候、环境变化情况以及上级生产管理部门的要求，制定切实可行的管理办法，编制计划并合理安排线路、设备的巡视检查工作。

（一）巡视种类

1. 定期巡视

由配电网运行人员进行，以掌握电力设施的运行状况、运行环境变化情况为目的，及时发现缺陷和威胁配电网安全运行情况的巡视。

2. 特殊巡视

在有外力破坏可能、恶劣气象条件（如大风、暴雨、覆冰、高温等）、重要保电任务、设备带缺陷运行或其他特殊情况下由运行单位组织对设备进行的全部或部分巡视。

3. 夜间巡视

在负荷高峰或雾天的夜间由运行单位组织进行，主要检查连接点有无过热、打火现象，绝缘子表面有无闪络现象的巡视。

4. 故障巡视

由运行单位组织进行，以查明线路发生故障的地点和原因为目的的巡视。

5. 监察巡视

由管理人员组织进行的巡视工作，了解线路及设备状况，检查、指导巡视人员的工作。

（二）巡视周期

1. 定期巡视周期

定期巡视的周期见表 9－1－1。根据设备状态评价结果，对该设备的定期巡视周期可动态调整，架空线路通道与电缆线路通道的定期巡视周期不得延长。

2. 重负荷和污秽区巡视周期

重负荷和三级污秽及以上地区线路每年至少进行一次夜间巡视，其余视情况确定。

3. 重要线路巡视周期

重要线路和故障多发的线路每年至少进行一次监察巡视。

表 9－1－1　定期巡视周期

顺序	巡视对象	周期
1	架空线路通道	市区：一个月
		郊区及农村：一个季度
2	电缆线路通道	一个月
3	架空线路、柱上开关设备 柱上变压器、柱上电容器	市区：一个月
		郊区及农村：一个季度
4	电缆线路	一个季度
5	中压开关站、环网单元	一个季度
6	配电室、箱式变电站	一个季度
7	防雷与接地装置	与主设备相同
8	配电终端、直流电源	与主设备相同

（三）巡视内容

1. 杆塔

杆塔是否倾斜；混凝土电杆有无裂纹、酥松、钢筋外露，焊接处有无开裂、锈蚀；基础有无损坏、下沉或上拔，周围土壤有无挖掘或沉陷；杆塔有无被车撞的可能，保护设施是否完好，标志是否清晰；杆塔防洪设施有无损坏、坍塌；杆塔标志是否齐全，明显；杆塔周围有无杂草和蔓藤类植物附生，有无危及安全的鸟巢、风筝及杂物。

2. 横担金具

铁横担有无锈蚀、歪斜、变形；金具有无锈蚀、变形；螺栓是否紧固，有无缺帽；开口销有无锈蚀、断裂、脱落。

3. 绝缘子

瓷件有无脏污、损伤、裂纹和闪络痕迹；铁脚、铁帽有无锈蚀、松动、弯曲。

4. 导线

有无断股、损伤、烧伤痕迹，在化工产业多、沿海等地区的导线有无腐蚀现象；三相弧垂有无过紧、过松、不平衡现象；接头是否良好，有无过热现象（如雪先熔化、接头变色等），连接线夹弹簧垫是否齐全，螺帽是否紧固；引（跳）线有无损伤、断股、歪扭，与杆塔及其他引线间距离是否符合规定；导线上有无抛扔物；固定导线用绝缘子上的绑线有无松动或开断现象。

5. 防雷设施

避雷器瓷套有无裂纹、损伤、闪络痕迹，表面是否脏污；避雷器的固定是否牢固；引线连接是否良好；各部件是否锈蚀，接地端焊接处有无开裂、脱落；保护间隙有无烧伤、锈蚀或被外物短接，间隙是否符合规定；雷电观测装置是否完好。

6. 接地装置

接地引线有无丢失、断股、损伤；接头接触是否良好，线夹螺栓有无松动，锈蚀；接地引下线的保护管有无破损、丢失，固定是否牢固；接地体有无外露、严重腐蚀，在埋设范围内有无土方工程。

7. 拉线

有无锈蚀、松弛、断股和张力分配不均等现象；水平拉线对地距离是否符合要求；拉线绝缘子是否损坏或缺少；拉线是否妨碍交通或被车碰撞；拉线棒、抱箍等金具有无变形、锈蚀；拉线基础周围土壤有无突起、沉陷、缺土等现象；顶（撑）杆、拉线柱、保护桩等有无损坏、开裂、腐朽等现象。

8. 进户线

（1）线间距离和对地、对建筑物等交跨距离是否符合规定。

（2）绝缘层是否老化、损坏。

（3）接点接触是否良好，有无电化腐蚀现象。

（4）支持物是否牢固，有无锈蚀、损坏现象等。

（5）弧垂是否合适，有无混线、烧伤现象。

（6）绝缘子有无破损、脱落。

9. 通道巡视

（1）线路保护区内有无易燃、易爆物品和腐蚀性液（气）体。

（2）导线对地、公路、铁路、索道、河流、建筑物等的距离是否符合规定。

（3）有无存在可能被风刮起危及线路安全的物体（如金属薄膜、广告牌、风筝等）。

（4）线路附近的爆破工程有无爆破手续，其安全措施是否妥当。

（5）防护区内栽植的树木情况及导线与树木的距离是否符合规定，有无蔓藤类植物附生威胁安全。

（6）是否存在对线路安全构成威胁的工程设施（如施工机械、脚手架、拉线、开挖、地下采掘、打桩等）。

（7）是否存在电力设施被擅自移作他用的现象。

（8）线路附近的污染源情况。

（9）线路附近河道、冲沟、山坡的变化。

（10）线路附近修建的道路、堆放货物等。

（11）线路附近有无射击、放风筝、抛扔杂物、抛洒金属和在杆塔、拉线上拴牲畜等。

（12）是否存在在建、已建违反《电力设施保护条例》及《电力设施保护条例实施细则》的建筑和构筑物。

（13）通道内有无未经批准擅自搭挂的弱电线路。

（14）其他可能影响线路安全的情况。

三、配电设备状态检修管理

配电设备状态检修管理是以强化现有基础数据，采用各类信息化（如电网 SCADA 系统、配电自动化系统、用电信息采集系统等）手段，以及各类离线、在线的检测手段（如红外检测、OWTS 局放检测等）的管理。

配电设备状态检修管理的目的是掌握设备发生故障之前的异常征兆与劣化信息，事前采取针对性措施控制，防止故障发生，减少故障停运时间与停运损失，提高设备利用率，并进一步指导优化配电网运行、检修工作。

配电设备状态检修管理主要是开展设备状态信息收集、设备状态量评价、设备状态评价结果的划分、设备定级与状态巡视、状态检修分类、各种状态对应的检修策略的工作。

（一）设备状态信息收集

1. 设备投运前状态信息收集

（1）出厂资料（包括型式试验报告、出厂试验报告、性能指标等）。

（2）交接验收资料。

2. 设备运行中状态信息收集

（1）运行环境和污秽区划分资料。

（2）巡视记录。

（3）修试记录。

（4）故障（异常）记录。

（5）缺陷记录。

（6）状态检测记录。

（7）超限运行记录。

（8）其他相关配电网运行资料。

3. 同类型设备参考信息

主要是指对同类型设备的家族缺陷信息的收集和参考。

（二）设备状态量评价原则

1. 评价指标

根据各地区不同的气候与地域特点，合理确定本地区的评价扣分值、各部件权重等评价指标。

2. 综合判断

设备状态量的评价应该基于巡视检查、例行试验、诊断性试验、家族缺陷、运行信息等状态，包括其现象、量值大小以及发展趋势，结合同类设备的比较，做出综合判断。

3. 注意值

有注意值要求的状态量，若当前试验值超过注意值或接近注意值的趋势明显，应加强跟踪分析。

4. 异常值

有异常值要求的状态量，若当前试验值超过异常值或接近异常值的趋势明显，对于运行设备应尽快安排停电试验，对于停电设备，消除此隐患前不宜投入运行。

（三）设备状态评价结果的划分

1. 正常状态

设备运行数据稳定，所有状态量符合标准。

2. 注意状态

设备的几个状态量不符合标准，但不影响设备运行。

3. 异常状态

设备的几个状态量明显异常，已影响设备的性能指标或可能发展成严重状态，设备能继续运行。

4. 严重状态

设备状态量严重超出标准或严重异常，设备只能短时间运行或需要立即停止服役。

（四）设备定级与状态巡视

1. 设备定级

（1）一级设备

设备运行状态良好，状态评价为正常状态。

（2）二级设备

设备个别次要元部件存在缺陷，不影响安全运行，状态评价为注意状态。

（3）三级设备

设备重要元部件存在缺陷，尚不影响安全运行，状态评价为异常状态。

（4）四级设备

设备存在重大缺陷，仍可短期继续安全运行，状态评价为严重状态。

2. 巡视原则

（1）一、二级设备为完好设备，可适当简化巡视内容，延长定期巡视周期。

（2）三级设备应对设备进行全面仔细地巡视检查，并缩短巡视周期，确保对设备运行状态的可控、在控。

（3）四级设备应对设备进行有效监控。

（五）状态检修分类

按工作性质及工作涉及范围，配电线路的状态检修分为四类。

1. A 类检修

A 类检修是指在停电状态下对主要单元进行整体性更换、改造等。

2. C 类检修

C 类检修是指在停电状态下对设备的常规性检查、个别部件的维修和试验。

3. D 类检修

D 类检修是指设备在不停电状态下的测试、外观检查和维护。

4. E 类检修

E 类检修是指对设备的带电作业检修。

（六）各种状态对应的检修策略

1. 正常状态

对于被评价为“正常状态”的设备，其D类检修一般可按照正常周期或延长一个周期执行。

2. 注意状态

对于被评价为“注意状态”的设备，宜根据设备实际情况安排C、E类检修，但优先考虑E类检修。同时适当加强D类检修。

3. 异常状态

对于被评价为“异常状态”的设备，应根据评价结果确定C、E检修类型，但优先考虑E类检修。并适时安排检修。停电检修前应加强D类检修。

4. 严重状态

对于被评价为“严重状态”的设备，应根据评价结果确定A、C、E检修类型，但优先考虑E类检修。并尽快安排检修。停电检修前应加强D类检修。

四、缺陷管理

缺陷主要是由于产品质量、施工质量、外界条件、意外灾害等原因引起的，缺陷是指配电线路及其设备中各部件的性能指标的运行值与规定值之间的偏差超过了允许范围。缺陷管理的目的是掌握设备存在的问题，以便按轻、重、缓、急消除缺陷，提高线路健康水平，保障线路安全运行。另外，对缺陷进行全面分析总结以便掌握其变化规律，为大修、更新改造提供依据。

（一）缺陷分类

1. 一般缺陷

设备本身及周围环境出现不正常情况，一般不威胁设备的安全运行，可列入小修计划进行处理的缺陷。

2. 重大（严重）缺陷

设备处于异常状态，可能发展为事故，但设备仍可在一定时间内继续运行，须加强监视并进行大修处理的缺陷。

3. 紧急（危急）缺陷

严重威胁设备的安全运行，不及时处理，随时有可能导致事故的发生，必须尽快消除或采取必要的安全技术措施进行处理的缺陷。

（二）缺陷管理

运行单位应制定缺陷及隐患管理流程，对缺陷及隐患的上报、定性、处理和验收等环节实行闭环管理。

1. 制定缺陷标准

运行单位应根据相关的地理环境、自然条件、设备质量等情况，制定出杆塔、基础、导地线、绝缘子、金具、拉线等各部分的一般缺陷、重大缺陷、紧急缺陷标准，标准应尽可能详细，尽量做好量化，便于运行人员现场判断。

2. 缺陷管理细则

（1）缺陷管理的流程

运行发现──→上报管理部门──→安排检修计划──→检修消缺──→运行验收，形成闭环管理。缺陷管理资料应归档保存。

（2）缺陷消除时间

紧急（危急）缺陷消除时间不得超过 24 小时，重大（严重）缺陷应在 7 天内消除，一般缺陷可结合检修计划尽早消除，但应处于可控状态。

五、设备标志

配电线路及设备应有明显标志。线路、配电变压器的名称和杆号、台区号依次编排喷写或悬挂标志牌设置在面向道路一侧醒目位置，或设在巡视易见的一侧，且同一条线路应设在一侧。

配电线路及设备标志包括：

1. 架空线路杆塔上的线路名称、编号、杆塔编号、特殊编码，同杆架设的多回线路的不同色标。

2. 柱上变、柱上开关设备、中压开关站、环网单元、配电室、箱式变电站等设备的名称、编码及适当的警示牌。

3. 联络开关的警告标志。

4. 每条线的变电站出口杆塔、分支杆，转角杆应设黄、绿、红三色的相色标志。靠近道口及较有可能发生车辆撞击或外力事故的电杆、拉线、户外环网单元、电缆分支箱等的反光漆标志。

5. 同杆架设线路不同电源警告牌。

6. 其他存在安全隐患而应设置警示标识的。

六、架空线路常见故障

架空线路常见故障可简单地分为“外力破坏故障”“电气故障”“设备故障”三大类。

（一）外力破坏性故障

1. 断线故障，因外界原因造成的导线断裂，造成供电中断。

2. 倒杆，由于外界的原因（如撞击、大风等）使杆塔的平衡状态遭到破坏，从而造成倒杆（塔），使供电中止。

（二）电气性故障

1. 单相接地

线路某一相上的一点对地绝缘性能丧失，导致某一相的电流由泄露点流入大地，叫作单相接地。造成单相接地因素很多，如一相导线断线落地、树枝触碰导线、跳线因空气间隙不够对杆身放电、设备的某一相绝缘被击穿等。

2. 两相短路

线路的任意两相之间直接放电，使通过导线的电流比正常时增大许多倍，并在放电点形成强烈的电弧，烧坏导线，造成供电中断。形成两相短路的原因有外力破坏、雷击、混线等。

3. 三相短路

在线路的同一地点三相间直接放电。三相短路是线路上最严重的电气故障，但发生的机会极少。造成三相短路的原因主要是线路带地线合闸、线路倒杆。

4. 缺相

断线不接地，通常又称缺相运行，即送电端三相有电，受电端某一相无电，三相电机无法运转。造成缺相运行的原因是熔断器保险丝某一相熔断，隔离开关某一相动触头（刀闸片）脱落、导线耐张串某一相跳线接头接触不良或烧断等。

（三）设备性故障

设备性故障是指设备本身元件的质量不良造成的故障。

1. 产品质量问题

产品质量问题是指设备本身的结构设计、制造工艺、元件材料等存在着缺陷，或者产品质量不满足设备安全运行要求，投运后造成设备故障引发停电。

2. 设备老化

设备老化是指设备已临近或超出服役期，还在非正常地运行而造成的故障。

七、事故管理

（一）事故处理的主要任务

1. 快查

事故发生后应尽快查出事故点和原因。

2. 隔离

对事故点要采取隔离措施，消除事故源，防止事故扩大，减少不必要的损失，采取措施防止行人接近事故导线和设备，避免发生人身事故。

3. 快修

要在保证安全的情况下争分夺秒进行抢修，应尽量缩小事故停电范围。

4. 恢复

对已停电的用户尽快恢复送电，严守服务承诺。

（二）查明原因

配电系统发生以下故障时应查明原因：

1. 短路器掉闸（不论重合是否成功）或熔断器（熔丝熔断）跌落。

2. 发生永久性接地或频繁接地。

3. 变压器一、二次熔丝熔断。

4. 线路发生倒杆、断线；发生火灾、触电伤亡等意外事件。

5. 用户无电或电压异常。

（三）送电条件

1. 线路上的短路器或熔断器掉闸时，必须详细检查线路和有关设备，确无问题后，方可恢复送电。

2. 中性点不直接接地系统发生永久性接地故障，可用柱上开关或其他设备分段选出故障段，非故障段应及时恢复送电。

3. 变压器一、二次熔丝熔断时：

（1）一次熔断时，必须详细检查高压设备和变压器，无问题后方可送电。

（2）二次熔丝熔断时，首先查明熔断器接触是否良好，然后检查低压线路，无问题后方可送电。

（3）低压送电后，应立即测量负荷电流，判明是否运行正常。

4. 线路变压器、带油设备发生冒油、冒烟、外壳过热现象时，应断开电源并待冷却后处理，无问题后方可送电。

（四）一般反事故措施

1. 设备事故

对“设备事故”除密切监视设备运行中的动态变化外，还要重视装置性违章，提高施工、检修工艺质量等。

2. 外力破坏事故

对“外力破坏”事故，除在巡视中加强重点、薄弱部位的检查外，还要做好宣传教育，并取得当地政府的支持和其他单位的配合，依法维护供电企业的合法权益。

3. 自然影响事故

对“自然影响”事故，主要应做好季节性的各项预防工作，做到防患于未然，避免事故的发生。

（五）事故分析

事故巡查人员应将事故现场状况做好记录，并收集引起事故的一切部件，加以妥善保管。

1. 制定对策

运行单位应及时组织有关人员进行调查，并结合事故现场状况和收集好的引起事故的一切部件进行分析，查明原因，制定防止类似事故再次发生的对策，并按有关规定提出事故报告。

2. 四不放过

对待事故要做到“四不放过”，即事故原因不清楚不放过，事故责任者和应受到教育没受到教育不放过，没有防范措施不放过，事故责任者没有受到处罚不放过。

（六）降低线路跳闸率和事故率措施

1. 提高线路的绝缘水平和机械强度。
2. 线路走廊一定要符合要求。
3. 改进线路结构。
4. 在线路进出线、母线支持绝缘子上安装塑料管、塑料带等以增大闪络距离。
5. 加装线路自动重合闸或重合式熔断器，以减少瞬时故障的跳闸停电。

八、运行分析

运行分析是为了提高配电线路设备管理水平，不断提高线路安全、经济运行水平，运行单位在正常的情况下每季度进行一次运行分析会，对线路和设备的运行状况、存在缺陷和异常运行进行分析。

1. 缺陷及故障分析

（1）配网缺陷应分类统计、分析，找出缺陷产生的原因，分析是否存在设备质量、施工质量、运行维护缺失、管理漏洞等因素。

（2）分析故障发生原因、发展过程，可能造成的危害，提出今后重点预防措施。

（3）通过缺陷和故障分析，找出配电网存在的问题与薄弱环节。

2. 运行管理工作分析

（1）配电网运行管理方面是否存在薄弱环节。

（2）规章制度是否齐全，现场标识、标志，警示是否齐全、醒目。

（3）图纸资料与现场是否相符。

（4）倒闸操作是否符合规定。

（5）巡视工作是否到位。

（6）试验工作是否按规定开展。

（7）负荷测试、红外测温等工作是否符合要求。

（8）运行资料记录是否齐全、完整。

3. 专题分析

对雷害、污闪、鸟害、外力破坏、电杆裂缝、风害、塔材等金具锈蚀进行专题分析，找出原因，提出防范措施。

九、其他管理

（一）资料管理

1. 运行部门应具备的主要技术资料

（1）配电网络运行方式图纸或模拟板。

（2）线路平面图及杆位图。

（3）变压器台区电流电压测量及高压线路负荷测量记录。

（4）缺陷记录。

（5）巡视手册。

（6）事故障碍，交跨物、接地电阻测量等记录。

（7）变压器、断路器及其他附属设备卡片。

（8）绝缘工具试验记录。

（9）检修记录。

（10）工作日志等。

2. 运行部门应有的规程

（1）《10 kV 及以下架空配电线路设计技术规程》。

（2）《10 kV 架空绝缘配电线路设计技术规范》。

（3）《电气装置安装工程 35 kV 及以下架空电力线路施工及验收规范》。

（4）《配电网运行规程》。

（5）《电力设备预防性试验规程》。

（6）《中华人民共和国电力法》。

（7）《电力设施保护条例》实施细则。

（8）《国家电网公司电力安全工作规定》（电力线路部分）。

（9）《国家电网公司电力生产事故调查规程》等。

（二）电压管理

1. 供电电压允许偏差

电压是衡量电能质量的重要指标，电压过高或过低都将影响用户的正常用电，给用户带来极大的危害。根据 GB12325—2008《电能质量供电电压偏差》的规定，供电电压允许偏差如下。

（1）35 kV 及以上供电电压正、负偏差绝对值之和不超过标称电压 10％。

（2）10 kV 及以下三相供电电压偏差为标称电压的±7％。

（3）220V 单相供电电压偏差为标称电压的＋7％、－10％。

2. 电压测量

（1）低压网络每个台区的首、末端每年至少测量一次电压。

（2）对以下情况应及时测量电压

1）投入较大负荷时。

2）用户反映电压不正常时。

3）三相电压不平衡烧坏用电设备或器具时。

4）更换或新装变压器时。

5）调整变压器分接头时。

3. 提高电压质量

（1）增加变压器有载分解开关自动调节的覆盖率。

（2）调整变电所运行方式（如变压器分接头、供电方式等）。

（3）合理配置无功补偿和调整无功潮流。

（4）合理配备低压电容无功补偿装置和自动控制电容无功补偿量。

（5）加强对用户并联的电容器投、切管理。

（三）验收管理

1. 验收一般要求

验收分为中间验收和竣工验收。验收工作重点检查设备图纸、资料，安装记录和试验报告，设备及系统的整体性能，安全设施及防护装置等。验收中确认的缺陷，应由施工单位在投运前处理完毕。运行人员应参加对配电网新建、扩建、改造、检修等项目的验收。并积极介入项目规划方案、设计审查、设备选型等全过程管理。

2. 资料验收

（1）线路走廊以及城市规划部门批准文件。包括建设规划许可证、规划部门对于线路路径的批复文件、施工许可证等。

（2）竣工图纸和线路路径图。

（3）完整的设计资料，包括初设、施设及变更文件、设计审查文件等。

（4）设备、线路（通道）沿线施工与有关单位签署的各种协议。

（5）工程施工监理文件、质量文件及各种施工原始记录。

（6）隐蔽工程中间验收记录及签证书。

（7）施工缺陷处理记录及附图。

（8）线路、设备交接试验记录。

（9）线路、设备接地系统安装记录、安装位置图及接线图。

（10）设备的原始记录，设备开箱进库验收单及附件装箱单。

（11）附件合格证明，安装工艺图，出厂资料。

（12）交叉跨越距离记录及有关协议文件等。

第二节　配电线路防护

针对架空配电线路运行中可能受到“过负荷、雷电、大风、洪水、飞鸟、外力”等的侵袭，结合这些侵袭的形成、时间、危害等特点，制定预案，防患于未然，是配电线路运行检修工应做的主要工作。

一、线路过负荷防护

（一）线路过负荷危害

1. 安全距离变化

架空线路长期过负荷致使导线在热效应作用下，工作温度升高，弧垂增大，对地、对交叉跨越物安全距离不够。

2. 绝缘老化

热效应作用导致绝缘导线的绝缘加快老化。

3. 载流能力降低

导线长期承载过流负荷，极易过热，增大接触电阻，降低载流能力。

4. 接点烧损

导线长期过热，会使导线的接头、导线和连接导体设备的接点发热，造成接触不良甚至烧损。如图 9－2－1 所示。

图 9－2－1　导体发热危害（电缆接头长期发热导致烧损）

（二）防护措施

1. 分路法

对大负荷线路进行分路。将大负荷线路进行切改，将一部分负荷转移到负荷较小的线路。

2. 增大载流量法

更换大截面导线，增大导体的载流量。

二、雷电防护

（一）雷电危害

1. 大气过电压

雷电形成的大气过电压使绝缘子闪络，设备绝缘击穿，配电线路跳闸。

2. 热效应

雷电的热效应使短路工频续流造成导线烧断，设备烧毁，甚至造成火灾。

（二）配电线路防雷措施

1. 加装防雷装置

对架空线路的个别绝缘薄弱点，如转角杆、分支杆、跨越杆等加装合成绝缘体氧化锌避雷器和接地装置；对线路所经区域的多雷区加装避雷针、避雷线等。

2. 提高线路绝缘水平

（1）增大绝缘子比距，采用防污型绝缘子或大爬距绝缘子。

（2）加大线间距离。

（3）变台全防护。

（4）降低接地电阻。

（5）提高导体连接绝缘强度。

3. 剥离绝缘线

如果线路采用绝缘导线，可在局部将绝缘层剥离，使之局部成为裸导线，当导线承受大气过电压时，雷电能在剥离部分滑动，避免在导线固定点某处烧蚀。

4. 安装防雷支柱绝缘子

防雷支柱绝缘子能在雷电过电压时，在防雷支柱的引弧棒和消弧球之间引起闪络放电，形成短路通道，接续的工频电弧便在放电间隙处燃烧，以保护导线免于烧伤。如图 9－2－2 所示。

三、线路防风

（一）大风对线路的危害

1. 导线不同步摇摆

大风吹动导线而使其产生摇摆，空气涡流能使摇摆形成不同步摇摆，不同步摇摆导致导线之间相互碰撞、混线，造成相间短路故障。

2. 砸线、连线

大风吹断树枝或树木，砸、撞在线路上；把导电物体（铁线、铁皮、天线等）或其他物体刮到导线上；造成烧线、连线、短路、断线、接地等故障等。大风对线路的

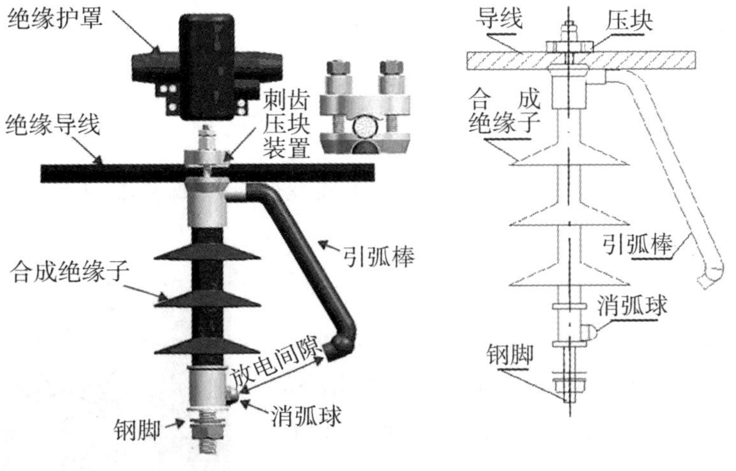

（a）穿刺式　　　　（b）非穿刺式

图 9-2-2　FEG—12/5 型防雷支柱绝缘子

危害如图 9-2-3 所示，大风将塑料布缠在了导线上。

图 9-2-3　大风对线路的危害（大风将塑料布缠在了导线上）

3. 倒杆

风力超过了杆塔所能承受的风压荷载，造成杆塔倾斜、断裂、倒杆等事故。

（二）防护措施

1. 加固杆塔

加固杆塔基础和加装拉线补强杆塔。

2. 增大空气间隙

对耐张、转角杆塔的跳线，可适当加装跳线绝缘子串或加长横担，扩大线间距离，防止大风使跳线摆动过大导致对杆塔放电。

3. 调整弧垂

进行导线的弧垂调整，使其在规定±5%范围之内，避免大风造成的混线。

4. 调整拉线

对带有拉线杆塔的拉线进行调整，使其松紧程度一致，受力均衡。

5. 清理树木

及时砍伐、修剪线路两侧不符合安全距离要求的树木，清除沿线周围杂物。

四、线路防洪

（一）洪水危害

1. 浸泡

架空线路杆塔基础受雨水长时间浸泡，土质变软，造成基础塌陷、变形、位移而使杆塔下沉、倾斜、倒覆。

2. 冲刷

洪水会使处于低洼地带的架空线路杆塔基础遭到冲刷，造成基础外漏、位移、损坏而使杆塔倾斜、倒覆。洪水危害如图 9－2－4 所示，洪水冲刷后电杆倾斜。

图 9－2－4　洪水危害（洪水冲刷后电杆倾斜）

（二）防护措施

1. 汛前检查处理

汛前应完成重要防汛设施和防汛指挥系统以及与防汛相关的重要客户的供电线路、设备的巡视检查和缺陷处理。并重点检查易被洪水冲刷的电力设施及雷雨大风时可能倒伏到线路上的树木并及时排除隐患和提前采取防汛加固措施。加固措施有：

（1）对杆塔基础周围的土壤如有下沉、松动的情况，应填土夯实，并在杆根处培出一个高出地面 30 cm 的土台。

（2）有可能被洪水冲刷的杆塔可根据具体情况，增添护堤。

（3）在易被洪水冲刷或浸淹地带对杆塔基础进行围桩或增添拉线、支撑杆，以便增强基础防洪能力。

2. 防汛物资准备

配备足够的抢修所需的电力设备和材料以及防洪所需物资。

3. 建立抢修网络体系

（1）制定与抗洪抢险有关的供电预案。

（2）组建抢险队伍。

（3）建立汛期值班制度。

五、线路防鸟害

（一）鸟类对线路危害

1. 鸟巢

春季鸟类开始在杆塔上筑巢产卵孵化，尤其是喜鹊、麻雀等鸟，经常在横担上、柱上开关操动机构空间筑巢，因鸟巢与导体距离过近，在风、雨等天气里，易造成电气和机械故障。

2. 鸟粪

鸟类的排泄物也可能会脏污绝缘子而引发绝缘子闪络故障。

3. 落物

当鸟类叼着铁线等物往返飞行时，落物搭在导线间或导线及横担间，易造成相间短路或接地。

（二）防护措施

1. 拆除鸟巢

增加巡视次数，及时拆除鸟巢，尤其是搭在导线上方的、距带电体过近的都要及时拆除。在拆除鸟巢时，应尽量停电进行。如带电进行应严格遵守《安规》规定，要有专人监护，并使用绝缘工具。

2. 设置惊鸟设施

安装惊鸟设施，使鸟类不敢接近线路。摇摆采用在线路上安装有颜色或能发出声响的物品。如在杆塔上悬挂镜子或玻璃片，安装风车或翻板，在横担上安装钢刺，使鸟类不能落脚，在鸟类集中处燃放爆竹惊鸟。上述方法采用时间长久，鸟类会习以为常而达不到惊鸟效果，故需要视情况轮换或结合使用。

六、线路防外力破坏

外力破坏是指人们有意或无意的行为而造成的线路故障。但许多外力破坏是由于人们疏忽大意或对电的知识了解不够而引起。

（一）外力破坏危害

图 9-2-5　外力破坏危害（盗窃铁塔主材引发的倒塌）

汽车撞杆、吊车碰线、风筝挂线、落物砸线、放炮采石、盗窃电力设施或器材等外力破坏，造成线路和设备故障，轻者断线，重者倒杆塔，甚至造成人身伤害事故。外力破坏危害如图 9-2-5 所示，盗窃铁塔主材引发倒塌。

（二）外力破坏防护措施

1. 加强对易发外力破坏的巡视

增加线路附近的建筑场所、起重场所、宜放风筝空地等的巡视次数。巡视中注意建筑工地的吊车、脚手架等较高设备与线路的安全距离，与线路周围施工单位签订防外力破坏协议书或发放隐患通知书，并及时制止线路附近放风筝等不安全行为。

2. 设置防护设施或标志

杆塔和拉线基础距行车道路较近时，可在杆塔和拉线基础附近埋设护桩，刷红白相间油漆或悬挂警示标志，提醒人们警觉。

杆塔 1.8 m 高度以下不设登杆爬梯或脚钉。在杆塔上和变台上悬挂“高压危险，禁止攀登”警告标志牌。

3. 加强宣传教育

充分利用媒体，大力开展《电力法》《电力设备保护条例》的宣传和教育。

4. 增强护线力度

加强电力设施保护，与公安保卫部门密切联系，组织群众护线网，及时清查盗窃破坏电力设施案件。

第三节　配电常用电气符号

一、电气图图元

电气图图元应用于配电网工程设计中配电站房、变台的电气系统配置图及电气主接线图绘制。图元样式如表 9－3－1 所示。

表 9－3－1　电气图图元

名称	图元	名称	图元
双绕组变压器 Dyn（中性点引出三角形一星形连接）	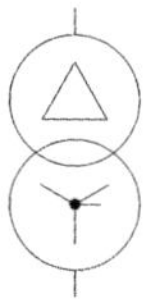	单相变	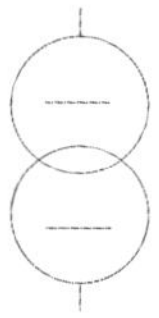
断路器		负荷开关	

续表 1

名称	图元	名称	图元
熔断式负荷开关	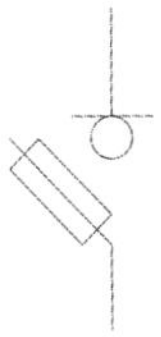	隔离开关	
熔断式隔离开关	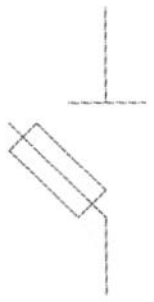	双向隔离开关	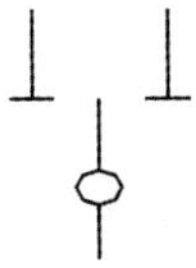
熔断器		电抗器	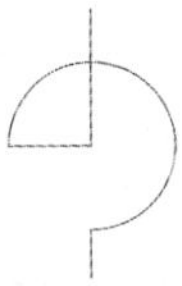
单相一个次级绕组电流互感器	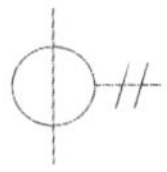	两相一个次级绕组电流互感器	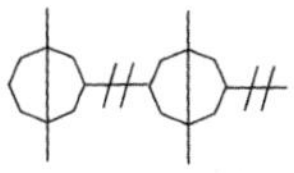
单相两个次级绕组电流互感器	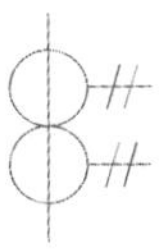	三相一个次级绕组电流互感器	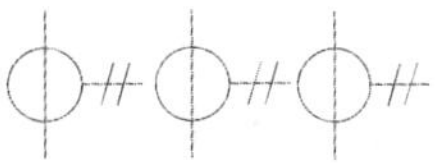
两相两个次级绕组电流互感器	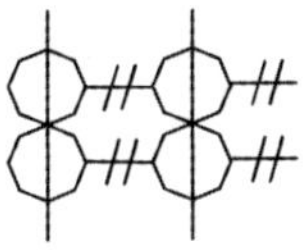	三相两个次级绕组电流互感器	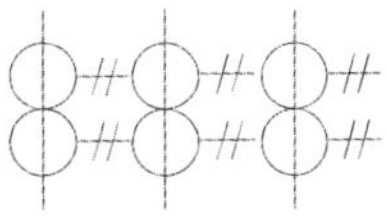
单相三个次级绕组电流互感器	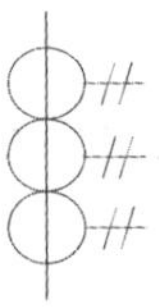	两相三个次级绕组电流互感器	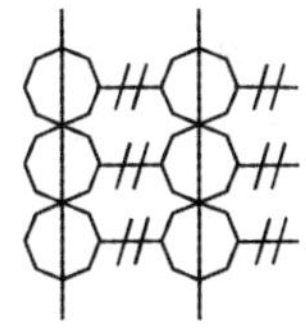
三相三个次级绕组电流互感器	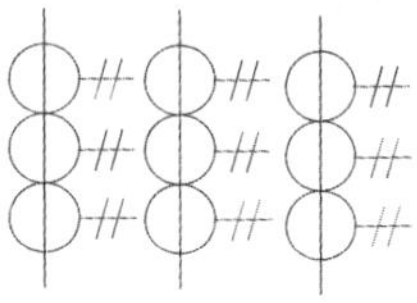	双绕组电压互感器	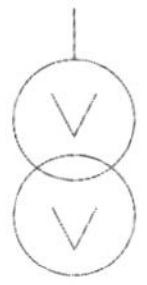
三绕组电压互感器	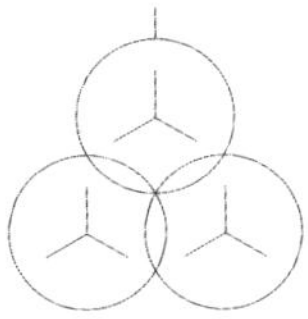	三绕组电压互感器（开口三角）	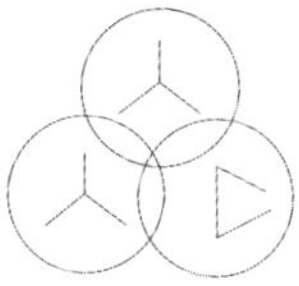

续表 2

名称	图元	名称	图元
四绕组电压互感器（开口三角）	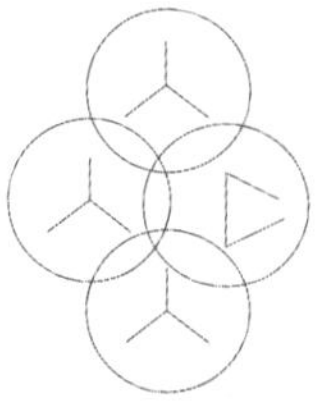	避雷器	
电力电容器		可调电容器	
容性无功补偿器	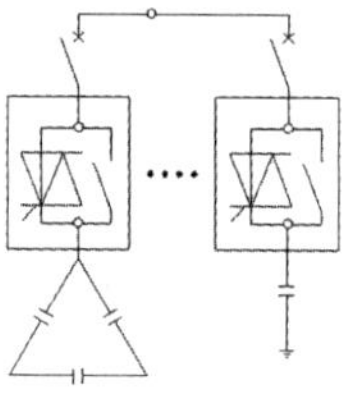	静止无功发生器（SVG）	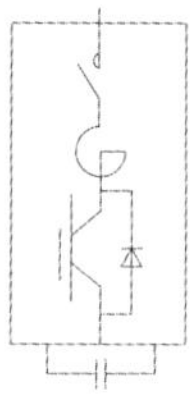
应急电源标准接口	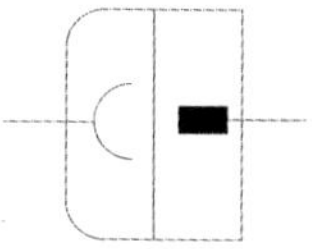	接地刀闸	
带电显示器	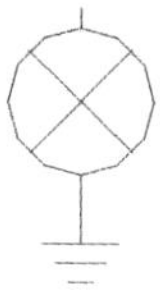	消谐器	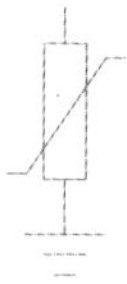
浪涌保护器	 SPD	手车式断路器	
手车式负荷开关＋熔断器组合		手车式隔离开关	

续表 3

名称	图元	名称	图元
小电阻接地	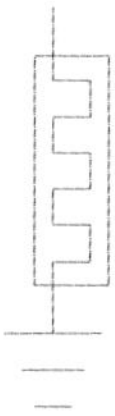	消弧线圈接地	
三工位负荷开关	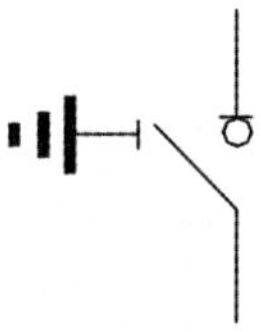		

二、线路图图元

线路图图元用于配电网工程设计中电缆及架空线路路径图绘制。线路图图元样式及尺寸如表 9－3－2 所示。

表 9－3－2　线路图图元

类别	新建	原有	拆除	说明
电缆线路				
直通井				矩形长为 5 dmm，宽为 3 dmm，设计中可按需调整图元尺寸
三通井		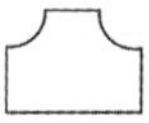		底边长为 5 dmm，上边长为 2 dmm，设计中可按需调整图元尺寸
四通井	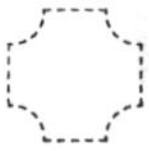	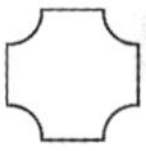		边长为 2 dmm，设计中可按需调整图元尺寸
转角井	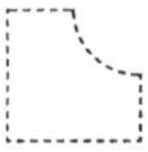	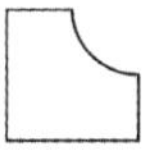		长边长为 5 dmm，短边长为 2 dmm，设计中可按需调整图元尺寸
八角形四通井		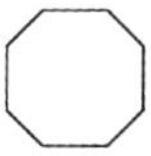		边长为 2 dmm，设计中可按需调整图元尺寸
电缆沟（隧道）				两线间距为 2 dmm。

续表 1

类别	新建	原有	拆除	说明
排管	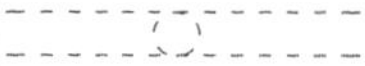			每 50 m 绘制一个间隔，不足 50 m 的按照 50 m 计算，圆形的直径为 2 dmm
直埋	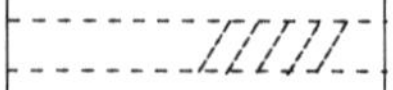			每 50 m 绘制一个间隔，不足 50 m 的按照 50 m 计算，斜线间隔为 1 mm 两线间距为 2 dmm
电缆中间接头				尺寸可根据图纸进行调整
电缆终端头				尺寸可根据图纸进行调整
电缆段				
架空线路				
水泥杆				图元直径 2 dmm，新建图元中可增加杆高标识
水泥双杆			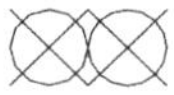	图元直径 2 dmm，新建图元中可增加杆高标识
钢管杆				外圈直径 2 dmm，内圈直径 1 dmm
铁塔			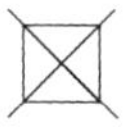	矩形边长为 2 dmm
柱上变压器		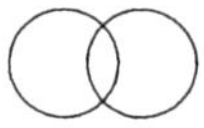	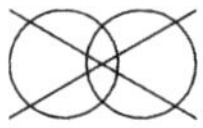	圆的直径为 3 dmm
调压器				圆的直径为 2 dmm，箭头与水平基线夹角为 60°
柱上断路器		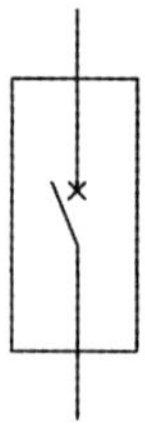	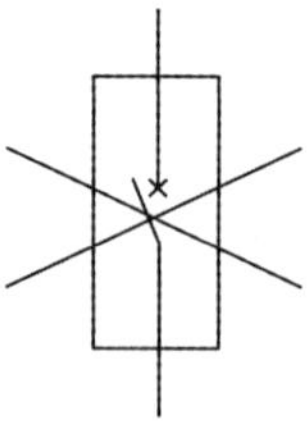	高 1.5 dmm，宽 0.75 dmm

续表 2

类别	新建	原有	拆除	说明
柱上负荷开关			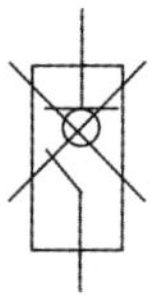	参考标准：GBT4728.7—2008 高 1.5 dmm， 宽 0.75 dmm
柱上隔离开关	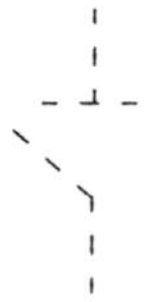			参考标准：GBT4728.7—2008 高 1.5 dmm， 宽 0.75 dmm
柱上避雷器				参考标准：GBT4728.7—2008 高 1.5 dmm， 宽 0.75 dmm
跌落式熔断器		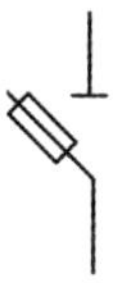		参考标准：GBT4728.7—2008 高 1.5 dmm， 宽 0.75 dmm
柱上电容器	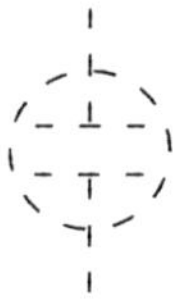	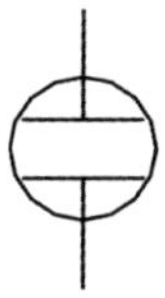	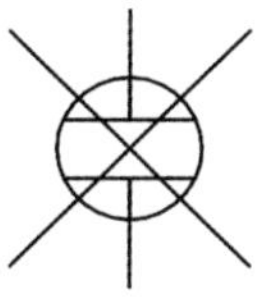	参考标准：GBT4728.7—2008 高 1.5 dmm， 宽 0.75 dmm
普通单拉线	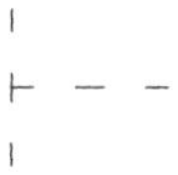		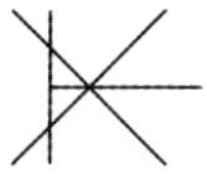	横线长度为 2 dmm，竖线长度为 2 dmm
V 形拉线	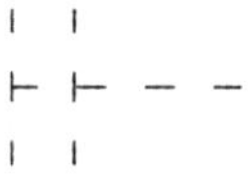	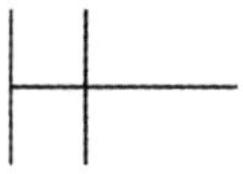	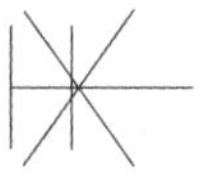	横线长度为 3 dmm，竖线长度为 2 dmm
弓形拉线	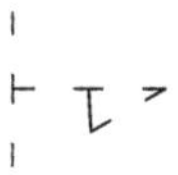		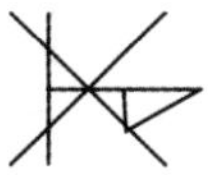	横线长度为 2 dmm，竖线长度为 2 dmm
水平拉线		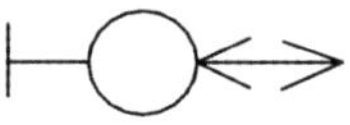	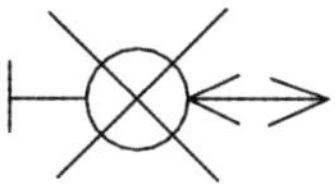	圆形直径为 3 dmm
单相表箱		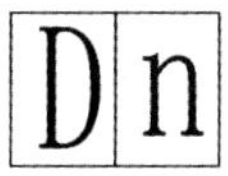	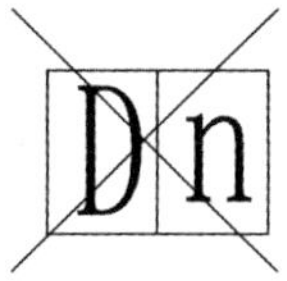	矩形长为 3 dmm，宽为 2 dmm，字体高度为 1.5 dmm，图中 n 为表位数

续表 3

类别	新建	原有	拆除	说明
三相表箱				矩形长为 3 dmm，宽为 2 dmm，字体高度为 1.5 dmm，图中 n 为表位数
10 kV 单回架空线				单回线路采用一条线，多回线路采用多条线段。单回线的延长线应过圆心，双回线应与图元相切，三回及四回线路应采用最外侧线段与杆塔图元相切，其余线段等分杆塔图元
380 V 单回架空线				单回线路采用一条线，多回线路采用多条线段。单回线的延长线应过圆心，双回线应与图元相切
220 V 单回架空线	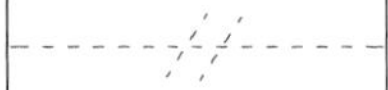			单回线路采用一条线，多回线路采用多条线段。单回线的延长线应过圆心，双回线应与图元相切
接地挂环	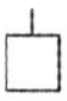			正方形边长为 2 dmm
配电站房				
35 kV 变电站	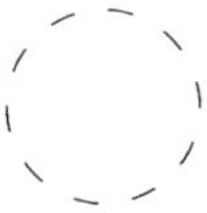	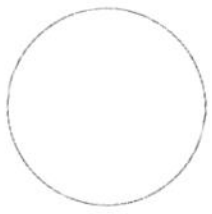	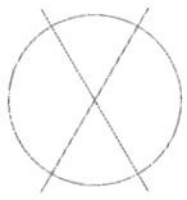	圆形直径为 5 dmm 参考 Q/GDW11616
110 kV 变电站		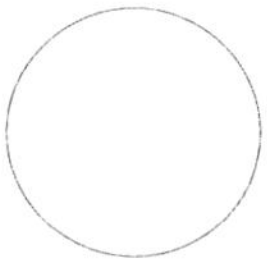	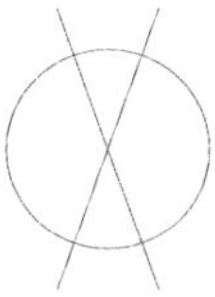	圆形直径为 6 dmm 参考 Q/GDW11616
220 kV 变电站	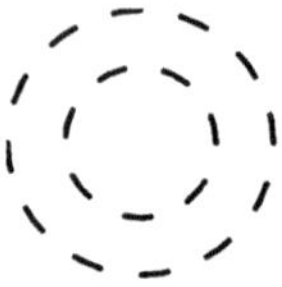	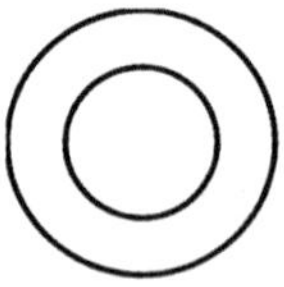	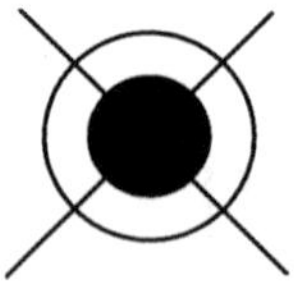	外圆直径为 7 dmm，内圆直径为 5 dmm 参考 Q/GDW11616

续表 4

类别	新建	原有	拆除	说明
开关站	KG	KG	KG	框内字体用宋体；外框为正方形，外框边长为 3 dmm；字体高度为 2.5 dmm
环网室	HB	HB	HB	框内字体用宋体；外框为正方形，外框边长为 3 dmm；字体高度为 2.5 dmm
环网箱	HA	HA	HA	框内字体用宋体；外框为正方形，外框边长为 3 dmm；字体高度为 2.5 dmm
配电室	PD	PD	PD	框内字体用宋体；外框为正方形，外框边长为 3 dmm；字体高度为 2.5 dmm
箱式变电站	XB	XB	XB	框内字体用宋体；外框为正方形，外框边长为 3 dmm；字体高度为 2.5 dmm
低压电缆分支箱	DF	DF	DF	框内字体用宋体；外框为正方形，外框边长为 3 dmm；字体高度为 2.5 dmm
低压综合配电箱	DP	DP	DP	框内字体用宋体；外框为正方形，外框边长为 3 dmm；字体高度为 2.5 dmm
无功补偿箱	BC	BC	BC	框内字体用宋体；外框为正方形，外框边长为 3 dmm；字体高度为 2.5 dmm
高压计量装置	JL	JL	JL	框内字体用宋体；外框为正方形，外框边长为 3 dmm；字体高度为 2.5 dmm

续表 5

类别	新建	原有	拆除	说明
电能表	Wh	Wh	Wh	框内字体用宋体；外框为正方形，外框边长为 3 dmm；字体高度为 2.5 dmm
光伏并网接入箱	GF	GF	GF	框内字体用宋体；外框为正方形，外框边长为 3 dmm；字体高度为 2.5 dmm
机井站房	JPB	JPB	JPB	框内字体用宋体；外框为正方形，外框边长为 3 dmm；字体高度为 2.5 dmm
充换电站	CH	CH	CH	框内字体用宋体；外框为正方形，外框边长为 3 dmm；字体高度为 2.5 dmm
高压分支箱	FZ	FZ	FZ	框内字体用宋体；外框为正方形，外框边长为 3 dmm；字体高度为 2.5 dmm
配电自动化图元				
DTU	DTU	DTU	DTU	框内字体用宋体；外框为正方形，外框边长为 3 dmm；字体高度为 2.5 dmm 2 遥 3 遥等通过设备选型和文字标注说明
FTU	FTU	FTU	FTU	
TTU	TTU	TTU	TTU	
故障指示器				圆直径为 2 dmm。 参考标准 Q/GDW624

续表 6

类别	新建	原有	拆除	说明
其他图元				
接地				三条横线自上而下长度分别为：2.4 dmm，2 dmm，0.8 dmm；横线间距 0.6 dmm
指北针	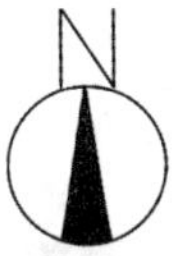			圆形直径为 5 dmm，字体高度为 2.5 dmm
说明：1. d 为正数，应根据图幅选择保证图形符号清晰，d 的推荐值为 4，可按同比例缩放。 2. 换装的表示方法：用小图标以圆圈加 H 的方式在图元右下角标注，以水泥杆换装为例， 如 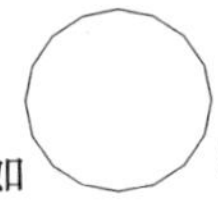 Ⓗ表示水泥杆换装。				

第四节　识绘图知识

什么是工程图？工程图是准确表达工程对象形状、大小、结构及技术要求，是表达设计意图、进行技术交流和指导生产的重要工具，因而被称为“工程界的语言”。作为“语言”，它必须是统一、规范的。

一、识图基本知识

任何一幅工程图都是由一些基本图形元素，如直线、圆、圆弧、组线和文字等组合而成。

（一）图与投影法

什么是投影法？

它是指将光线投向物体，在选定的平面得到物体图影的方法称为投影法。

根据光线、物体与投影面三者的几何关系，投影法可分为中心投影法和平行投影法两大类。中心投影法一般不能反映出物体的实形，在机械制图中，一般不采用。

（二）平行投影法

平行投影法是假设所有投影线都相互平行，在投影面上作出形体投影的方法。其根据投影线与投影面的关系又分正投影法与斜投影法。

1. 正投影法

投影线相互平行，且垂直投影面，一般机件的图形按正投影法绘制，如图 9－4－1（a）所示。

2. 斜投影法

投影线相互平行，且倾斜投影面，如图 9－4－1（b）所示。

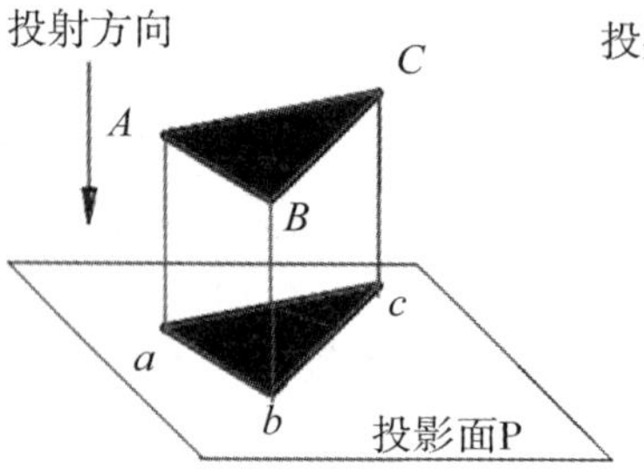

（a）正投影

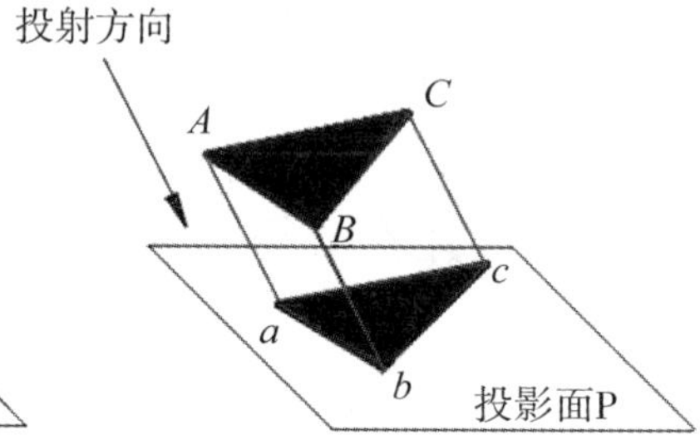

（b）斜投影

图 9－4－1 平行投影法

（三）平行投影法的投影特性

1. 类似性

当平面或直线与投影面倾斜时，其投影的面积变小或长度变短，但投影的形状仍与原来形状类似，这种投影特性称为类似性。如图 9－4－2 中的面 R 所示。

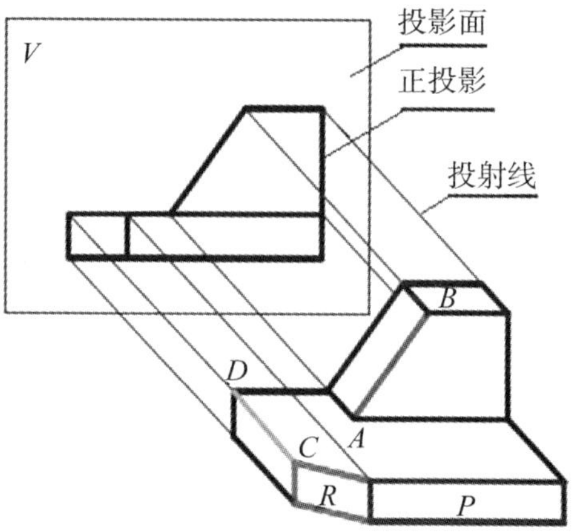

图 9－4－2

2. 积聚性

当平面或直线与投影面垂直时，则在投影面上的投影积聚为一条线或一个点，这种投影特性称为积聚性。如图 9－4－2 中的面 B、线 CD 所示。

3. 真实性

当平面或直线与投影面平行时，其投影反映实形（或实长），这种投影特性称为真实性。如图 9－4－2 中的面 P、线 AB 所示。

（四）三视图的形成及其投影规律

视图的概念——利用正投影法得到的投影。

在机械制图中，将物体用正投影法向投影面投影所得的图形称为视图。因为一面视图无法反映出物体的真实完整形状，所以为了能完整表达物体的形状，就必须增加视图数量。按照 GB/T4458.1—2002《机械制图　图样画法视图》中的规定要应用六面基本视图。这里只简单介绍三面视图。

1. 三视图

用三个相互垂直的投影面相交，就形成了三投影面体系，如图 9-4-3 所示。我们将正对着观察者的垂直面称为正投影面，用 V 表示，又称主视图；

处于水平位置的投影面称为水平投影面，用 H 表示，又称俯视图；

右侧的垂直面称为侧投影面，用 W 表示，又称左视图。

三个相互垂直的投影面之间的交线称为投影轴。

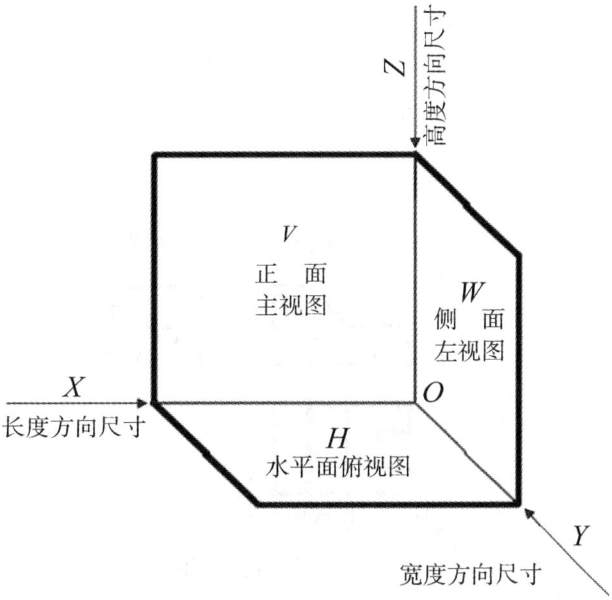

图 9-4-3 三投影面体系

V 与 H 的交线为 X 轴，反映长度方向尺寸；

H 与 W 的交线为 Y 轴，反映宽度方向尺寸；

V 与 W 的交线为 Z 轴，反映高度方向尺寸。如图 9-4-3 所示。

（1）三视图的形成过程

将物体正放在三投影面体系中，用正投影法向三个投影面投影，就得到了物体的三面投影。如图 9-4-4 所示。

（2）三投影面的展开方法

为了画图和看图的方便，假想将三个投影面展开、摊平在同一平面上，并且规定：正平面 V 不动；水平面 H 绕 OX 轴向下旋转 90°；侧平面 W 绕 OZ 轴向右旋转 90°。如图 9-4-5 所示。

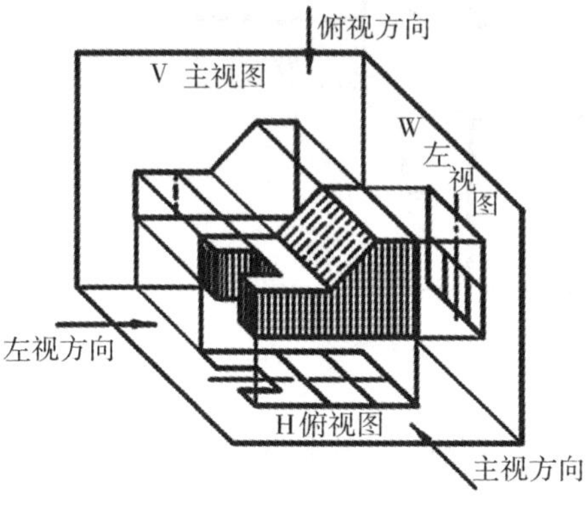

图 9-4-4 三视图的形成过程

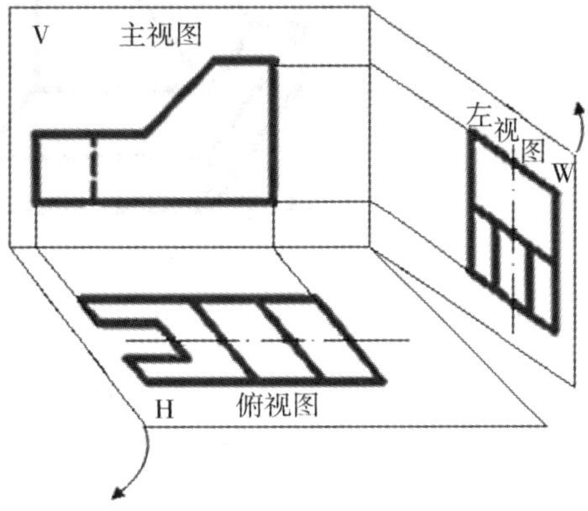

图 9-4-5 三投影面的展开方法

(3) 三投影展开视图

按上述方法三投影展开后的视图如图 9－4－6（a）所示。

投影面的边框线和投影轴均不必画出，同时，也不需要标明视图名称，最后得到的三视图如图 9－4－6（b）所示。

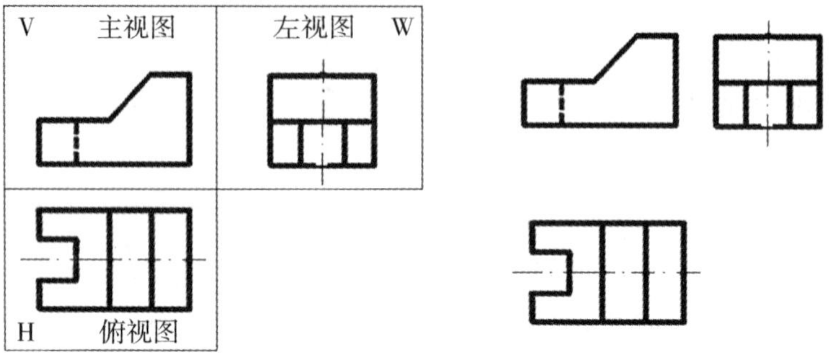

（a）展开后的三视图　　（b）最后得到的三视图

图 9－4－6　三投影展开视图

2. 三视图的投影规律

(1) 位置关系

以主视图为核心，俯视图在其下面，左视图在其右边。

(2) 三等对应关系

三等对应关系也叫尺寸之间的关系。如图 9－4－7 所示，即：

主视图、俯视图长对正。

主视图、左视图高平齐。

俯视图、左视图宽相等。

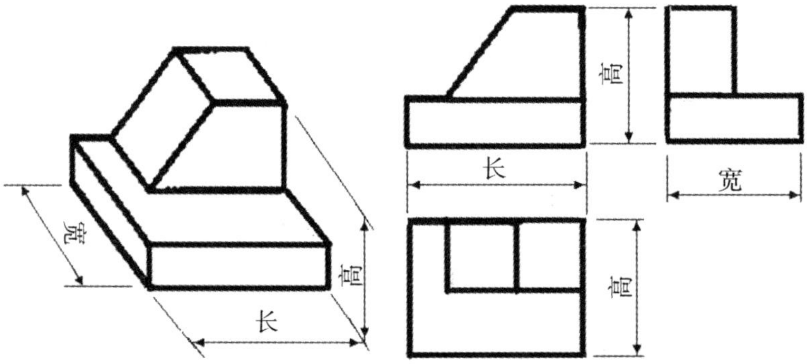

图 9－4－7　三等对应关系

这三个“相等”的对应关系，是三视图的最重要的规律，是画图和看图的重要准则，一定要在深刻理解的基础上牢牢记住。

(3) 方位关系

主视图反映物体的上、下和左、右。

俯视图反映物体的左、右和前、后。

左视图反映物体的前、后和上、下。

如图 9－4－8 所示。

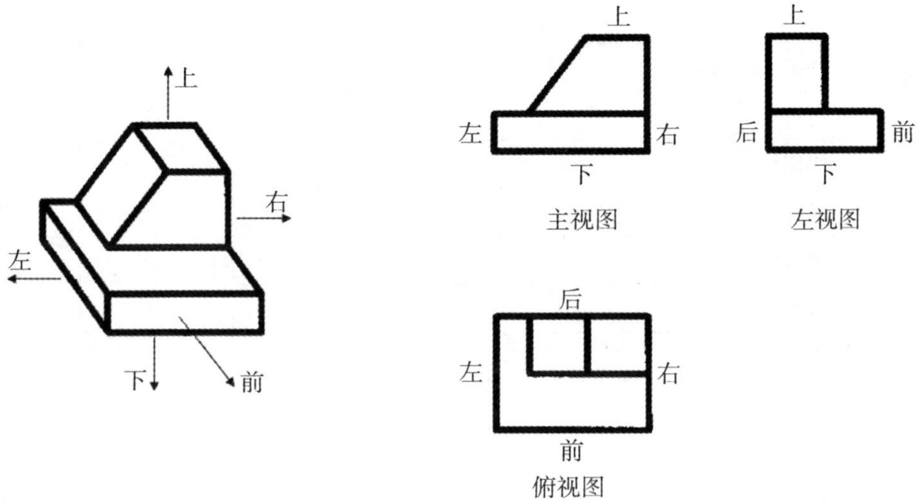

(a) 物体上的位置关系　　(b) 三视图所反映的位置关系

图 9－4－8　方位关系

二、常用电气文字符号

文字符号的字母采用拉丁字母大写正体字，它分为基本文字符号和辅助文字符号。

1. 基本文字符号

基本文字符号有单字母符号和双字母符号。

单字母符号是按拉丁字母将电气设备、装置和元器件划分为 23 大类，每大类用一个专用单字母符号表示，如“R”表示电阻类等。

双字母符号是由一个表示种类的单字母符号与另一个字母组合，其组成形式是以单字母符号在前，另一个字母在后的次序列出。当用单字母符号表示不满足要求，需要将大的类别进一步划分时，才采用双字母符号。如“G”为电源类的单字母符号，而“GB”表示蓄电池。电气设备部分常用的基本文字符号，见表 9－4－1 所示。

表 9-4-1 电气设备常用的基本文字符号

设备安装和元器件种类	名　称	基本文字符号	
		单字母	多字母
保护器件	避雷器、放电间隙具有瞬时动作的限流保护器件	E	FA
	具有延时动作的限流保护器件		FR
	具有延时和瞬时动作的限流保护器件		FS
	跌落式熔断器		FD
	避雷针		FL
	快速熔断器		FQ
	熔断器		FU
	限压保护器件		FV
	报警熔断器		FW
电力电路的开关器件	断路器	Q	QF
	刀开关		QK
	熔断器式刀开关		QKF
	负荷开关		QL
	限流熔断器		QL
	漏电保护器		QR
	隔离开关		QS
	接地开关		QG
	启动器、转换（组合）开关		QT
传输通道、波导、天线	导线、电缆	W	
	天线		WA
	辅助母线		WA
	母线		WB
	控制母线、控制电缆		WC
	合闸母线		WC
	电力电缆		WP
	电信电缆		WT
	光纤		WX

2. 辅助文字符号

辅助文字符号是用以表示电气设备、装置和元器件以及线路的功能、状态和特征的。常用辅助文字符号见表 9－4－2。

表 9－4－2　常用辅助文字符号

文字符号	代表的功能、状态和特征	文字符号	代表的功能、状态和特征
A	电流	M	监视或测量
A	模拟	M	主
AC	交流	M	中
A	自动	M	中间
AUT	自动	M	手动
ACC	加速	MAN	手动
ADD	附加	N	中性线
ADJ	可调	OFF	断开
AUX	辅助	ON	闭合
ARC	弧光	OUT	输出
ASY	异步	P	压力
B	制动	P	保护
BBK	制动	PE	保护接地
BK	黑	PEN	保护接地与中性线共用
BL	蓝	PU	不接地保护
BW	向后	R	记录、升
C	控制	R	右
CW	顺时针	R	反
CCW	逆时针	RD	红
D	延时（延迟）	R	复位
D	差动	RST	复位
D	数字	RES	备用
D	降	RUN	运转
DC	直流	S	信号
DEC	减	ST	启动
E	接地	S	置位、定位
EL	电发光	SAT	饱和
EM	紧急	STE	步进
F	快速	STP	停止

续表

文字符号	代表的功能、状态和特征	文字符号	代表的功能、状态和特征
FB	反馈	SYN	同步
FL	荧光	T	温度
FW	正、向前	T	时间
GN	绿	TE	无噪声（防干扰）接地
H	高	UV	紫外线
IN	输入	V	真空
IN	白炽	V	速度
INC	增	V	电压
IND	感应	WH	白
IR	红外线	YE	黄
L	左		
L	限制		
L	低		
LA	闭锁		

3. 电气接线端子及特定导线的标记符号

电气接线端子及特定导线的标记符号，见表 9－4－3。

表 9－4－3　电器接线端子及特定导线的标记符号

电器接线端子的名称与标记			特定导线的名称与标记		
交流系统	1 相	U	交流系统的电源	1 相	L1
				2 相	L2
	2 相	V		3 相	L3
				中性	N
	3 相	W	直流系统的电源	正	L+
				负	L−
	中性	N		中间线	M
接地		E	保护接地线		PE
无噪声接地		TE	不接地的保护线		PU
机壳或机架		mm	保护接电线和中性线共同一线		PEN
保护接地		PE	接地线		E
等电位		CC	无噪声（防干扰）接地线		TE

三、绘图基本知识

绘图就要认识几种最常用的绘图工具并学会它们的使用方法，熟悉国家绘图的有关规定，掌握几何作图的画法及绘图步骤。

（一）绘图工具

1. 图板

图板也叫绘图板，其规格有：

0 号（1200 mm×900 mm）。

1 号（900 mm×600 mm）。

2 号（600 mm×445 mm）。

如图 9－4－9 所示。

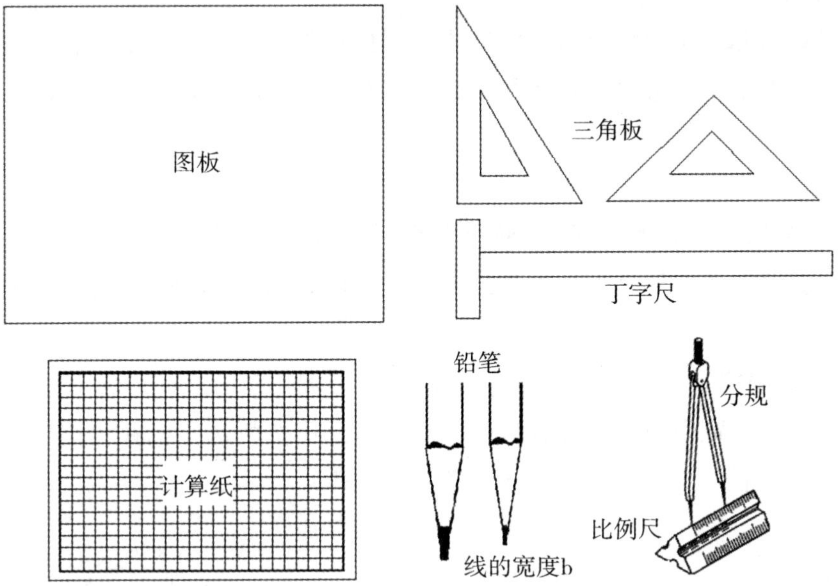

图 9－4－9　常用绘图工具

2. 三角板

三角板分为 60°和直角两种，规格有大、中、小不等。如图 9－4－9 所示。

3. 丁字尺或直尺

丁字尺或直尺的规格是按其使用的长短分为大、中、小等。如图 9－4－9 所示。

4. 计算纸

计算纸也叫米格纸，每 1 mm^2 为一方格，每 5 mm^2 为一中方格，每 10 mm^2 为一大方格。如图 9－4－9 所示。

5. 铅笔

分为软（B、2B）、中（HB）、硬（H、2H）。如图 9－4－9 所示。

6. 比例尺及分规

比例尺也叫三棱尺，分三面 6 种比例。如图 9－4－9 所示。分规可调整两腿的开口大小，一般两腿端头为针尖状，也可一端头为针尖状，另一端头装设绘图铅芯。如图 9－4－9所示。

还有圆规、曲线板、擦图片、橡皮等。

（二）绘图工具使用

1. 画水平线

丁字尺画水平线时，左手扶住尺头，使其紧贴图板，作上下滑动，右手握笔，自左向右画。如图 9－4－10（a）所示。

2. 画垂直线

丁字尺与直角三角板配合画垂直线时，使丁字尺尺头紧贴图板，左手扶住三角板，使其一直角边紧贴丁字尺尺身，作左右移动，右手握笔，自下向上画。如图 9－4－10（b）所示。

3. 画 60°平行线

丁字尺与 60°三角板配合画 60°平行线时，使丁字尺尺头紧贴图板，左手扶住三角板，使其一边紧贴丁字尺尺身，作左右移动，右手握笔，自下向上斜着画。如图 9－4－10（c）所示。

4. 画等分线段

分规和比例尺配合使用画等分线段时，先用分规按所选比例在比例尺上确定线段长度，再用分规在已有线段上分出所需等分。如图 9－4－10（d）所示。

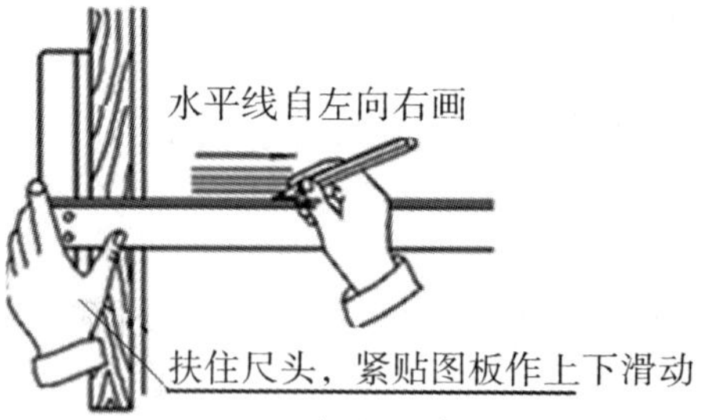

（a）画水平线

（b）画垂直线

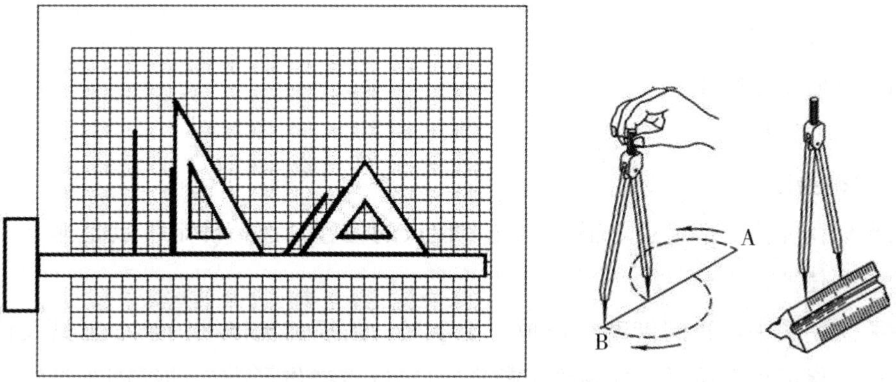

（c）画平行线　　　　（d）画等分线段

图 9－4－10　绘图工具使用

5. 计算纸的使用

因计算纸是以 mm 为单位的米格纸，画直线、线段、45°、60°斜线、平行线、弧、圆等既快捷又准确，还可省去比例尺。如图 9－4－10（c）所示。

（三）CAD 绘图

1. 基本绘图命令

CAD 将绝大部分二维基本绘图命令制成了工具按钮，集成在“绘图”工具条上，如图 9－4－11 所示。

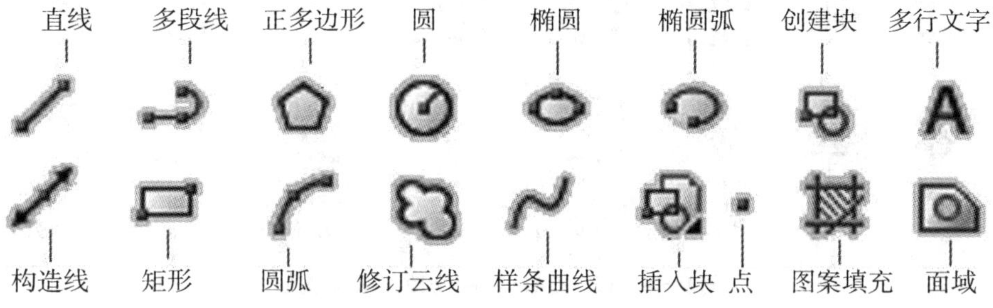

图 9－4－11　CAD 绘图工具按钮

2. 高级绘图命令

高级绘图命令主要是对操作步骤较多，或创建常用机械零件图形较少用到的绘图和图形编辑命令，主要包括“构造线”“多段线”“样条曲线”“图案填充”“面域”“修订云线”“创建块”和“插入块”等绘图命令，以及“多线”“图库”和“对象追踪”。

3. 块

块是由多个对象组合在一起，并作为一个整体来使用的图形对象，其功能如下：

（1）创建图形库。

（2）节省存储空间。

（3）方便图形修改。

（4）增加属性。

4. 精确绘图

用光标在屏幕上指定点，很难精确定位点的位置，而精确定位点是建立一幅精确图形的首要任务。

在手工制图中，我们借助三角板、丁字尺、圆规和米格纸等绘图工具及仪器，使作图准确，保证绘图质量，提高绘图效率。CAD 也提供了类似的绘图工具，包括输入坐标值、捕捉、栅格、对象捕捉和设置正交模式。

5. 图形编辑

CAD 的强大功能在于对图形的编辑，即通过对已存在的图形进行复制、移动、镜像和修剪等操作完成工程图。

一幅工程图不可能仅利用绘图命令完成，通常会由于作图需要或误操作产生多余的线条，因此需要对图线进行修改。CAD 将各种图形编辑修改命令的工具按钮集中在"修改"工具条上，如图 9－4－12 所示。

图 9－4－12　CAD 绘图修改工具条按钮

（四）绘图规定

国标 GB/T14689—2008《技术制图图纸幅面和格式》和 GB/T 50001—2017《房屋建筑制图统一标准》规定：

1. 图框格式

（1）不留有装订边的图框格式。

不留有装订边的图框格式有两种，如图 9－4－13 所示。

（2）留有装订边的图框格式。

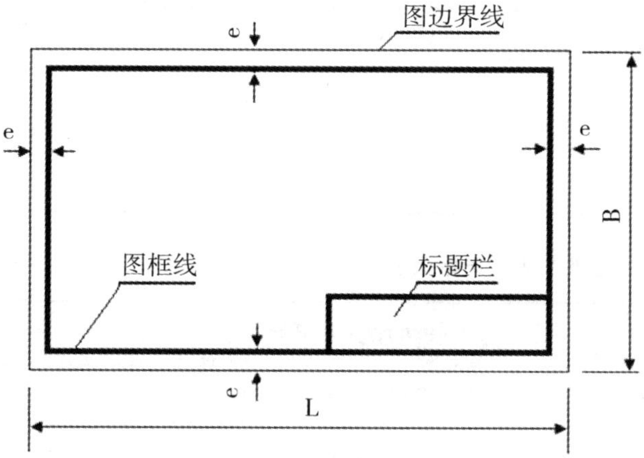

图 9－4－13　不留有装订边的图框格式

留有装订边的图框格式同样有两种，如图 9－4－14 所示。

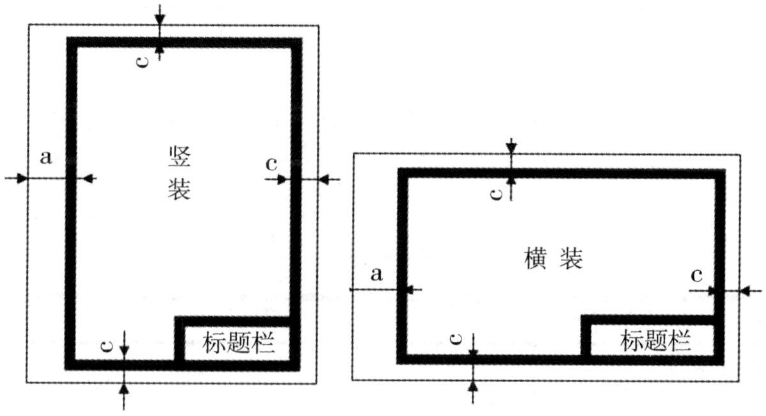

图 9－4－14　留有装订边的图框格式

2. 图纸幅面

图纸幅面分基本幅面和加大幅面。

必要时，可以按规定加长图纸的幅面。幅面的尺寸由基本幅面的短边成整数倍增加后得出。图纸基本幅面及图框尺寸见表 9－4－4，图纸长边加长幅面及图框尺寸见表 9－4－5。

表 9－4－4　图纸基本幅面及图框尺寸（单位：mm）

幅面代号	A0	A1	A2	A3	A4
B×L	841×1189	594×841	420×594	297×420	210×297

续表

幅面代号	A0	A1	A2	A3	A4
e	20		10		
c	10			5	
a	25				

表 9－4－5　图纸长边加长幅面及图框尺寸　　（单位：mm）

幅面代号	长边尺寸	长边加长后尺寸
A0	1189	1338　1486　1635　1783　1932　2080　2230　2378
A1	841	1051　1261　1472　1682　1892　2102
A2	594	743　892　1041　1189　1338　1486　1635　1932　2080
A3	420	630　840　1050　1260　1470　1682　1892
A4	210	420　630　840　1050　1260　1470

3. 标题栏

标准规定每张图纸右下角要画出标题栏，其位置配置与看图方向一致。其格式和尺寸如图 9－4－15 所示。（单位：mm）

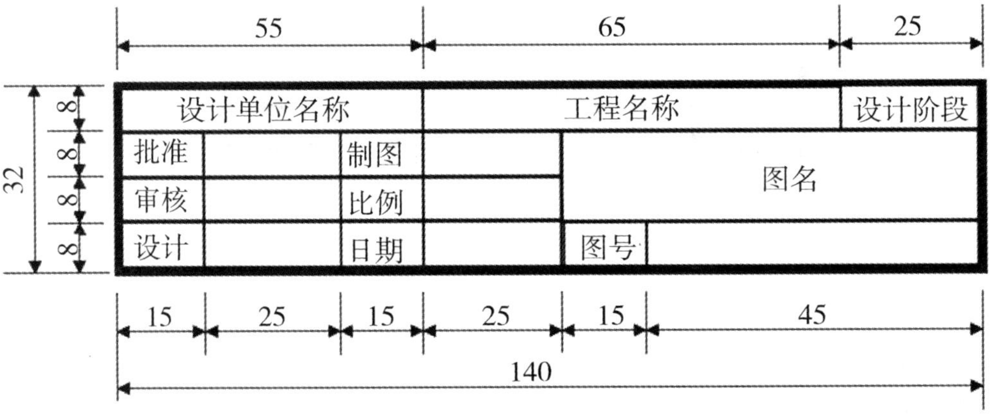

图 9－4－15　标题栏

4. 比例

比例是指图形要素的线性尺寸与实物相应要素的线性尺寸之比。分为原值比例、放大比例、缩小比例三种。比例的符号为“:”，比例应以阿拉伯数字表示。

5. 图线

（1）图线画法及要求

1）平行线

两条平行线之间的距离不小于粗实线的 2 倍宽，其最小距离不得小于 0.7 mm。

2）点画线

在较小的图形上绘制点画线或双点画线有困难时，可用细实线代替。点画线和双点画线的首末两端应是线段而不是短划。

3）对称中心线

绘制圆的对称中心线时，圆心应为线段交点，且对称中心线的两端应超出圆弧 2～3 mm。

4）线与线相交

点画线、虚线、粗实线之间彼此相交时，应为线段相交而不是间隙或短划相交，虚线与实线相连时要留有间隙。

5）图线画法及要求，如图 9－4－16 所示。图中所指的“画”一般是线、线段，“点”一般是两线段空隙中的点。

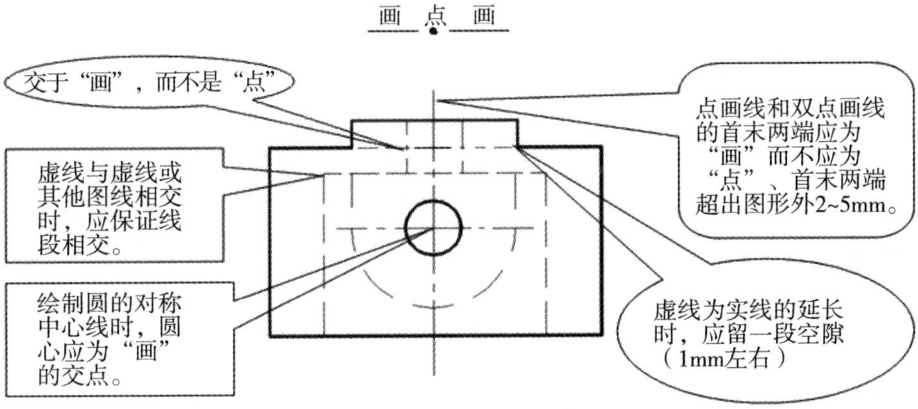

图 9－4－16　图线画法及要求

（2）图线的线宽、线型及用途

1）在同一图样中，同类图线的宽度应基本一致，点画线、虚线等的线段长度和间隔应各自大致相等。

2）所有线型的图线宽度 b 应按图样的类型和尺寸大小选择。

3）图线宽度一般分粗、中、细三种，比例为 2∶1。粗线宽度一般在 0.5～2 mm 之间选择。

4）线宽的推荐系列为：0.18 mm、0.25 mm、0.35 mm、0.5 mm、0.7 mm、1 mm、1.4 mm、2 mm。

5）图线的线宽、线型及用途，见表 9－4－6。

表 9－4－6　图线的线型、线宽及用途

名称		线型	线宽	一般用途
实线	粗		b	主要可见轮廓线
	中		0.5b	可见轮廓线
	细		0.25b	可见轮廓线、图例线、尺寸线、引出线、过渡线、重合断面的轮廓、剖面线
虚线	粗		b	见各有关专业制图标准
	中		0.5b	不可见轮廓线
	细		0.25b	不可见轮廓线、图例线
点画线	粗		b	见各有关专业制图标准、特殊要求的表面的表示线
	中		0.5b	见各有关专业制图标准
	细		0.25b	中心线、对称线、轴线、轨迹线等
双点画线	粗		b	见各有关专业制图标准
	中		0.5b	见各有关专业制图标准
	细		0.25b	假想轮廓线、成型前原始轮廓线、断裂处的边界
折断线			0.25b	表示断裂处的边界
波浪形			0.25b	表示断裂处的边界、局部剖视的分界

6. 尺寸标注

（1）尺寸数值为零件的真实大小，与绘图比例及绘图的准确度无关。

（2）以毫米为单位，如采用其他单位时，则必须注明单位名称。

（3）图中所注尺寸为零件完工后的尺寸。

（4）每个尺寸一般只标注一次，并应标注在最能清晰地反映该结构特征的视图上。

（5）一个完整的尺寸应包括尺寸线、尺寸界线、尺寸数字和尺寸终端。如图 9－4－17 所示。

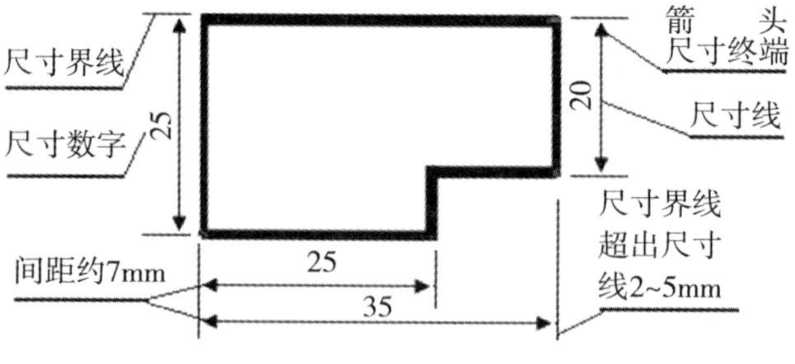

图 9－4－17　尺寸标注

7. 图中符号

工程图中往往采用符号以替代其文字，其符号的含义见表 9－4－7。

表 9－4－7 图中符号

符号	含义	符号	含义
Φ	直径	∟	角钢
R	半径	⊏	槽钢
S	球	○	圆钢
EQS	均布	—	扁钢
C	45°倒角	AM	螺母
t	厚度	∠	斜度
⌒	弧长	▷	锥度

（五）几何作图

正确使用绘图工具，掌握几何作图要领。

1. 作图一般步骤

（1）根据图形大小定比例、图纸幅面。

（2）用细实线画底稿（先画已知线段（弧）、再画中间线段（弧）、最后画连接线段（弧））。

（3）标注尺寸。

（4）检查、描深。

（5）填写标题栏。

2. 等分线段

已知直线 AB 被平行线所截，使所截线段的比例相等。如图 9－4－18 所示。

3. 圆弧连接

（1）含义

用已知半径的圆弧光滑连接（即相切）两已知线段（直线或圆弧），称为圆弧连接。

（2）连接圆弧的几何要素

1）半径——已知。

2）圆心和连接点的位置——待求。

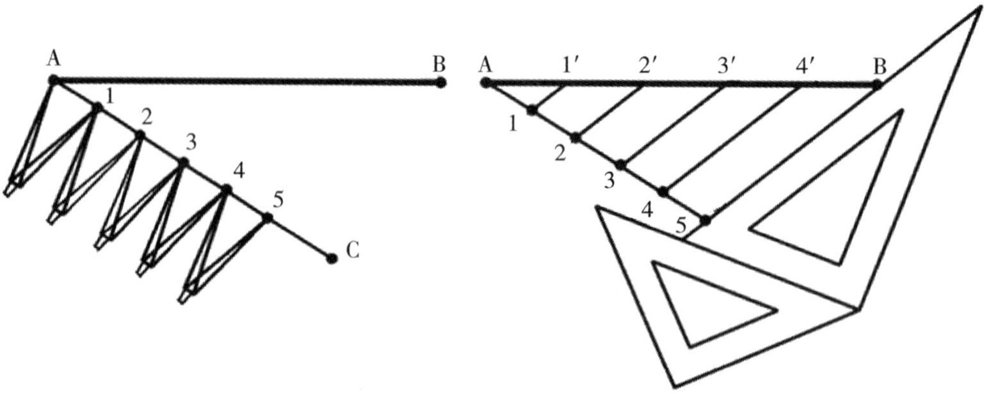

图 9－4－18　几何作图等分线段

（3）作图方法

先找出圆心，再找出相切点，然后作图。

（4）作图

1）圆弧外接两圆弧

已知 O_1、O_2、R_1、R_2、R，求圆心 O 和连接点 K_1K_2。

如图 9－4－19 所示，以 O_1 为圆心，R_1+R 为半径，画大弧（点画线）；以 O_2 为圆心，R_2+R 为半径，画小弧（点画线）；两弧交点即为所求圆心 O。以 O 为圆心，以 R 为半径，与已有的两圆弧（粗实线）相切的两个点即为所求的连接点 K_1、K_2。圆弧（粗虚线）连接 K_1、K_2 点即为所求。

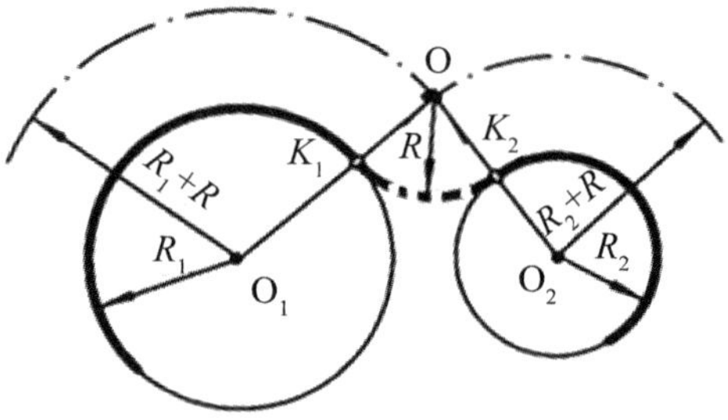

图 9－4－19　圆弧外连接两圆弧

2）圆弧连接相交的两直线

已知半径 R，线段 l_1、l_2 相交，如图 9－4－20（a）所示。用圆弧连接相交的两直线。

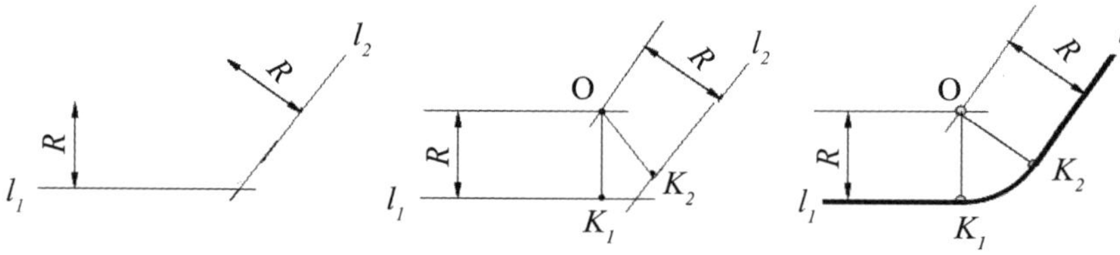

（a）已知条件　（b）待求条件　（c）圆弧连接

图 9－4－20　圆弧连接相交的两直线

如图 9-4-20（b）所示，分别画线段 l_1、l_2 的平行线，使两平行线与线段 l_1、l_2 的平行间距均等于 R，且相交一点即为所求 O。以 O 点为圆心，R 为半径，在线段 l_1 画出切点 K_1，在线段 l_2 画出切点 K_2。

如图 9-4-20（c）所示，以 O 点为圆心，R 为半径，画弧连接 K_1、K_2 两点即为所求。

加深线段 l_1、l_2 和 K_1、K_2 弧，清除多余线段。如图 9-4-20（c）所示。

4. 圆内连接正五边形

已知圆 O，求作圆内连接正五边形。

画图步骤：

（1）作出半径 OF 的等分点 H。如图 9-4-21（a）所示。

（2）以 HA 为半径作圆弧，交直径于 G。如图 9-4-21（a）所示。

（3）AG 长即为五边形的边长，依次连接各等分点 A、B、C、D、E，即为所求。如图 9-4-21（b）所示。

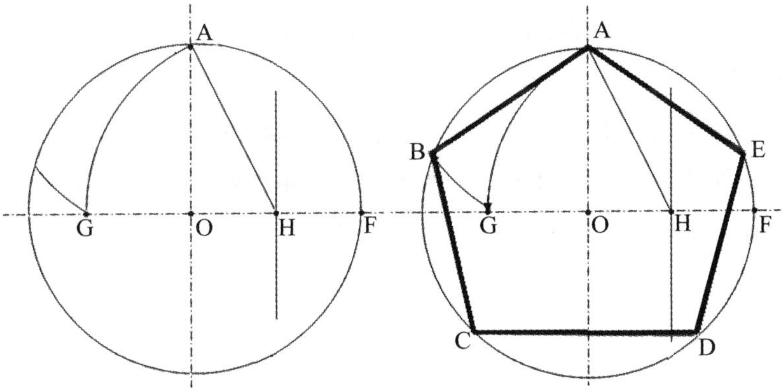

（a）求正五边形边长　　（b）连接各等分点

图 9-4-21　圆内连接正五边形

第五节　架空配电线路专业术语释义

架空配电线路专业术语语言精练，含义深刻，通俗易懂，便于记忆，既涵盖了本专业的主要知识又指导了配电线路的运行检修技能，可操作性和使用性都强。掌握和应用架空配电线路专业术语，是配电线路运行检修工提高专业技能的展现。

一、线路专业术语

1. 档距

相邻两基杆塔之间的水平直线距离，称为档距，一般用 L 表示，如图 9－5－1 所示。

它是架空配电线路设计、施工、运行检修的最基本的条件。

2. 水平档距

相邻两档距之和的一半，称为水平档距，常用 L_h 表示，即 $L_h=\frac{L_1+L_2}{2}$，如图 9－5－1 所示。

它是表示杆塔所承受水平荷载的一个特性指标。

3. 垂直档距

相邻两档距之间导线最低点之间的水平距离，称为垂直档距，常用 Lv 表示，如图 9－5－1 所示。

它是表示杆塔所承受的垂直荷载的一个特性指标。

4. 代表档距

代表档距是指由大小不等的若干个档距组成的耐张段中，用一个等效的假想档距来代替它，这个能够表达整个耐张段力学规律的假想档距，称之为代表档距，用 L_D 表示，如图 9－5－1 所示。其计算式为：

$$L_D=\sqrt{\frac{\sum_1^n L_n^3}{\sum_1^n L_n}}=\sqrt{\frac{L_1^3+L_2^3+L_3^3\cdots}{L_1+L_2+L_3\cdots}} \quad \text{（式 9－5－1）}$$

式中　L_D——代表档距（m）。

L_n——一个耐张段中的各个档距（m）。

L_1、L_2——各个档距（m）。

它既表示承力杆塔所承受的各种机械荷载又是架空线路导线应力和弧垂计算的主要依据。

5. 观测档距

在一个耐张段内施工紧线时观测导线弧垂的档距叫观测档距，用符号 L_g 表示，如图 9－5－1 所示。其观测档距弧垂 f_g 与代表档距弧垂 f_D 之间的换算式为：

$$f_g=f_D\left(\frac{L_g}{L_D}\right)^2 \quad \text{（式 9－5－2）}$$

式中　f_g——观测档弧垂（m）。

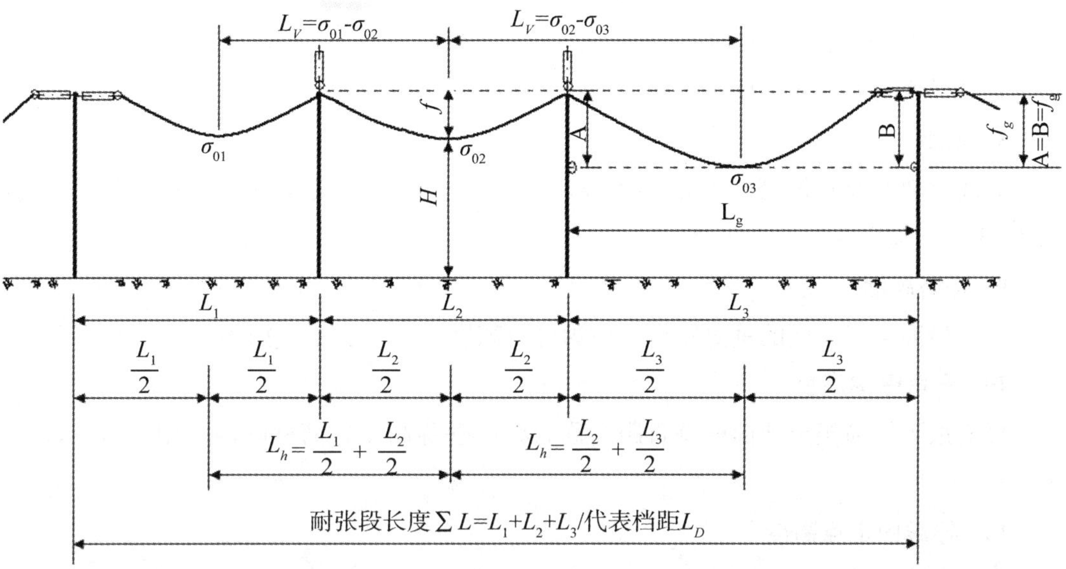

L—档距　L_h—水平档距　Lv—垂直档距　L_D—代表档距　L_g—观测档距　f_g—观测弧垂等长法观测弧垂时 $A=B=f_g$　f—弧垂　σ_0—弧垂最低点的应力　H—限距　Σ_L—耐张段长度

图 9－5－1　各种档距、弧垂、应力、限距、耐张段长度

f_D——代表档弧垂（m）。

L_D——代表档距（m）。

观测档距的作用是施工紧线时观测导线弧垂。

6. 弧垂

对于水平架设的导线来说，相邻两固定点（悬挂点）之间的水平连线与导线最低点的垂直距离，称为弧垂，用 f 表示，如图 9－5－1 所示。其计算式为：

$$f=\frac{L_g^2 g_1}{8\sigma_0} \qquad \text{（式 9－5－3）}$$

式中　f——弧垂（m）。

g_1——导线自重比载（N/m·mm²）。

σ_0——导线弧垂最低点的应力（N/mm²）。

它直观地表示导线的力学特性和电气距离。

7. 应力

导线单位截面上所分摊到的作用力的数值，称为导线应力，用 σ 表示，如图 9－5－1 所示。其计算式为：

$$\sigma=\frac{T}{A} \qquad \text{（式 9－5－4）}$$

式中　T——导线受到的拉力（kN）。

A——导线的截面（mm^2）。

它与导线的弧垂成反比。

8. 限距

导线对地面或对被跨物的最小距离，一般指导线最低点到地面的最小允许距离，用 H 表示，如图 9－5－1 所示。

9. 杆塔高度

杆塔最高点至地面的垂直距离，称为杆塔高度。用 h 表示，如图 9－5－2 所示。

10. 杆塔呼称高度

杆塔最下层横担至地面的垂直距离称为杆塔呼称高度，简称呼高，用 h_1 表示，如图 9－5－2 所示。

11. 导线固定点高度

导线固定点或悬挂点至地面的垂直距离，称为导线固定点高度，用 h_2 表示，如图 9－5－2 所示。

12. 杆塔埋深

电杆（塔基）埋入土壤中的深度称为杆塔埋深，用 h_3 表示，如图 9－5－2 所示。

13. 根开

双杆架构的两电杆根部中心之间或塔脚中心之间的水平距离，称为根开，用 S 表示，如图 9－5－2 所示。

14. 线间距离

两相导线之间的水平或垂直距离，称为线间距离，用 D 表示，如图 9－5－2 所示。

15. 跳线

连接承力杆塔（耐张、转角和终端杆塔）两侧导线的引线，称为跳线，也称引流线或弓子线。

16. 导线初伸长

导线在张力作用下产生的永久性变形（沿着导线轴线伸长），称为导线初伸长也叫塑性伸长和蠕变。

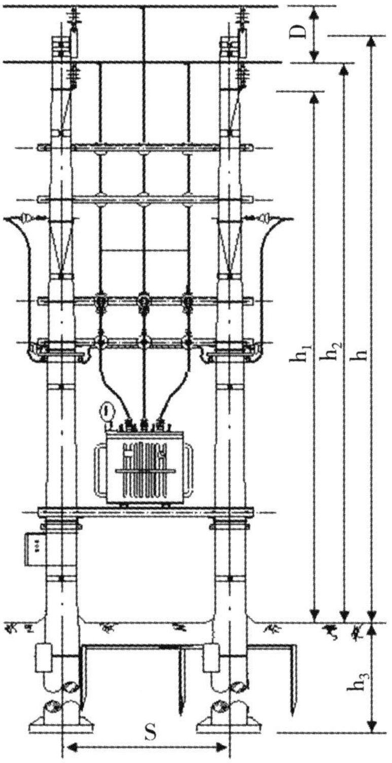

h—杆塔高度　h_2—导线固定点高度　h_1—杆塔呼称高　h_3—电杆埋深　S—根开　D—线间距离

图 9－5－2　杆塔高度、埋深、根开

导线初伸长是不能恢复至原有状态的永久性伸长，与拉力的大小和时间等有关，它是在线路运行中逐渐放出，增加档内线长，引起弧垂增大，所以在架线施工中必须考虑补偿。

17. 直线杆

用符号“Z”表示。直线杆主要用于线路直线段中，支持导线和避雷线。

18. 转角杆

用符号“J”表示。线路转向处的内角的补角称为线路转角，转角杆位于线路两直线的交点处。转角杆有直线杆（一般可兼10°以内的角）和耐张杆两种形式。

19. 耐张杆

用符号“N”表示。耐张杆将线路分成若干个段，主要用于分段和分支处。

20. 终端杆

用符号“D”表示。终端杆位于线路首、末端，是特殊耐张杆的一种表现形式，它承受挂线方向的全部荷载和侧面风荷载。

21. 跨越杆

用符号“K”表示。用于铁路、公路、河流等大跨越处的电杆，一般都为加高杆型，为保证足够的机械强度，钢筋混凝土电杆一般需装设拉线。

22. 分支杆

用符号“F”表示。用于分支线路与主干线路的连接处。

23. 杆塔的迈步

杆塔迈步一般是指双杆结构顺线路方向的前后错位。GB50173－1992《电气装置安装工程 35 kV 及以下架空电力线路施工及验收规范》规定：迈步不应大于 30 mm。

24. 转角杆的位移

转角杆的位移是指转角杆结构中心与线路中心之间的移动距离。移动距离与横担宽度和线路转角有关。

二、线路过电压保护专业术语

1. 雷电日

一天内只要听到雷声就算一个雷电日。

2. 少雷区

平均年雷电日数不超过 15 的地区。

3. 中雷区

平均年雷电日数超过 15 但不超过 40 的地区。

4. 多雷区

平均年雷电日数超过 40 但不超过 90 的地区。

5. 雷电区

平均年雷电日数超过 90 天的地区。

6. 反击

雷电直击于线路架空地线或杆塔时，雷电流一部分经架空地线流向线路两侧，大部分经杆塔及接地装置流入大地，引起塔顶电位升高，而造成绝缘子串的闪络放电，这种现象称为反击。雷电反击过电压与雷电参数，杆塔型式、高度和接地电阻等有关。

7. 绕击

雷电绕过架空地线直击于导线，而造成绝缘子串的闪络放电，这种现象称为绕击。

8. 线路的耐雷水平

线路遭受雷击时，绝缘子串不发生闪络的最大雷电流幅值，称为该线路的耐雷水平。用 I_0 表示（kA）。雷电流幅值一般不超过 100 kA，雷电的极性有正、有负。负极性的雷电占 85％左右。线路的耐雷水平与绝缘子串的 50％雷电冲击电压，杆塔的冲击接地电阻，杆塔塔型及对地高度等有关。

9. 防雷接地

为雷电保护装置（避雷针、避雷线和避雷器等）向大地泄放雷电流而设的接地，称为防雷接地。

10. 土壤电阻率

所谓土壤电阻率是指单位长度土壤电阻的平均值。单位是：Ω・m。它反映土壤流散雷电流的能力，其值越大，流散雷电流能力就越差。

11. 跨步电压

当一根导线落地或接地短路（故障）时，导线落地点或故障点的电位就是导线的电位，电流就会从导线落地点或接地装置流入大地中，离落地点或接地点越远，电流越分散，地面电位也就越低，在落地点或接地点 20 m 以外的地面电位近似等于零。导线落地点或接地点的电流流入大地或流过接地装置时，地面上水平距离为 0.8 m 的两点间的电位差，称为跨步电位差，即跨步电压。

12. 接触电压

导线接地或接地短路（故障）电流流过接地装置时，大地表面形成分布电位，在地面上距设备水平距离为 0.8 m，距设备外壳，架构或墙壁的垂直距离为 1.8 m 处的两点间的电位差，称为接触电位差，即接触电压。

三、绝缘子机电及外绝缘特性术语

1. 工频干放电电压

工频干放电电压是指沿干燥而清洁的绝缘子表面发生火花放电时的最小工频电压。

工频干放电电压是在标准大气条件下定义出来的，当不是标准大气条件时应进行换算。干放电电压与绝缘子的形状和大气条件关系较小，而主要决定于放电距离（指两电极之间绕过裙边的最小距离）。

2. 工频湿放电电压

工频湿放电电压是指绝缘子受雨量为 3 mm/min，水电阻率为 9500～10500 Ω·m，水温为 20 ℃，分布均匀，与水平面呈 45°的雨水作用下，沿绝缘子表面引起火花放电的最小工频电压。绝缘子的工频湿放电电压与绝缘子的形状，绝缘子的放电距离、下雨时间等有关。

3. 工频击穿电压

工频击穿电压是指引起绝缘子两极间本体绝缘击穿的最小工频电压。一般击穿电压为干放电电压 1.2～1.5 倍。绝缘子的击穿电压与其电介质的质量好坏，电介质薄厚及电极形状有关。

4. 冲击放电电压

冲击放电电压是指绝缘子的 50％放电电压。它与绝缘子的放电距离、轮缘、裙边、空气密度及湿度等有关。但由于冲击电压作用时间很短，绝缘子的冲击干放电和湿放电电压相差不多，因此，冲击放电电压只有干放电电压而无湿放电电压。

5. 一小时机电负荷

一小时机电负荷是指对绝缘子施加 75％额定机械破坏负荷，同时施加 50％的工频击穿电压，此条件下保持一小时，绝缘子不丧失其机械及电气性能。

6. 合成绝缘子的额定机械负荷

对合成绝缘子平稳的施加某一机械负荷值耐受 1 分钟，然后在 30～90 秒时间将负荷升到 100％额定机械负荷耐受 1 分钟。此时合成绝缘子不应发生抽芯、端部附件的伞裙裂纹、伞裙与附件分离现象。

7. 污闪

污闪是指绝缘子的电瓷（玻璃）表面沉积了带有导电物质的污秽层，当遇到雾、露和毛毛雨等潮湿气候条件时，污秽层受潮，表面电导增大，泄漏电流增加，产生局部放电，在工频电压作用下，这种局部放电发展成为电弧闪络。这种现象称为绝缘子污闪。

8. 泄漏距离

泄漏距离是指绝缘子承受正常运行工频电压的二电极间沿绝缘件外表面轮廓的最短距离，A－B 之间虚线所示的就是绝缘子的泄露距离。如图 9－5－3 所示。

泄漏距离是绝缘子重要特征之一。在一定的合理的伞棱条件下，绝缘子的污秽闪络电压，随泄漏距离的增加而直线上升。

9. 泄漏比距

泄漏比距是指单位电压（每千伏）在绝缘子表面上的泄漏距离，即绝缘子外绝缘的泄漏距离对系统最高工作电压有效值之比。泄漏比距是表示绝缘子抗污闪能力的重要技术指标。其计算式为：

$$\tau = \frac{n\ell}{U_e} \qquad (式 9-5-5)$$

式中：τ——绝缘子串泄露比距（cm/kV）。

n——每串绝缘子片数（片）。

ℓ——每片绝缘子的泄露距离（cm）。

U_e——电力系统最高工作电压（kV）。

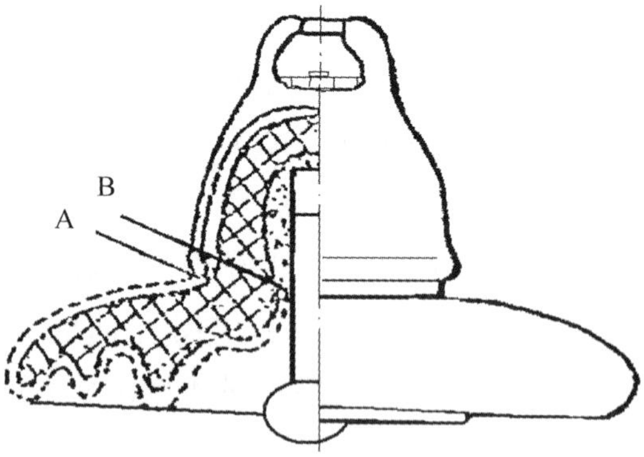

图 9－5－3　绝缘子泄露距离

四、线路保护装置动作术语

架空线路一般都装有多种继电保护和自动装置。当运行中的线路发生故障时，继电保护装置动作使线路跳闸从而切断故障线段或发出报警信号，以便运行人员及时进行处理或检修。

1. 自动重合闸装置动作

如果自动重合闸装置跳闸重合成功，则说明是瞬时性故障（如鸟害、风害、雷击等）；若重合不成功，则说明是永久性故障（如倒杆、断线、混线等）。

2. 电流速断保护装置动作

电流速断保护装置动作使线路跳闸，说明故障点在线路的前段。

3. 过电流保护装置动作

过电流保护装置动作使线路跳闸，说明故障点在线路的后段。

4. 电流速断保护装置和过电流保护装置同时动作

电流速断保护装置和过电流保护装置同时动作，故障多数发生在线路的中段。

5. 零序电流保护装置动作

零序电流保护装置动作发出信号，说明线路发生单相接地。

五、线路带电作业术语

1. 带电作业

对高压电气设备及设施进行不停电的作业。

2. 地电位作业

作业人员站在大地或杆塔上用绝缘工具（指绝缘操作杆、检测杆、吊杆、拉杆、绝缘绳等）对带电体进行的作业。

3. 等电位作业

作业人员通过绝缘物（包括绝缘子和绝缘工具）对大地绝缘后进入高压电场，人体与带电体保持相等电位的作业。

4. 电场

在电荷（带电体）的周围空间存在着一种特殊形式的物质，它对放在其中的任何电荷（带电体）均表现为力的作用。这种特殊形式的物质，就称之为电场。

5. 电场强度

在电场中某一位置上受到的作用力 F 与电荷 q_o 的比值，称之为某点的电场强度。法定单位：伏（特）每米（V/m），即：

$$E=\frac{F}{q_o} \qquad \text{（式 9-5-6）}$$

式中：E——电场强度（牛顿/库仑）。

F——电场力（牛顿）。

q_o——电荷的电量（库仑）。

6. 静电感应

一个不带电的物体，如果移近带电的物体（但没有接触），在不带电的物体上接近带电体的一面产生与带电体异性的电荷；而在另一面产生同性的电荷，这种现象叫静电感应。

如杆塔上的带电作业人员，由于穿用绝缘胶底鞋，使人体与接地体具有一定的绝缘，人体上就会产生一定的静电感应电压。作业人员离带电体愈近，感觉愈强烈。防静电感应措施是穿静电防护服及导电鞋。

7. 组合间隙

作业人员由绝缘子串或绝缘梯进入电场过程中，人对接地体的空间距离 S_1 和人对带电体的空间距离 S_2 之和称为组合间隙，如图 9-5-4 所示。其计算式为：

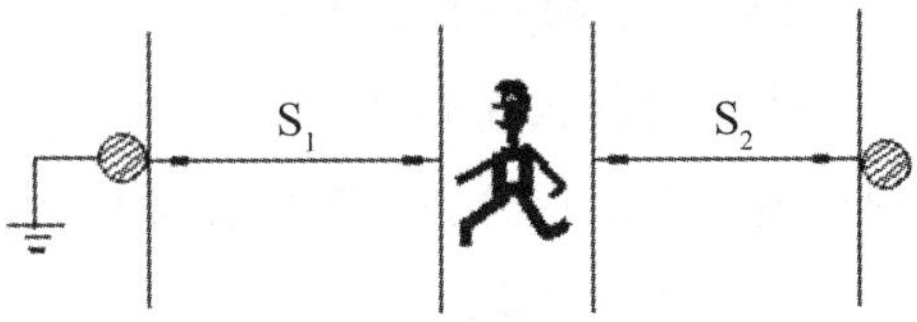

图 9-5-4 组合间隙

$$S=S_1+S_2 \qquad \text{（式 9-5-7）}$$

式中：S——组合间隙（m）。

S_1——人体对接地体间隙（m）。

S_2——人体对带电体间隙（m）。

8. 绝缘电阻

电介质在直流电压作用下，内部通过稳定的泄漏电流，此时电压值与电流值的比值，称为该电介质的绝缘电阻。

绝缘电阻由体积电阻和表面电阻两部分并联构成。体积电阻是对通过绝缘体内部的电流而言的电阻；表面电阻是对沿绝缘体表面流过的电流而言的电阻。如平常使用绝缘摇表，摇测绝缘工具的绝缘电阻就是表面电阻值。

9. 介质损耗

在交流电压作用下，绝缘体要消耗一定的电能而发热。单位时间内所消耗的电能，称为介质损耗。介质损耗的大小用 $tg\delta$ 来表示，$tg\delta$ 大表示功率损耗大，发热量也大，即介质的质量差。

10. 绝缘强度

表明绝缘材料击穿电压大小的数值叫绝缘强度，也叫击穿强度。单位以 kV/mm 表示。如在预防性试验中，规定对带电绝缘工具做 1 min 工频耐压试验，就是检验绝缘工具能否在规定时间内耐受一定的工频电压，以判断其绝缘性能。

11. 泄漏电流

绝缘介质在施加电压的情况下，总有一定的电流流过，这种微小的电流称之为绝缘介质的泄漏电流。

泄漏电流在介质中分为两个途径，一是沿表面流过的称表面泄漏电流；二是沿介质内部流过的称体积泄漏电流。二者之和为介质的总泄漏电流。

12. 绝缘工具的有效绝缘长度

是指绝缘工具的全长减掉手握部分及金属部分的长度。

13. 绝缘材料的密度

表示在相同强度，相同体积的条件下，某种材料与水质量之比叫密度，单位 g/cm^3。带电作业使用的绝缘材料，要求有较小的密度。

14. 绝缘材料的吸水性

表示材料放在温度为 20 ℃±5 ℃的蒸馏水中，经若干时间（一般为 24 小时）后材料质量增加的百分数。带电作业使用的绝缘材料，吸水性越低越好。

15. 最小安全距离

是工作人员身体的任何部分或手持的导电工具或接地的不同电位的任何部分之间的最小空间距离。是带电作业最小电气距离与附加距离之和，附加距离应考虑人员活动范围的影响。

16. 绝缘工具

用绝缘材料制成的工具，包括以绝缘管、板、棒为主绝缘材料，端部装配金属工具的硬质绝缘工具和以绝缘绳为主要绝缘材料制成的软质绝缘工具。

17. 绝缘平台

由绝缘材料制成，固定在杆塔上，为操作人员提供工作位置。

18. 绝缘斗臂车

在汽车上装有起重升降绝缘臂，臂上带有一个或两个绝缘吊斗，把操作人员送到带电作业操作位置。

19. 绝缘绳

由绝缘材料制成的绳索，用于牵引、绑扎或其他用途。

20. 绝缘罩

由绝缘材料制成，用于防止人身触电或导线短路接地的绝缘遮蔽装置，根据所用材料分为软质和硬质两类。

21. 绝缘挡板

由绝缘材料制成，一般用来限制工作区间，防止工作人员触碰带电部分。

22. 软质绝缘罩

由橡胶或合成材料制成，用于绝缘导线及带电或不带电的金属部件的绝缘遮盖布状材料。

23. 消弧器

用于断接引空载线路电容电流的装置。

24. 引流线

由单芯电缆穿过绝缘管制成，供各种装置维修临时短接用。

25. 绝缘夹钳

用来夹持导线，或其他物件的绝缘操作钳。

26. 绝缘手套

由橡胶合成材料制造的手套，用来防止操作人员触电。

27. 绝缘靴

由绝缘材料制成的靴子，带有防滑鞋底，用来防止操作人员脚部触电。

28. 绝缘套鞋

由柔软绝缘材料制成的套鞋，有防滑鞋底，可套在鞋的底部，用来防止操作人员脚部触电。

29. 绝缘手套护套

用以保护绝缘手套不受机械损伤。

30. 绝缘袖套

由橡胶或合成材料制造，套在操作人员袖上，用以防止操作人员触电。

31. 绝缘服

由绝缘材料制成的衣服，用以防止操作人员触电。

32. 旁路作业

通过旁路设备的引入，将配电网中的负荷转移至旁路系统，实现检修设备停电检修的作业方式。

33. 综合不停电作业

利用带电作业方法，对带电设备同时进行多种项目的作业。

第六节　基本技能

系结绳扣和攀登杆塔是配电线路运行检修工应掌握的基本功，对其要领要掌握，对其技巧要把握，要多做勤练。

一、系结绳扣

（一）琵琶扣

琵琶扣（又叫滑轮扣）主要用于固定滑轮时的绳头，吊装和拖拉物件，也可用两个琵琶扣套环与长绳连接。钢丝绳、麻绳、尼龙绳等均可选用。

如图 9－6－1 所示。

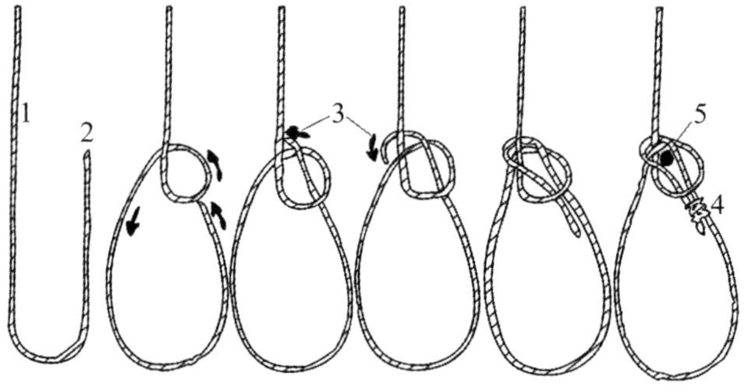

1—主绳　2—副绳　3—绳走向　4—固定钢丝绳扎绳　5—加木

图 9－6－1　琵琶扣

琵琶扣的系扣顺序如下：

1. 用左手拿绳，右手掌心向下拿住绳头，右手上翻，将绳弯成一个绳环。
2. 用左手握住绳环的交叉处，右手拿着下部绳头从绳环的下面向上穿出。
3. 穿出后，绳头围绕主绳由右向左转一圈，绳头从上向下穿入绳环内。
4. 拉紧绳头即可成扣。

钢丝绳系扣时必须在绳扣的下环填进一个圆形的短木，这样可以保证不损坏钢丝绳且解扣容易。

（二）平结扣

平结扣是最常用的绳扣之一，平结扣的结构合理牢靠，使用安全，线绳、棕绳、钢丝绳、尼龙绳、铝丝、铁线等都能适用。如图 9－6－2 所示。

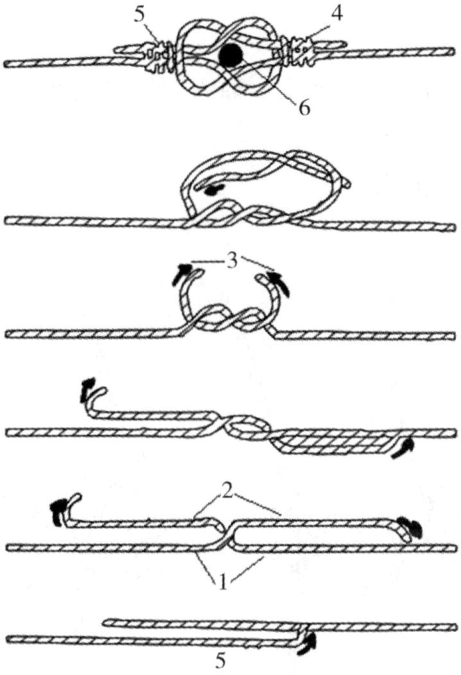

1—主绳　2—副绳　3—绳走向　4—固定钢丝绳扎绳　5—细麻绳　6—圆形短木

图 9－6－2　平结扣

平结扣的系扣顺序如下：

1. 两手各拿一个绳头，将左手绳头搭在右手绳头上形成一个十字交叉，然后用左手的绳头绕右手的主绳一圈后折回，成一个环形。

2. 把右手绳头从上向下插入环内，即副绳头同主绳在一个方向穿出。

3. 拉紧绳索成扣。

如用较硬的线和绳时，可在平结扣的中间填进圆形短木，目的是便于解扣和保护绳子不受损坏。平结扣的两端应用细麻绳将系扣绳段的端部和主绳绑扎牢固，以防止系扣绳段的端部受力后抽出发生危险。

（三）链马扣

链马扣（也叫变形琵琶扣），不能作为琵琶扣使用。此绳扣可用于提升直线杆导线，该扣的绳套不会因受力而缩小，导线可在绳套内移动。

链马扣有三种系法。

1. 第一种系法

(1) 左手拿绳、绳头向上，右手拿主绳环绕左手一圈，压在绳头上成环状。

(2) 用左手拇指和食指捏住交叉部位，再用右手拿主绳经过绳头之上环绕左手其余三指两道。

(3) 并将第一道提起压在第二道上（两道之间要留空隙），然后，右手把绳头折成长环形。

(4) 将长环压在提起的第一道绳上，插入两道绳之间的空里，从第二道绳环下拉出绳环（绳头要留在外边）。

(5) 抽出手指，拉紧绳成扣。

如图 9－6－3 所示。

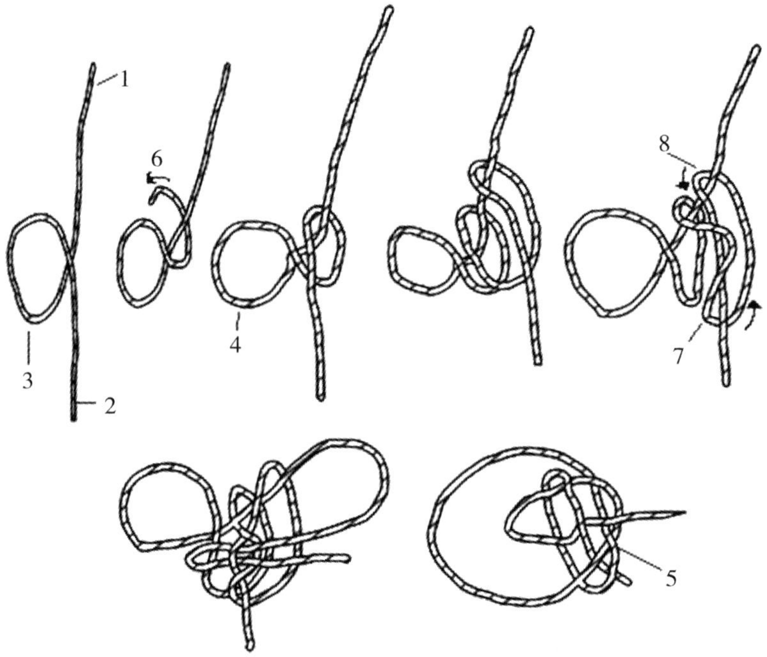

1—主绳　2—副绳　3—绳环　4—表示绳在手中　5—成扣

6—绳走向　7—第一道绳　8—第二道绳

图 9－6－3　链马扣第一种系法

2. 第二种系法

(1) 先将绳子一端绕过被拴物，并留出长短合适的绳头（视绳环的大小而决定），左手拿绳头，右手掌心向下拿住主绳。

(2) 右手上翻，在主绳上形成一个绳环，将绳头从下向上穿入环中。

（3）用左手拿住绳环交叉处，用右手将绳环交叉处下方的绳拨到绳环上面的中间位置。

（4）用左手拇指和食指捏住，成左半环和右半环，然后右手将绳头折成长形环，并把环的顶端塞进左半环拉出。注意：要把绳头留在绳环的右边，这样才能成为活扣。

（5）拉紧绳成扣。

如图 9－6－4 所示。

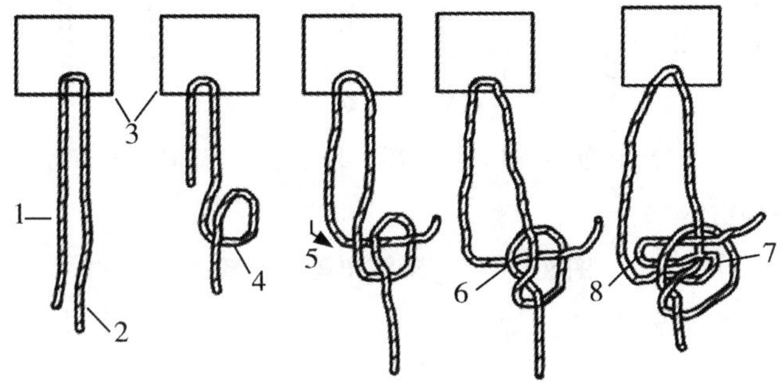

1—主绳　2—副绳　3—绳环　4—表示绳在手中　5—成扣

6—绳走向　7—第一道绳　8—第二道绳

图 9－6－4　链马扣第二种系法

3. 第三种系法

（1）先将绳子一端绕过被拴物，并留出长短合适的绳头（视绳环的大小而决定）。

（2）左手拿绳，绳头线上，右手拿主绳环绕左手两道。

（3）并将第一道提起压在第二道上（两道之间要留空隙），然后，右手把绳头折成长环形。

（4）将长环压在提起的第一道绳上，插入两道绳之间的空里，从第二道绳环下拉出绳环（绳头要留在外边）。

（5）抽出手指，拉紧绳成扣。

（四）猪蹄扣

猪蹄扣使用面广，尤其在装吊工作中使用最多，很多地方捆绑物件的开始和结尾，都是用此扣来固定。例如绑扎人字抱杆就是用这种绳扣，具有系扣简单快捷的特点。

猪蹄扣有三种系扣方法，可根据不同的施工对象灵活选用。

1. 第一种系法

两手拿绳，右手绳向左翻压在左手前的绳上成一个圆环，左手拇指和食指捏住绳环的下部，右手再拿右绳，从怀里向外翻转成第二个圆环，然后右绳环塞进左绳环的下面，用左手食指钩住合并成双环，拉绳成扣。

如图 9－6－5 所示。

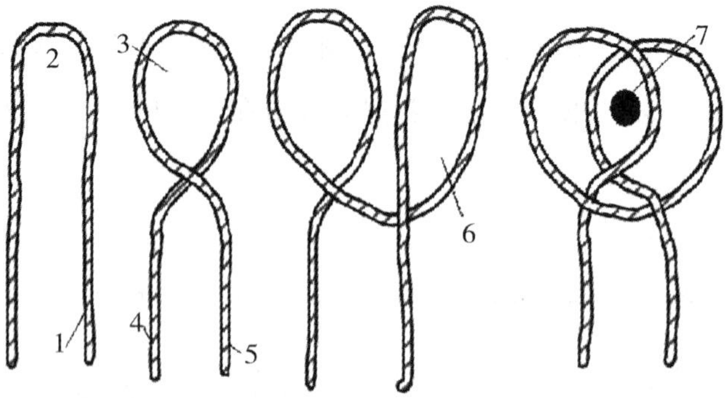

1—主绳　2—长形绳环　3—左绳环　4—左绳　5—右绳　6—右绳环
7—被绑物体

图 9－6－5　猪蹄扣第一种系法

2. 第二种系法

双手提绳左手从左向右翻，右手从右向左翻，将右手环放在左手环上，合并成双环，拉绳成扣。

如图 9－6－6 所示。

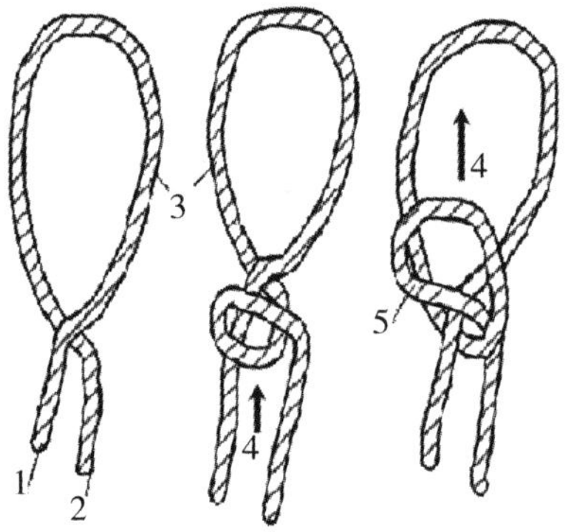

1—外绳　2—里绳　3—绳环　4—绳走向　5—二绳环

图 9－6－6　猪蹄扣第二种系法

3. 第三种系法

(1) 先将绳子一端绕过被拴物。并留出长短合适的绳头。

(2) 用左手拿主绳，右手拿绳头，将绳头搭在主绳上，形成一个绳圈。

(3) 将绳头从下向上穿过绳圈。

(4) 重复 2、3 动作，拉紧绳索即可。

如图 9－6－7 所示。

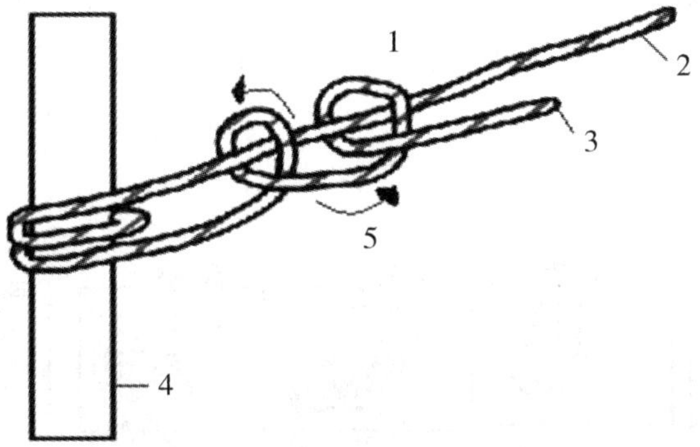

1—掏扣　2—主绳　3—副环　4—主杆　5—绳走向

图 9-6-7　猪蹄扣第三种系法

（五）琵琶套扣

琵琶套扣（又叫聪杆扣），此扣主要是在立杆上使用。杆子立好后在地面摆动绳子，绳扣即开，避免了上杆解扣的麻烦。

琵琶套扣系扣顺序如下：

先系成琵琶扣，扣环拉直后的长度不能超过杆子圆周的三分之二，再用主绳握成绳环，塞进琵琶扣环并拉出，把系扣点翻个向，拉绳成扣，然后将绳环套在杆子的合适部位即可。

如图 9-6-8 所示。

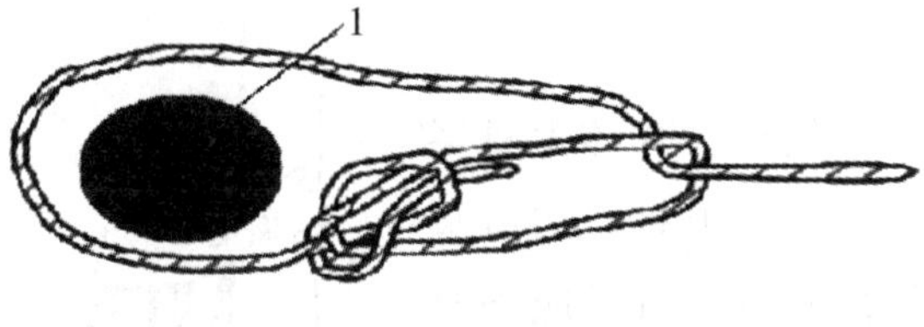

1—圆木断面

图 9-6-8　琵琶套扣

（六）响马扣

响马扣（响马扣，因系解扣快，便于逃脱而得名）用作临时固定绳头。解扣快，只要拉动副绳头，绳扣全开。但是这种绳扣负荷力有限，可在平杆、立杆、环型物上系扣。麻绳、棕绳、尼龙绳、棉线绳等均可适用。

响马扣的系扣顺序如下：

在绳的适当位置握成一长形绳环，两绳股交叉右边为副绳，绳环从物体下穿过，将绳环放在物体上面，左手按住两绳股和绳环，右手拿副绳握成第二个绳环，将其穿过第一个绳环，右手拿主绳握成第三个绳环，将其由里向外穿过第二个绳环，拉紧副绳，右手拿副绳握成第四个绳环，穿入第三个绳环，拉紧主绳成扣。如果在立杆上系扣，右手拿绳环在立杆上绕一空道防止下滑，然后按在平杆上系扣顺序进行操作。

如图 9－6－9 所示。

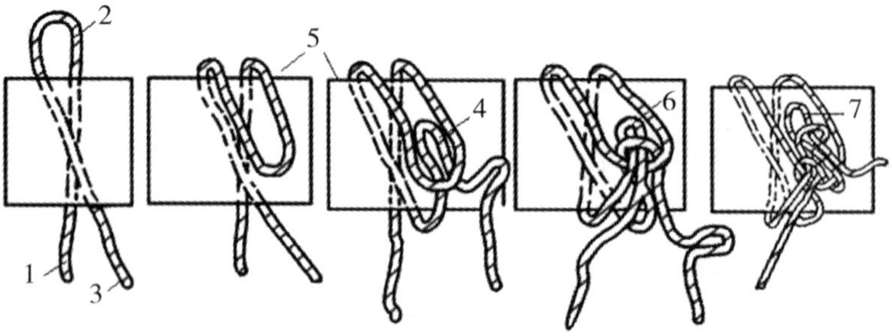

1—主绳　2—第一个绳环　3—副绳　4—第二个绳环　5—物体
6—第三个绳环　7—第四个绳环

图 9－6－9　响马扣

二、登杆作业

使用脚扣登杆攀登速度较快，但在杆上作业时，易于疲劳，适合于杆上短时间作业。脚扣登杆适宜于晴天，如果遇雨天、冰雪天，都不宜用脚扣登混凝土电杆。

（一）使用脚扣登杆的操作要领

1. 穿脚扣时，脚扣带要拴紧，防止脚扣在脚上转动或者脱落。

2. 上杆时，左脚向上跨时，人体上身轻微左倾，左手应同时向上扶住电杆。当右脚向上跨时，人体上身轻微右倾，右手应同时向上扶住电杆。如图 9－6－10 所示。

图 9－6－10　上、下杆动作

3. 在登杆过程中身体上身前倾，臀部后坐，双手切忌搂抱电杆，双手起扶持作用。

4. 当攀登拔稍径电杆时，应注意每攀登 3～4米，应及时调整脚扣，若要调整左脚脚扣应左手扶住电杆用右手调整，调整右脚脚扣与其相反。

5. 在登杆时，步子不宜过大，在快到杆顶时，要随时观察防止横担碰头。

6. 下杆时，当左脚向下跨扣时，左手应同时向下扶住电杆。当右脚向下跨扣时，右手应同时向下扶住电杆。

（二）登杆安全注意事项

1. 作业人员必须穿工作服、绝缘鞋、戴安全帽、线手套，以防伤身。

2. 应仔细检查登杆工具、安全带，外观完好无损伤，机构运转灵活，检查试验标签在试验周期内，调整好脚扣带和脚扣开口。

3. 检查所登电杆的杆基是否牢固，对杆基不牢固的电杆禁止攀登，在采取好安全措施加固后，才可登杆。

4. 登杆前，应对脚扣和安全带进行冲击试验，冲击试验完成后再次检查脚扣和安全带，确认无损伤后方可登杆。

5. 初学登杆者必须有人现场指导和监护。

6. 在登杆时，两脚扣严禁搭在一起，也不要相互磕碰以防滑落。

7. 杆上发生脚扣脱落时，严禁从杆上跳下或抱杆滑下。

图书在版编目（C I P）数据

配电网运行及检修 / 吴强主编. — 长沙 : 湖南科学技术出版社, 2022.3
ISBN 978-7-5710-0969-4

Ⅰ. ①配… Ⅱ. ①吴… Ⅲ. ①配电系统—电力系统运行②配电系统—维修 Ⅳ. ①TM727

中国版本图书馆 CIP 数据核字(2021)第 081828 号

配电网运行及检修

主　　编：吴　强
出 版 人：潘晓山
责任编辑：王　斌
出版发行：湖南科学技术出版社
社　　址：长沙市湘雅路 276 号
网　　址：http://www.hnstp.com
湖南科学技术出版社天猫旗舰店网址：
http://hnkjcbs.tmall.com
邮购联系：0731-84375808
印　　刷：长沙鸿和印务有限公司
（印装质量问题请直接与本厂联系）
厂　　址：长沙市望城区普瑞西路 858 号
邮　　编：410200
版　　次：2022 年 3 月第 1 版
印　　次：2022 年 3 月第 1 次印刷
开　　本：787mm×1092mm　1/16
印　　张：20.5
字　　数：399 千字
书　　号：ISBN 978-7-5710-0969-4
定　　价：128.00 元